绿色金融系列
Green Finance

U0181648

气候投融资理论与实务

CLIMATE FINANCE: THEORY AND PRACTICE

主 编 李志青 李 瑾

復旦大學出版社

前言
Preface

　　针对气候变化应对问题,党的二十大报告在"积极稳妥推进碳达峰碳中和"一节中明确,中国要"积极参与应对气候变化全球治理"。与此同时,报告还提出"完善支持绿色发展的财税、金融、投资、价格政策和标准体系"。作为应对气候变化的一项重要工作,气候投融资显然是金融支持绿色发展在气候变化应对上的最直接体现。

　　2022 年 8 月 4 日,生态环境部等九部委联合公布了气候投融资试点名单,上海市浦东新区等 23 个地区获批首轮气候投融资试点。近期,各试点地区纷纷举行启动会,对气候投融资试点工作进行了部署。结合笔者此前对一些地区的调研,可以看出,各地在气候投融资试点工作上有着较高的期许,希望能通过试点工作为地方的经济金融发展赋能。简单来说,在气候投融资的发展上大概有以下模式:一是以"增长"为导向,二是以"创新"为导向,三是以"绿色"为导向。无论是哪种模式,作为一项全球范围内非常重要却又充满挑战的议题,气候投融资在进入后续的实施阶段后,其试点工作仍然要回归这项工作的本源,回答至关重要的四个理论与实践问题。

　　首先是在气候投融资的边界问题上,要处理好气候投融资与绿色金融的关系。在部分地区,气候投融资试点工作与绿色金融试点工作产生交叉重叠,可能产生一些误解,有必要明确两者各自的范畴与边界。

　　在《气候投融资试点工作方案》中,气候投融资是指"为实现国家自主贡献目标和低碳发展目标,引导和促进更多资金投向应对气候变化领域的投资和融资活动,是绿色金融的重要组成部分。支持范围包括减缓和适应两个方面"。这里面对气候投融资边界做了明确界定,从属于绿色金融,但却不等于绿色金融,学界一般也都将气候投融资划定为绿色金融的组成部分。根据 2016 年七部委《关于构建绿色金融体系的指导意见》,"应对气候变化"的确是在绿色金融的定义范围内,气候投融资属于绿色金融毋庸置疑,但与此同时,2016 年的指导意见还明确"绿色金融是指为支持环境改善、应对气候变化和资源节约高效利用的经济活动,即对环保、节能、清洁能源、绿色交通、绿色建筑等领域的项目投融资、项目运营、风险管理等所提供的金融服务"。也就是说,绿色金融是指绿色投融资等系列金融服务,但在气候投融资试点的方案中,气候投融资则等同于"投资与融资活动",这个表述本身是否意味着,气候投融资试点工作的重点在于为应对气候变化(包括减缓与适应)提供资金支持,以此来缓解当前在气候变化应对过程中出现的巨大资金缺口。简单来说,就是先解决"有没有资金"的问题,然后才去考虑资金的安全性和效率等问题。

　　就此而言,我们可以认为,气候投融资从属于绿色金融实则有两层内涵:一是气候变化应对从属于绿色发展;二是气候投融资中的"投融资"是狭义的,绿色金融中的"金融"则是广义的,前者的范围比后者更小。

其次是在气候投融资的目标与任务问题上,要处理好政府间和部门间的协同关系。

《气候投融资试点工作方案》明确提出,"通过3~5年的努力,试点地方基本形成有利于气候投融资发展的政策环境,培育一批气候友好型市场主体,探索一批气候投融资发展模式,打造若干个气候投融资国际合作平台,使资金、人才、技术等各类要素资源向气候投融资领域充分聚集"。并在"坚决遏制'两高'项目盲目发展""有序发展碳金融""强化碳核算与信息披露""强化模式和工具创新""建设国家气候投融资项目库"等8个领域开展具体的工作任务。如何真正理解并落实这些目标和任务? 字面的意思都很清晰,总体上要形成相关的制度、政策和模式,推动各类要素资源积极朝着气候变化应对方向靠拢。但更加丰富的内涵体现在工作任务的部门分工中,哪些部门牵头,哪些部门协同分工和配合。尽管从"双碳"战略的高度看,全国上下、各部门、各地区之间肯定是一盘棋,但就各部门、各地区的职责而言,如果不能将目标及任务与事权进行有机衔接,将大大提高试点政策的"交易成本",并可能致使试点政策的执行效果大打折扣。因此,若想在短短2~3年内实现预期的目标,完成各项任务,关键是要找对部门。

再次是在气候投融资的方法与工具问题上,比如标准、平台、项目库等建设任务,核心是找对激励,也就是处理好政府与市场的关系问题。关于建立气候投融资试点的途径,关键之一是形成一个合理的"政府-市场"合作分工模式,使得政府与市场各司其职,让气候投融资这项具有私人品和公共品双重属性的工作得以有效开展。

一方面,气候投融资的各种标准、平台和项目库等是准公共品,而且是绿色的准公共品,本身存在"绿色"与"公共品"的双重正外部性,对于具有更高权威性的"政府之手"有着天然的依赖。对此,各地的气候投融资试点实施方案也基本明确要在政府主导下"开发气候投融资标准体系",以及"建设地方气候投融资项目库"等。

另一方面,建立气候投融资各种标准、平台与项目库等的目的是给以市场为主体的气候投融资创造条件,因此,打造这些绿色公共品,有必要遵循市场经济的效率与公平原则。一是避免把标准、平台和项目库变为审批性质的筛选机制,这应该是一种绿色低碳的准入门槛,其本质用途在于解决环境效益的内部化问题,为金融机构和企业提供明确而清晰的绿色行为规范,实现高效的绿色低碳投融资决策。二是要秉承公平原则,尤其是要侧重解决试点地区和非试点地区企业的公平负担问题,避免让试点地区的企业承担过高的改革成本。另外,还要兼顾中小企业群体的利益,着重解决中小科创型企业绿色发展的融资难、融资贵问题,通过引入具有公平性的标准,为应对气候变化和绿色发展培养大批具有更大活力的中小企业群体。

最后,在气候投融资支持范围问题上,要处理好气候减缓投融资与气候适应投融资的关系。根据《气候投融资试点工作方案》,气候投融资试点工作的支持范围包括减缓和适应两个方面。其中,气候减缓主要包括"调整产业结构,积极发展战略性新兴产业;优化能源结构,大力发展非化石能源,实施节能降碳改造工程项目;开展碳捕集、利用与封存试点示范;控制工业、农业、废弃物处理等非能源活动温室气体排放;增加森林、草原及其他碳汇等"。气候适应主要包括"提高农业、水资源、林业和生态系统、海洋、气象、防灾减灾救灾等重点领域适应能力;加强适应基础能力建设,加快基础设施建设、提高科技能力等"。从应对气候变化的角度看,气候适应和气候减缓好比是一条船上两边的桨,缺一不可,面对高温和台风等极端气象事件的频发,气候适应的紧迫性堪比气候减缓,具体到投融资试点工作上,应该两条腿走路,探索出既能有利于适应,也能促进减缓的有效投融资模式。但在首批获批的全国气候投融资试点的城市中,却存在厚此薄彼、重减缓轻适应的现象。以某北方城市为例,在公布的应对气候变化六大工程中,属于气候减缓的有五项,分别是调整产业结构降碳工程、优化能源结构去碳工程、减污降碳协同增效工程、资源循环助力减碳工程、生态保护修复提升碳汇工程,而属于气候适应的只有一项,即基础设施增强韧性工程。这对于气候投融资全面助力气候变化应对而言是欠缺平衡的。

　　总体而言,在气候危机愈演愈烈的背景下,气候投融资工作任重而道远,在相关领域亟须展开理论研究与实践探索,创新形成可复制、可推广的做法,"为实现我国碳达峰碳中和目标提供重要支撑,为积极应对气候变化、推进生态文明建设、实现高质量发展注入全新动力"。正是为了适应这样的紧迫需要,本书围绕国内外气候投融资理论与实践,从企业、产业、金融机构、交易平台以及政府部门等相关方出发,对气候投融资的市场、监管、信息披露及评估评价等问题展开研究,梳理、归纳和总结了气候投融资领域的最新理论成果与实践经验,为下一步的气候投融资工作提供参考。

　　本书由李志青和李瑾担任主编,各章节执笔作者如下。前言:李志青;第一至四章:卜思凡、魏舒天、杨光、王翊屏、卢艳;第五章:李治国、杜明洁、张郁文;第六章:张畅、张湉;第七章:熊晓卉、李志青;第八章:王昕彤、李志青;第九章:刘瀚斌、王昕彤;第十章:陈冬梅;第十一章:张倩云、卜思凡、李瑾、王翊屏;第十二章:常征、罗捷炀、杨光、李瑾;第十三章:李瑾、姚烨成、王茜凡、卢艳;第十四章:成雅伦、李志青。

　　本书编写过程中难免有疏漏和不足之处,文责由编者自负。感谢本书所有作者,也感谢编辑出版团队的大力支持和不懈努力。

编　者

2022 年 11 月 16 日

目录

Contents

第一章　气候投融资的缘起

第一节　气候变化及其应对

一、气候变化的原理

地球是人类赖以生存的家园,在这颗被大气层守护着的蓝色星球上,不同的天气现象在各地上演。天气,往往被视为气候在相对短时间内的体现。气候通常被定义为一段时间之内(例如一年之内或是几十年乃至几个世纪内),由温度、降水、光照、风等组成的统计数量的平均体现。而气候变化则是针对这些统计数量而言,出现的较为显著的改变。稳定、适宜的气候作为人类社会健康有序生产生活的必要条件,较为显著的气候变化会对人类社会造成非常严重的影响。近年来,"气候变化""全球变暖"愈发成为全世界的热点议题。政府间气候变化专门委员会(Intergovernmental Panel on Climate Change, IPCC)在 2007 年发布的《第四次评估报告》[1]中指出,以 2007 年为基准,最近 100 年(1906—2005 年)的温度线性趋势为 0.74℃,其中最佳估值的可能性为 90% 的不确定性区间为 0.56℃～0.92℃,这一趋势大于 IPCC 于 2001 年发布的《第三次评估报告》中给出的 0.6℃ 的相应趋势和相应的不确定性区间 0.4℃～0.8℃(1901—2000 年)。2014 年发布的《第五次评估报告》[2]中则明确指出,自 1850 年以来,每 10 年的地球平均表面温度都依次比前一个 10 年的平均温度更高。由线性趋势计算的结合陆地和海洋表面温度资料的全球平均值显示,1880—2012 年温度升高了 0.85℃,对应最佳估值的可能性为 90% 的不确定性区间为 0.65℃～1.06℃。

人类对于气候变化科学的研究已有上百年的历史。在 1824 年,法国物理学家约瑟夫·傅里叶(Joseph Fourier)就提出了地球自带的"温室效应",即太阳光可以把地球加热,而这部分热量却不会轻易耗散。爱尔兰物理学家约翰·廷德尔(John Tyndall)则发现了水蒸气和二氧化碳在维持大气温度方面的热吸收能力。1896 年,瑞典化学家斯万特·阿伦尼乌斯(Svante Arrhenius)提出了二氧化碳浓度与大气温度正相关的观点。美国科学家查里斯·大卫·基林(Charles David Keeling)自 1958 年起在夏威夷设立观测站,实

---

〔1〕 气候变化 2007:综合报告.政府间气候变化专门委员会第四次评估报告第一、第二和第三工作组[R].IPCC,瑞士日内瓦,共 104 页.

〔2〕 气候变化 2014:综合报告.政府间气候变化专门委员会第五次评估报告第一、第二和第三工作组[R].IPCC,瑞士日内瓦,共 151 页.

时监测大气中的二氧化碳浓度。图 1-1 Keeling 曲线非常具象地显示了随着时间的推移大气中二氧化碳浓度呈现出上升的趋势。

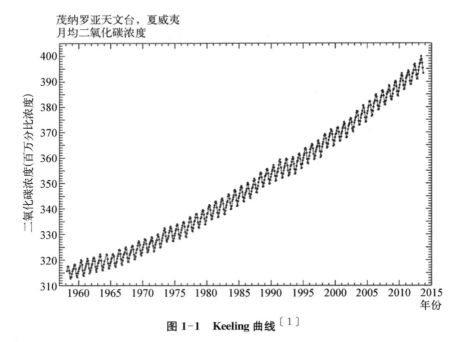

图 1-1　Keeling 曲线[1]

　　气候变化往往是由于地球的大气系统受到了不同程度的影响或者是冲击而引起的。除了自然的因素例如太阳活动、地质运动、火山喷发等,另一重要因素是人类活动引起的温室气体排放。其中最重要的温室气体是二氧化碳(CO_2)。根据气候变化的原因的不同,对气候变化的定义也有一些不同。IPCC 定义的气候变化主要针对气候本身而言,即气候随时间发生的改变,不论是历史性的气候变化周期(包含气候变暖和气候变冷),还是由于人类活动造成的变化。而《联合国气候变化框架公约》(United Nations Framework Convention on Climate Change,UNFCCC)则侧重人类活动对于气候变化的影响,把气候变化限定于人类的直接或者间接的活动所造成的地球大气温度、成分等的变化。

　　一般来说,地球的气候变化有三个主要的驱动因素:太阳辐射的变化、地球反射太阳能效果的变化、温室效应。太阳辐射的变化是太阳传递到地球的辐射能量的改变,而地球反射太阳能效果的变化影响则是反映了地球吸收这部分热量的能力的变化。

　　温室效应,则体现了地球的“保暖”能力。来自太阳的以短波辐射为主的电磁辐射到达地球的大气层后,少部分能量会被反射回到太空中,另一小部分被大气层吸收,剩下的大部分能量都将穿过大气层,被地球表面所吸收。地表吸收来自太阳的能量的同时,自身也在向外辐射能量。但是由于地球表面温度较低,辐射主要以长波辐射为主。这部分长波辐射难以穿过大气层,由此使得这部分辐射出的能量并未耗散到太空中,而是留在了地球上。由此地球便像一个“温室”一样,维持着内部适宜的温度。温室气体,则是在这一过

---

〔1〕　https://scrippsco2.ucsd.edu/history_legacy/keeling_curve_lessons.html.

程中发挥了"保温"效果的气体,例如二氧化碳(CO_2)和甲烷(CH_4)。

温室效应对于地球来说,则像是一个硬币的两面。有研究指出,如果没有温室效应,那么,地球将会变得异常寒冷,平均温度将达到零下18℃。而得益于大气层温室效应的保护,地球平均温度得以维持在15℃。但是由于人类的活动,大量的温室气体被释放到了大气中。温室气体在大气中浓度的升高加剧了温室效应,更多的能量被留在了地球之内,从而导致了地球温度的上升。全球气候变暖将带来一系列灾难性的后果,例如冰川融化、海平面上升、极端天气变得更加频繁等。

二、气候变化的影响

(一)环境影响

全球性的气候变暖将会给生态系统和人类社会带来非常严重的影响。平均气温的升高,对水循环、陆地生态系统、海岸带以及海洋生态系统等等势必产生较大的冲击。研究显示,全球气候变暖将会引起气候带向北移动,进而导致大气运动发生相应的变化,全球的降水分布也将随之发生变化[1]。全球性的降水变化并不均衡。干旱地区和面临水资源压力的部分中纬度地区将会面临降水进一步减少的风险,而高纬度地区和部分降水充沛的地区则有着降水增多的可能。"几乎确定的是,随着全球地表平均温度上升,大部分陆地地区逐日和季节时间尺度上发生高温极端事件的频率将增高,而低温极端事件的频率将下降。热浪很可能将会更为频繁地发生,持续时间将会更长。偶发性冬季极端低温将继续发生。"[2]

全球气候变暖另外一个非常显著的影响在于海平面上升。1901—2010年,全球平均海平面上升了0.19米[3],而有相关研究指出,如果人类不采取强有力的措施来应对气候变暖,那么,到2050年,全球海平面将平均升高0.3～0.5米[4]。

(二)对人类健康的影响

"评估气候变化对于人类健康的影响是一项困难的任务。它要求根据地区和年份估算气候变化,还要求针对不同疾病估算变动的气候状况对健康的影响。这具有挑战性,因为在这些变化持续发生的未来世界,收入、医疗技术和健康状况都在迅速进步。"[5]

世界卫生组织(World Health Organization,WHO)的健康和气候科学家团队针对气候变化对人类健康的影响进行了研究。研究对直接影响和间接影响进行评估。直接影响包含由于干旱、洪水、环境污染等人们所直接承受的日益增加的环境压力的影响。而间接影响则侧重由于全球气候变暖,生活水平降低,致使一些传染病传播范围扩大、传播风险

---

〔1〕　唐方方.气候变化与碳交易[M].北京大学出版社,2012.
〔2〕　气候变化2014:综合报告.政府间气候变化专门委员会第五次评估报告第一、第二和第三工作组[R].IPCC,瑞士日内瓦,共151页.
〔3〕　同上.
〔4〕　吴兑.温室气体与温室效应[M].气象出版社,2003.
〔5〕　(美)威廉・诺德豪斯.气候赌场:全球变暖的风险、不确定性与经济学[M].梁小民,译.东方出版中心,2019.

增加,以及营养不良等影响。

研究结果表明,由于气候变化所带来的健康风险,对非洲和东南亚地区的影响较大,而对于北美和西欧的发达地区,则影响相对较小。其他地区,如拉丁美洲,则面临中等的风险[1]。

除此之外,全球气候变暖还致使病菌、病毒等致病生物的繁殖、传播、变异速度加快,人们受到各类传染病感染的风险增加,人类健康面临更多的挑战。

(三)经济影响

人类社会作为自然界的一部分,离不开自然界的资源支持。自然界的气候变化与人类社会的经济发展息息相关。由于温室效应引起的气候带移动和降雨带的变化,将会导致干旱、洪涝、风暴等自然灾害和极端气候事件的发生更为频繁,这不仅会造成极大的直接经济损失,更会对人类社会健康可持续发展造成严重威胁。农业是对气候变化最敏感的产业,虽然大气中二氧化碳浓度的增加一定程度上有利于作物生长,但这一有利之处在面临干旱、洪涝等极端自然灾害时,显得微不足道。此外,海平面上升将会淹没部分沿海陆地,使得耕地紧缺的问题更加严重。2020年初席卷非洲、南亚的蝗虫灾害造成了农业的大幅减产。全球气候变暖使得农业生产面临更大的不稳定性因素。

同时,全球变暖还会对人类居住环境、能源、交通运输和工业等部门产生影响。温室效应的加剧会使得人们在利用高碳排放的能源时,更加在意利用效率的提高。大型能源企业也将面临巨大的减排压力。而低碳能源,例如各类的新能源,也将会更加被投资者所青睐。对于交通行业,全球变暖导致的极端天气出现概率增加,将会对交通系统提出更高的要求。一方面,各类极端天气的频繁出现容易导致洪水、城市内涝、山体滑坡、地陷等自然灾害,对基础设施产生极大的破坏;另一方面,浓雾、暴雨、降雪等对于交通运输也有较大的不利影响。造成的影响主要有:降低运输效率;增加交通事故发生的风险;增加道路、桥梁、铁路等基础交通设施的维护成本。化石能源的利用加速了人类社会的历史进程,但是其高碳排放的能源利用方式,也导致相关产业在面对气候变化问题时无处着手。例如,海平面上升将使得沿海国家面临更多的由环境因素造成的经济风险,尤其是一些在沿海地区人口密集、产业发达的国家,如中国、日本、新加坡等。而一些太平洋岛国甚至面临全部国土被淹没的风险。这一风险将会对相关地区经济的健康有序发展带来极大的不稳定性因素。

三、气候变化的应对

气候变化将对我们的生存环境造成许多不利的影响,如何面对这一严峻的问题,人类也在不断探索,希望通过各类技术、经济手段来减缓气候变化的趋势。减缓和适应是应对气候变化威胁的主要措施,也是应对气候变化风险的两项相辅相成的战略[2]。侧重针对已经出现的或者预期的气候变化及其影响做出适当的调整,趋利避害,减少未来可能发

---

[1] (美)威廉·诺德豪斯.气候赌场:全球变暖的风险、不确定性与经济学[M].梁小民,译.东方出版中心,2019.

[2] 气候变化2014:综合报告.政府间气候变化专门委员会第五次评估报告第一、第二和第三工作组[R].IPCC,瑞士日内瓦,共151页.

生的风险事故造成的损失。而减缓则是主动采取措施,为了限制未来的气候变暖趋势而采取的各类减少温室气体排放或增加温室气体吸收[1]的措施。适应和减缓都是为了应对当前以及未来预期的气候变化影响带来的风险。在应对气候变化时,通常会综合考虑减缓与适应。仅仅依靠被动适应很难遏制全球气候变暖的趋势,而减缓措施虽然是目前国际交流合作的重点,也是从环境角度考虑较为安全的方法,但是受限于当前的技术手段,其短期内的成本过高,因而很难一蹴而就实现减排。

(一)减缓

从长远的角度来看,温室气体在大气中的浓度上升,使得温室效应加剧,致使气候变暖,因而扭转温室气体在大气中进一步累积的趋势,或许是当前应对气候变化较为行之有效的解决办法。

常见的温室气体有二氧化碳(CO_2)、甲烷(CH_4)、一氧化二氮(N_2O)、六氟化硫(SF_6)、氟利昂等。最主要的温室气体还是二氧化碳,它对于地球温室效应的影响最大。二氧化碳的排放来源很广,最为突出的是化石燃料的使用。自工业革命以来,人类社会飞速发展,化石燃料功不可没。但是其带来的高碳排放,也是我们目前亟待解决的问题。

IPCC 在《全球升温 1.5℃ 特别报告》[2]中给出了四条将全球平均温度上升控制在1.5℃ 之内的不同路径,如下图 1-2a 和图 1-2b 所示。其中,BECCS 代表生物能源与碳捕集与封存,AFOLU 代表农业、林业和其他土地利用。

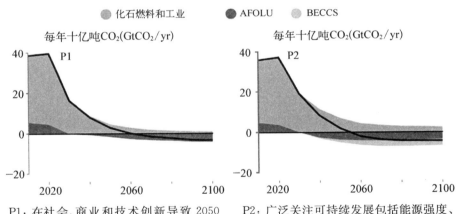

P1:在社会、商业和技术创新导致 2050 年能源需求下降的情景下,生活水平提高,特别是南方国家。一个小型能源系统可以实现能源供应的快速脱碳。造林是唯一考虑的 CDR(二氧化碳去除技术)方案;都不使用化石燃料与 CCS 和 BECCS。

P2:广泛关注可持续发展包括能源强度、人类发展、经济一体化和国际合作,以及向可持续和健康的消费模式、低碳技术创新以及管理良好的土地系统转变的情景,社会接受 BECCS 程度不高。

图 1-2a 路径一和路径二

---

〔1〕 气候变化 2014:综合报告.政府间气候变化专门委员会第五次评估报告第一、第二和第三工作组[R].IPCC,瑞士日内瓦,共 151 页.

〔2〕 全球升温 1.5℃:关于全球升温高于工业化前水平 1.5℃ 的影响以及相关的全球温室气体排放路径的 IPCC 特别报告[R].世界气象组织,瑞士日内瓦,共 32 页.

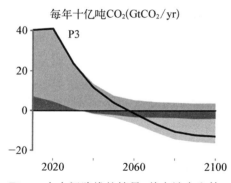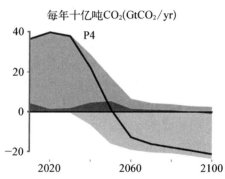

P3：一个中间路线的情景，其中社会和技术发展遵循历史模式。减排主要是通过改变能源和产品的生产方式来实现的，其次是减少需求程度。

P4：在资源和能源密集型情景下，经济增长和全球化导致广泛采用温室气体密集型生活方式，包括对运输燃料和畜产品的高需求。减排主要通过技术手段实现，通过部署BECCS大力推广使用CDR。

图1-2b　路径三和路径四

通过这些路径可以看出，如果不利用BECCS等负排放技术（即全生命周期整体的碳排放为负），那么2020年后就需要大幅削减化石能源的使用，从而实现温控目标。路径三和路径四通过大量BECCS的利用，为削减化石能源利用提供了更多的时间和容错空间。除了负排放技术的利用，以下措施可以显著减少二氧化碳的排放：

（1）减缓经济的增长。例如2009年美国经济衰退期间，当年碳排放降低了7%。受2020年新冠感染疫情的影响，全球的碳排放水平也一度呈下降趋势。但是通过牺牲经济来完成减排任务显然是一种较为痛苦的做法，好比因噎废食，并非长远之计。

（2）控制能源消费量。例如转向更加节能的生活方式，放弃私家车转向公共交通或者是自行车等方式。提倡低碳的生活方式，有助于从消费端减少能源的消耗，从而从数量上减少温室气体的排放。节约、绿色、清洁的生活方式，值得推广。仅仅从消费端控制能源的消费，虽然一定程度上可以延缓气候变暖的趋势，但是要想实现"碳中和"乃至负排放的目标，仍需要其他的措施。

（3）通过技术革新，提高生产效率，降低商品和服务的碳排放水平。此措施较为依赖技术的发展水平。开发低碳、清洁、可持续的技术，一方面有助于提高生产效率、降低成本，另一方面也对我们的环境更加友好。

（4）能源转型。例如用天然气代替煤炭发电，可以大幅降低电力行业的碳排放。虽然就目前而言，煤炭发电的成本要低于天然气，因而在很多国家和地区，燃煤电站依旧是主力军。推动能源转型、清洁化发展，很多时候也不得不考虑成本和资金等经济性因素。但是不可否认太阳能、风能、生物质能、水能、潮汐能等清洁可再生能源的应用前景和减排潜力。这些可再生能源的利用过程的碳排放很低，可以实现近零排放，同时可再生能源也具有体量大、可开发潜力巨大的优势，有助于缓解由于煤炭、石油、天然气等化石能源储量有限而存在的能源危机。

（二）适应

适应作为应对全球气候变暖的一个重要举措，主要指通过一些手段来减少或者是避免因为气候变化而造成的不利影响。例如农民可以修建灌溉系统来应对干旱天气。但是针对各行各业不同的实际情况,以及面临的不同气候变化风险,也各有不同的适应方案。IPCC 的《第五次评估报告》[1]中给出了一些不同的适应策略,包含社会、生态资产和基础设施发展;技术流程优化;自然资源综合管理;体制、教育和行为改变或加强;金融服务,包括风险转移;支持早期预警和主动规划的信息系统。作为相对被动的应对气候变化的举措,不断加剧的气候变化以及各种不确定性因素将加大对许多适应方案的挑战。

(三)应对成本

为了实现《巴黎协定》提出的温控目标,避免全球气候进一步恶化,一些行之有效的措施亟待被提上日程,例如约束碳密集型的活动,采用更多的低碳技术以及更多地利用新能源等清洁能源。目前这些举措仍旧面临着较为严峻的成本问题。

要实现较为显著的减排需要在现有的投资模式上做出巨大改变。IPCC《第五次评估报告》预估了一个到 2100 年将大气中 CO_2 浓度稳定在 430～530 ppm 当量区间的情景。在该情景下,2010—2029 年,预估对电力供应相关的传统化石燃料技术的年度投资会下降大约 300 亿美元,而对低碳电力供应(即包含可再生能源、核能和采用碳捕集技术的发电)的年度投资会增加大约 1 470 亿美元。此外,该情景中每年对交通、建筑和工业的递增能效投资预估增加约 3 360 亿美元。

2018 年诺贝尔经济学奖获得者威廉·诺德豪斯(William D. Nordhaus)在他的《气候赌场:全球变暖的风险、不确定性与经济学》一书中,利用 2010 年版地区 RICE 模型,对实现全球温控目标的成本进行了估算,得出的结论是:当百分之百的国家参与减排并有百分之百效率的政策得以执行时,实现 2℃ 的目标的成本是适度的。这一成本要求支出全世界收入的 1.5% 左右,或者约为平均收入的一年增长额[2]。但是,如果要把目标再进一步,即比如把温控目标设定为 1.5℃ 或者 1℃,那需要付出的成本就会变得十分高昂。更何况,该结论基于全球百分之百的国家积极参与,在实际的国际社会中,能否实现这一假设,终究是个巨大的疑问。

第二节　气候投融资的发展历程与演进

一、国际公约进程下的气候资金机制的谈判

全球气候变化对全球人类和生态系统造成了巨大的负面影响,成为当今国际社会共同面临的重大挑战。为此世界范围内的主权国家和国际组织在为减少温室气体排放、应

〔1〕 气候变化 2014:综合报告.政府间气候变化专门委员会第五次评估报告第一、第二和第三工作组[R].IPCC,瑞士日内瓦,共 151 页.

〔2〕 (美)威廉·诺德豪斯.气候赌场:全球变暖的风险、不确定性与经济学[M].梁小民,译.东方出版中心,2019.

对气候变化方面展开了广泛合作。而气候变化问题是涉及科学、环境、经济、政治和外交等多学科领域交叉的综合性战略问题,归根结底是排放权、发展权、主导权问题。基于此,一系列与减少温室气体排放相关的国际协议在波折中不断发展演变,并经历了不同阶段,气候资金机制也随着国际公约进程的推进而不断走向成熟。

(1)《联合国气候变化框架公约》诞生和生效(1990—1994年):发达国家急欲推动气候变化国际合作,同意承诺出资。

《联合国气候变化框架公约》(UNFCCC)(以下简称《公约》)于1992年通过,并在1994年正式生效。《公约》旨在将大气中温室气体的浓度稳定在防止气候系统受到危险的人为干扰的水平上,且这一水平应当在足以使生态系统能够自然地适应气候变化、确保粮食生产免受威胁并使经济发展能够可持续地进行的时间范围内实现。此外,其提出至21世纪中叶世界温室气体排放降低50%的目标,并成为国际社会第一个在控制温室气体排放、应对气候变化方面开展国际合作的基本框架和法律基础。关于资金的规定和原则是《公约》的主要亮点,其中包括推动成立全球环境基金等为发展中国家提供气候资金支持的专门资金机构。

(2)《京都议定书》(以下简称《议定书》)诞生和生效(1995—2005年):气候变化国际合作遭受挫折,发达国家开始淡化出资责任。

为了落实《公约》的目标,1997年《公约》的第三次缔约方会议制定了《京都议定书》作为详细具体的实施纲领,并对"共同但有区别的责任"做了最直接的解读,且为各国设定了量化的目标;而发展中国家则不承担减排义务。同时设定了排放交易(IET)、联合履约(JI)和清洁发展机制(CDM)等三种灵活履约机制,鼓励发达国家用资金和技术换取排放空间。作为《公约》进程下第一个具有法律约束力的成果,《京都议定书》以"自上而下"的方式明确了发达国家2000—2020年率先量化减排的模式以及资金问题。

随着新兴经济体崛起及其经济总量、温室气体排放规模不断扩大,两大阵营的利益格局出现松动,发达国家要求发展中国家承担更多责任的诉求日趋强烈。美国等发达国家最终宣布拒绝核准《京都议定书》,欧盟等也蓄势淡化"共区"原则并联合其他发达国家启动"发达国家与发展中国家共同减排"的新进程。随着发达国家开始弱化资金责任,气候变化国际合作陷入低谷,资金问题也悄然发生变化。

在之后的国际气候谈判中,附件一国家通过一系列实施细则的制定,想方设法减缓本国的减排压力。2001年签署的《马拉喀什协定》就是各方妥协的产物。马拉喀什大会对于资金的讨论主要围绕适应资金,重点关注从资金支持落实方式和扩大资金支持规模这两方面讨论,并做出了新的计划,但对于2020年前的气候资金目标落实问题进展缓慢。此外,《马拉喀什协定》相比《京都议定书》,对附件一国家减排义务的规定大大弱化。

(3)巴厘岛路线图进程(2005—2010年):发达国家做出具体量化出资承诺,但不予切实落实。

2007年的联合国气候变化大会巴厘缔约方会议上,各方同意建立"巴厘岛路线图"

并确定了五大谈判构件(共同愿景、减缓、适应、资金和技术),资金问题成为"巴厘行动计划"核心要素。该计划的目标旨在实现两年后帮助加强《公约》和《京都议定书》的实施,新协议将在《京都协议书》第一期承诺2012年到期后生效,并由此推动相关问题的谈判。

经各方在谈判中反复折中,2010年坎昆会议就发达国家如何履行资金责任通过一系列决定,帮助全球各组织在森林保护、资金支持、适应气候变化和技术转让方面达成共识。然而其声称的"及时确保第一承诺期与第二承诺期之间不会出现空档",在效果上不但未能将哥本哈根大会后各国做出的减排承诺纳入协议,反而在会议中出现了发达国家立场"集体倒退"的现象。减排陷入如此政治僵局的情况下,德班要完成在8年当中减排25%~40%、在2050年前实现排放减半的艰巨任务。因此指望一年后在德班"全面大妥协",实现与2012年到期的《京都议定书》的无缝衔接,似乎越来越不可能了。

(4)德班平台进程(2011—2014年):气候资金概念不断演变,发展中大国面临出资压力。

2011年联合国气候变化德班会议决定设立"加强行动德班平台特设工作组",开启关于2020年后适用于包括发展中国家在内的所有缔约方的强化行动安排的新谈判进程。资金问题成为发达国家在谈判中弱化发展中国家的突破口。

随后,2012年《多哈修正案》就《京都议定书》第二承诺期作出安排,为《联合国气候变化框架公约》附件一所列缔约方规定了量化减排指标,维护了《公约》原则,延续了《议定书》的减排模式,实现了第一承诺期和第二承诺期法律上的无缝链接。

(5)《巴黎协定》进程(2015年至今):全面适应目标的一揽子共识达成。

2015年在巴黎举行的第21届联合国气候变化大会上,全球195个缔约方国家通过了具有历史意义的全球气候变化新协议《巴黎协定》,提出到2100年将全球平均气温升幅与前工业化时期相比控制在2℃以内,并将努力把温度升幅限定在1.5℃以内的目标和"全球温室气体排放尽快达峰,到21世纪下半叶实现全球净零排放"的目标;并且,《巴黎协定》正式确立了自下而上的"国家自主贡献"(INDCs)模式,以更加灵活、不断递进的方式联合各国共同应对气候变化。这是在《公约》《京都议定书》和"巴厘路线图"等一系列成果基础上,按照共同但有区别的责任原则、公平原则和各自能力原则,以更加包容、更加务实和激励的方式鼓励各方参与的重要成果。

由此可见,《公约》20多年的适应谈判进程可呈现出由无到有、重要性不断增强的特点[1]。然而,当前气候多边进程面临的最大问题是发达国家提供支持的政治意愿不足,许多不同名目的资金被贴上"气候"标签重复计算。此外,史蒂文·费里(Steven Ferrey)教授阐述了应对气候变化在技术及资金上做出行动的必要性,并指出发展中国家更加容易受到气候变化在经济发展和消除贫困上带来的不利影响,发达国家应该率先减排并对发展中国家提供帮助。因此,发达国家以透明、可预见、基于公共资金的方式,向发展中国

---

[1]　陈敏鹏.《联合国气候变化框架公约》适应谈判历程回顾与展望[J].气候变化研究进展,2020,16(1):105-106.

家提供充足、持续、及时的支持,兑现气候资金承诺迫在眉睫。

在国际社会持续推进应对气候变化合作的大背景下,应对气候公平原则涉及全球道义和福祉,围绕相关谈判,各方博弈将更趋深入。借口情况已发生深刻变化、很多发展中国家经济和排放水平都已远超发达国家,发达国家将继续极力推动取消发达国家和发展中国家区分,"共区"原则内涵可能逐步演变,这一趋势在资金问题上的表现将更为突出。气候资金议题一直是国际气候谈判的重点,其致力于通过撬动更多资本有效进入气候治理领域,从而达到多区域、可持续进行气候治理的目的。由于气候项目具有天然的公共性和外部性,因此厘清气候资金问题的历史经纬及其要义,发展中国家如何获取资金支持被确定为未来全球应对气候变化合作进程中的核心要素。

随着气候变化影响的不断加剧,越来越多的决策者认识到长期以来分部门适应行动的局限性,提出需要适应规划方法和公平观念的革新,系统性、全局性地考虑适应问题,以应对气候变化对人类社会全局性和系统性的不利影响和风险。再去争论什么是真正的公平已经没有太多意义,我们的世界已经选择了一个具有包容性和弹性的解决方案以应对气候变化。

二、国际与国内气候资金

(一) 气候资金的内涵

气候资金问题源于发达国家和发展中国家不同的历史责任和应对气候变化的能力,是气候变化国际谈判与合作的核心要素,有助于发展中国家维护自身权益,"共同但有区别的责任"原则得以维系。20 世纪 90 年代,为使发展中国家与其共同应对气候变化,发达国家在同意率先采取强制减排行动的同时,承诺为发展中国家自主采取应对气候变化行动提供资金、技术和能力建设支持,"气候资金"概念由此而生。

由于历史累积排放量和发展水平不同,发达国家和发展中国家应对气候变化责任和能力差别显著。《公约》及《议定书》据此将缔约方按照发达国家和发展中国家进行了严格划分,"南北之分"和"共同但有区别的责任"成为应对气候变化国际进程中最基本的利益格局和指导原则。《公约》就发达国家向发展中国家提供资金做出了明确规定,但未对气候资金"新的、额外的"等特性及如何对发达国家出资情况进行核查与统计等做出明确、具体的规定,这为日后发展中国家督促发达国家履行出资责任造成了困难并留下隐患。随后,《巴黎协定》以法律形式确定了发达国家的出资义务,同时明确发展中国家不承担出资义务,提供的支持完全出于自愿,体现了"共区"原则和公平正义,有助于激励发展中国家采取行动应对气候变化。《巴黎协定》不仅仅关乎全球气候和环境的改善问题,从时间和空间维度来讲,这也是关乎世界各国发展的经济公平问题,更是关乎人类未来的代际公平问题。任何一个国家的发展带来的气候污染都会给世界各国带来环境上的损害,而这种损害绝不仅仅是当下的,更会对未来造成深远的影响。

（二）国际气候资金机制概述

1. UNFCCC 内外各基金比较[1]

表 1-1　《联合国气候变化框架公约》内外各基金比较（数据截至 2017 年）[2]

《联合国气候变化框架公约》(UNFCCC)各基金					UNFCCC 外基金
GEF	**GCF**	**SCCF**	**LDCF**	**AF**	**CIFs**
基金名称 全球环境基金	绿色气候基金	气候变化特别基金	最不发达国家基金	适应基金	气候投资基金

	GEF	GCF	SCCF	LDCF	AF	CIFs
基金名称	全球环境基金	绿色气候基金	气候变化特别基金	最不发达国家基金	适应基金	气候投资基金
成立时间	1990 年	2010 年	2004 年	2002 年	2008 年	2008 年
出资量	43.09 亿美元	101.6 亿美元	3.50 亿美元	9.62 亿美元	3.57 亿美元	81 亿美元
发达国家出资个数	24	22	15	22	12	14

- 气候投资基金（CIFs）

CIFs 成立于 2008 年 7 月，由 9 个欧洲国家、2 个北美洲国家和 3 个亚太国家，共计 14 个发达国家共同出资设立，其资金由世界银行托管。CIFs 的建立也标志着气候资金正式进入最具影响力国家的决策部门的视野，成为其经济和发展决策及投资战略的重要组成部分。CIFs 发展了四个关键项目：清洁技术基金（CTF）、气候适应试点项目（PPCR）、森林投资项目（FIP）、扩大可再生能源项目（SPER），旨在大规模支持 48 个国家的气候变化和适应活动。在 CIFs 下已经形成了一套较为成熟的治理模式和运营规则，且不论是参与其中捐资的发达国家，还是受资的发展中国家，均能较好体现其政治意愿和经济诉求。另外，作为 UNFCCC 框架外的资金机制，CIFs 的规则建立和运营都表现出了较高的效率。

- 全球环境基金（GEF）

GEF 成立于 1991 年，是最早运营的国际环境资金机构，其核心优势在于同时担当包括《公约》在内的多个国际环境公约的多边资金机制职责。GEF 未来将进一步发挥其综合性基金的优势，在气候资金全球治理的制度和重点领域多贡献力量，与新成立的绿色气候基金（GCF）错位发展。

- 专项基金（LDCF 和 SCCF）

2001 年举行的《公约》第 7 次缔约方会议决定成立 SCCF 和 LDCF 作为《公约》资金机制运营实体。最不发达国家基金（LDCF）的设立是为了支持最不发达国家通过国家适应行动计划确定最迫切的适应需求项目。气候变化特别基金（SCCF）建立的初衷是补充 GEF 重点领域和其他双边和多边资金的不足，"适应"是其优先资助领域。然而，SCCF 和 LDCF 还没有形成长期稳定的捐款机制，主要依靠发达国家不定期自愿认捐，但是其持续增长的资金需求还远远高于资金供给。

---

〔1〕 http://www.tanpaifang.com/tanjijin/2016/1207/57833.html.

〔2〕 中央财经大学气候与能源金融研究中心.中国气候融资报告(2011—2017)[R].2017.

- 绿色气候基金（GCF）

GCF 是《公约》资金机制的运营实体，GCF 接受《公约》缔约方会议指导并对其负责。2009 年 12 月联合国气候变化哥本哈根会议宣布将成立基金，2010 年底坎昆会议正式成立，并于 2015 年底完全投入运作。

- 适应基金（AF）

适应基金于 2009 年正式运营，其资金来源为《京都议定书》下清洁发展机制（Clean Development Mechanism，CDM）项目产生的经核证减排量（Certified Emissions Reductions，CERs）的 2% 的收益，发达国家自愿捐资及少量投资收入。AF 的优势在于为用款国直接提供符合国家所有权以及国家需求的资助（而不是通过联合国机构或多边发展银行），且能够对小型的、为地方量身定制的适应项目提供目标化的支持。

目前，国际碳价格走低使得 AF 的资金无法获得稳定保障。且在基金运营过程中，其资源分配在实际运营中基本遵循"先到先得"原则，对脆弱国家优先的初衷并没有在项目审批流程及项目融资标准中得到贯彻。随着《京都议定书》第二个承诺期的临近以及 GCF 的设立，AF 的发展前景及与 GCF 的关系颇受关注。

2. 其他国际气候资金筹集方式

全球应对气候变化是以《公约》为基础的，《公约》框架内的筹资是以公共赠款的方式为主，资金量较小。其他在《公约》框架外的筹资方式可带来的资金量潜力巨大，能够成为《公约》框架内资金来源的有益补充。

其他国际气候资金筹集方式包括碳税、碳排放权交易、其他筹资方式等。其他扩大气候筹资规模的途径还包括：征收国际航空航海碳税、成立气候基金融资、发行气候债券、引入适应气候变化的保险机制、发起慈善捐款等。通过这些出资方式能够筹集到的资金数量远远大于《公约》框架内的以公共赠款为主的出资数量，是拓宽国际气候资金筹集渠道的有益补充，但是依然不能动摇《公约》框架下以公共赠款为主的资金筹措的主渠道地位。

（三）国内气候资金发展概述

目前，我国气候资金来源包括发达国家的公共资金，即发达国家通过多边金融机构、双边金融机构以赠款或优惠贷款的形式流入中国的气候资金。国内的财政资金也发挥了重要作用，如政策性银行、社会保障基金等，通过政策激励、股权类投资等方式投入到国内气候适应领域和减缓领域的运用当中。此外，传统金融市场、国际和国内的碳市场、慈善事业和非政府机构，以及企业直接投资等也是中国气候融资的供给来源。

然而，仅靠国际气候资金与国内财政投资还无法满足我国未来的气候融资需求，我国还需要继续拓宽气候融资渠道，创新气候融资工具。2016 年中央财经大学的气候与能源金融研究中心发布了《2016 中国气候融资报告》，《2016 中国气候融资报告》提出，在 2020 年前，我国需要加强气候领域的资金投资[1]。因此，我国的气候资金发展更应注意国内公共资金来源的拓宽，梳理和整合来自国际和国内公共财政的气候资金以及激励政策，积

---

〔1〕　中央财经大学气候与能源金融研究中心. 2016 中国气候融资报告[R].2016.

极寻求《巴黎协定》之外的国际资助[1]。

第三节 气候投融资的概念及内涵

一、气候投融资的内涵

联合国环境规划署(UNEP)认为气候投融资作为《联合国气候变化框架公约》框架的一部分,通常指为了支持气候变化减缓和适应活动所投入使用的资金,该投融资下衍生的活动可减缓由于气候变化影响而导致的温室气体过量排放问题。自1990年气候投融资概念萌发至2015年,气候投融资概念中的资金流一般由发达国家流入发展中国家,其中既包括来自政府和政府间组织等公共来源的财政资源,也包括来自私企的融资以及众筹融资等其他类型的财政来源[2],[3]。气候资金常设委员会将筹集气候资金的方式大致分为两种[4],一种为全球气候资金流,另一种为发达国家向发展中国家提供的气候资金流,也叫国际气候资金。

在2009年哥本哈根气候会议以及2010年的坎昆会议上,欧盟以及其他发达国家共同宣称在2010—2012年内为发展中国家提供近300亿美元的快速启动资金,这些资金当中涵盖了气候投融资资金,且均为财政资金。在这两个会议上,发达国家承诺2020年后每年向发展中国家提供1 000亿美元的气候资金。与快速启动资金相比,1 000亿美元的资金包含所有动员的气候资金,该笔资金还包括了除公共部门以外筹集到的资金。2013年华沙缔约方会议做出了2013—2019年长期投入资金的决定,敦促发达国家在2020年之前将气候变化总投入的资金增加至1 000亿美元。关于2020年后的承诺尚未发出,但第二十一次缔约方会议的草案当中包含了有关气候资金来源的几种选择。

现在气候投融资的概念则有了新的变化。据兴业银行首席经济学家鲁政委介绍,从广义上讲,气候投融资应该包括应对和减缓气候变化的一切投融资活动,如新能源可再生能源、提高能效、绿色建筑等。要实现可持续发展、应对气候变化,无论是发达国家还是发展中国家都需进行大量投资,需要通过国际和国内两个渠道[5],调动公共部门和私营部门的资源,从而实现可持续发展。生态环境部、国家发展和改革委员会、中国人民银行、中国银行保险监督管理委员会、中国证券监督管理委员会联合发布的《关于促进应对气候变化投融资的指导意见》(环气候〔2020〕57号)文件中指出气候投融资是指为实现国家自主

〔1〕 The Landscape of Climate Finance[R]. Climate Policy Initiative. 2013.

〔2〕 Falconer, A. & Stadelmann, M. What Is Climate Finance? Definitions to Improve Tracking and Scale Up Climate Finance[R]. A CPI Brief. 2014.

〔3〕 Kato, T., Ellis, J., Pauw, P. & Caruso, R. Scaling Up and Replicating Effective Climate Finance Interventions[C]. Climate Change Expert Group Paper No. 2014(1).

〔4〕 UNFCCC. Standing Committee on Finance[R]. 2014 Biennial Assessment and Overview of Climate Finance Flows Report. 2014.

〔5〕 United Nations. United Nations Framework Convention on Climate Change[R]. 1992.

贡献目标和低碳发展目标,引导和促进更多资金投向应对气候变化领域的投资和融资活动,从而覆盖全球经济向低碳经济转型过程中产生的成本。从金融学角度上看气候投融资是绿色金融的重要组成部分,从气候变化的角度上看,为建立起抵御当前和未来气候变化影响的能力,气候投融资支持范围主要为减缓和适应两个方面。一方面在于减缓气候变化,包括调整产业结构,积极发展战略性新兴产业;优化能源结构,大力发展非化石能源;开展碳捕集、利用与封存试点示范;控制工业、农业、废弃物处理等非能源活动温室气体排放;增加森林、草原及其他碳汇等。另一方面在于适应气候变化,包括提高农业、水资源、林业和生态系统、海洋、气象、防灾减灾救灾等重点领域适应能力;加强适应基础能力建设,加快基础设施建设、提高科技能力等。

狭义上的气候投融资有时包含了"增量性"或"额外性"的概念。在这种情况下,气候金融只包括那些基于财政承诺下进行的超出正常业务情况下的投资。因此,这类投资为计入气候资金中应作为"新增的和额外的"资金部分[1],相关研究者曾在如何量化气候投融的额外性这一议题上有着不同的意见。对于气候金融的"额外性"在国际上有以下几种不同含义[2]。根据这些"额外性"在不同情景下的定义,对于气候投融资的资金筹集方式、渠道来源、衡量方向以及计算方法都会产生不同的影响。具体包括以下四点:

(1) 超出发达国家提供的占其国内生产总值 0.7% 的官方发展援助额外援助部分。基于技术层面上来考虑,这一情境下的额外性很容易被追踪,所以从技术的角度来衡量支出水平上的增长具备科学的可行性。然而其中的争议点在于官方发展援助中的有效性是否值得信任,包括"额外性"部分中哪些资金属于气候投融资范畴均有待考量。

(2) 直接用于气候变化活动的官方发展援助级别的气候资金增长部分。这部分资金同样易于追踪,因为其同样衡量的是支付水平上的增长,并且在技术上也是可行的。但这一定义下的"额外性"仍然存在着对官方发展援助资金追踪的问题。对于那些已经达到 0.7% 计划的捐助国来说,发展目标不会发生偏离,但对于没有达到 0.7% 计划的捐助国来说,情形则需另外讨论。

(3) 囊括了气候变化资金的官方发展援助增加的部分,但该额外性在援助资金的增长部分仅能占到某一份额,且不能超出规定的占比。如果官方发展援助的总体水平没有得到充分提高,转向气候变化资金的援助部分将促使投融资组分发生变化。气候投融资在该情形下通常围绕关于"'额外性'应占到多少即为合理"这一问题加以聚焦。这一定义下的"额外性"理想情况下只适用于已经达到 0.7% 计划的政府,如此一来,官方发展援助支出中超过 0.7% 的部分即可确定为用于气候变化相关的发展工作。该定义下的"额外性"问题在于仍然需要寻找超过官方发展援助百分比的额外资金渠道,特别是英国提案中提到的仅限于超出官方发展援助的 10% 情况下,扩大额外资金渠道的需求更为迫切。

---

〔1〕 World Resources Institute. Why Is Climate Finance So Hard to Define?〔R〕. 2013.

〔2〕 Brown, J., Bird, N. & Schalatek, L. Climate Finance Additionality: Emerging Definitions and Their Implications〔R〕. 2020.

（4）从严格区分官方发展援助与气候变化融资两部分获取气候投融资的"额外性"。该定义下的"额外性"强调资金来源上的区分。由于需要确保新的资金来源从属于现有官方发展援助资金流的主流，这在技术上将存在一定的挑战性。

上述所有有关气候投融资"额外性"的定义都只是针对如何计算资金以及如何从捐赠国政府向受援国政府输送资金，对于筹集资金的方式并未纳入考虑范围。从积极的方面来说，这允许各国自身灵活地决定如何以最好的方式筹集应对气候变化所需的额外资金。无论这些资金是通过国家预算支出等传统渠道筹集而来，还是通过国际津贴机构的拍卖会等创新渠道所获，上述"额外性"的定义都体现了援助国决定额外资金的筹资方式的自主性。

二、气候投融资的相关概念

为解决现实中的环境问题，应对气候变化带来的消极影响并保证资源节约和高效利用，环保类的金融服务及其工具由此兴起，并在市场上得到不断的积极探索和实践。与气候投融资内涵与外延互有交叉又略有区别的环保类金融服务产品[1]主要有四类：可持续金融、绿色金融、气候变化资金、碳金融。

（一）可持续金融

根据《国际绿色金融发展与案例研究》中对于可持续发展金融的定义，可持续金融来自可持续发展概念，主要是指帮助经济社会实现可持续发展的金融手段和体系[2]。

同气候投融资相比，可持续发展金融涵盖的范围较气候投融资及其他三类金融产品更广。该服务涉及气候变化、劳工条件、企业责任等问题，往往通过对环境、社会和治理体系（Environmental，Social and Governance，ESG）投资以保证可持续发展[3]。

（二）绿色金融

根据《关于构建中国绿色金融体系的指导意见》，绿色金融是为支持环境改善、应对气候变化和资源节约高效利用的经济活动，即对环保、节能、清洁能源、绿色交通、绿色建筑等领域的项目投融资、项目运营、风险管理等所提供的金融服务。从目的上讲，建立绿色金融体系是为了提高绿色项目的投资回报率和融资的可获得性，同时抑制对污染性项目的投资[4]。

气候投融资为绿色金融的子集，就资金流的出发点而言，绿色金融的所有行为体，如私人银行、保险公司、投资者和政府必须有强烈的动机进行适时灵活的商业操作。而气候

---

〔1〕　金融服务产品分为金融产品与金融服务。金融产品由银行、金融机构、政府或公司发行，它属于一种工具，例如可用于金融投资的股份、用于借钱的信用卡、贷款、债券、可帮助节省资金的定期存款。金融服务被定义为与金钱相关的账户、服务、行业和服务提供商，例如用于房屋、汽车等个人或商业需求的信贷和贷款等账户，退休计划和抵押经纪人之类的服务，信用卡公司等银行行业。金融服务的提供商有会计师和金融计划者等。

〔2〕　马骏.国际绿色金融发展与案例研究[M].中国金融出版社，2017.

〔3〕　操群，许骞.金融"环境、社会和治理"（ESG）体系构建研究[J].金融监管研究，2019（4）：95.

〔4〕　马骏.中国绿色金融的发展与前景[J].经济社会体制比较，2016（6）：25-32.

投融资的出发点在于通过《联合国气候变化框架公约》利用公共财政资源刺激多边主义以抵御气候变化带来的不利影响[1]。

(三)气候变化资金

由于气候变化造成全球极端天气频发,发展中国家由于自身经济条件以及技术条件的局限性,首当其冲成为气候变化的受害者,由此在应对气候变化方面面临的巨大资金缺口急需发达国家进一步提供资金支持[2]。

从资金的流向可知,气候变化资金主要是由发达国家流入发展中国家[3],范围较气候投融资服务而言有显著区别。在资金缺口较大的情况下,新的或额外的可用资金注入时,这部分"额外性"即体现气候投融资服务的巨大作用。

(四)碳金融

狭义的碳金融主要涉及绿色贷款和服务温室气体减排的投融资活动。世界银行建立由发达国家企业出资的碳基金,来购买发展中国家或其他发达国家环保项目的减排额度,比如世界银行碳金融部的各种碳基金和其他一些碳金融工具的目的都服务于各种碳减排方案。广义的碳金融一般泛指围绕发展低碳经济、降低温室气体排放、控制并降低以环境为代价的经济社会发展的各种金融活动,包括为降低碳排放和发展清洁能源等技术发展提供投融资服务、以碳期货期权为代表的碳排放信用衍生品、机构投资者和风险投资介入

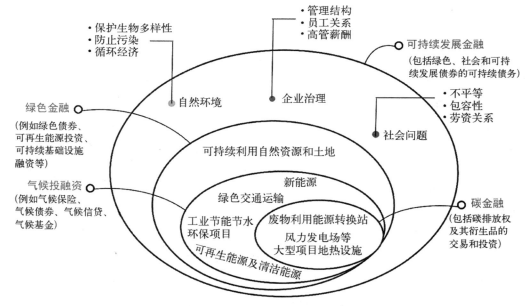

图 1-3　气候投融资与其他金融服务产品的关系

〔1〕 Motoko Aizawa. Green Finance and Climate Finance[J]. International Politics, November 2016.

〔2〕 徐薇.气候变化融资问题研究[D].中国社会科学院研究生院,2011.

〔3〕 祁悦,柴麒敏,刘冠英,等.发达国家 2020 年前应对气候变化行动和支持力度盘点[J].气候变化研究进展,2018,14(5):522-528.

的碳金融活动以及基于配额和项目的碳交易等金融活动[1]。

　　由于清洁发展机制和联合履行机制下的减排项目才能获得联合国签发的核证减排量[2]，该服务的诞生主要目的便在于落实《京都议定书》规定的清洁发展机制(CDM)和联合履行机制(JI)。从碳金融的基本界定和研究范畴出发可知，这一服务负责的范围与气候投融资活动相比较为狭窄，包含于气候投融资的范畴内。

　　〔1〕　雷鹏飞,孟科学.碳金融市场发展的概念界定与影响因素研究[J].江西社会科学,2019,39(11)：37-44＋254.
　　〔2〕　唐翠锋.我国碳金融的发展现状、问题及对策建议[D].中国人民大学,2011.

第二章 气候投融资的理论基础

第一节 金融对应对气候变化的作用

一、气候投融资的领域

气候投融资,作为绿色金融的重要组成部分,在应对气候变化、促进可持续发展等方面,发挥着非常重要的推进作用。在狭义上,其旨在把获得的资金用于应对气候变化和气候适应事业;而从广义上来讲,所有的应对和减缓气候变化的气候投融资活动都算是气候投融资。总的来说,气候投融资的支持范围包括减缓和适应两个方面。

(一)气候变化减缓措施

当前环境问题处在非常重要的发展机遇期和窗口期,气候变化减缓政策相较于适应政策发展较为充分,从可再生能源电力、低碳交通、绿色建筑、工业节能、碳汇等方面为后续工作指明了方向。

1. 可再生能源电力

如今,经济发展正处于增长模式从传统的以化石能源为基础到以可持续利用能源为基础这一关键转型期,可再生能源电力气候投融资不论从深度还是广度上都呈现出快速增长态势。根据 IPCC 的测算,若要将全球升温幅度控制在 1.5℃ 内,可再生能源发电在 2050 年要占全部发电量的 70%～85%。然而,目前可再生能源的使用却远落后于电力行业,转型动力不足。综合全球趋势来看,可再生能源电力的投融资有如下特征[1]:首先,发展中国家在可再生能源投融资上占据主导地位。目前全球对新增可再生能源的投资有很大一部分来自发展中国家和新兴经济体,投资总额已超过对新增化石燃料和核能发电投资总额的两倍。在中国的带领下,这些国家 2017 年的投资额高达 1 770 亿美元,占全球投资的 63%。其次,光伏和风电占新增投资的主要份额。据统计,2017 年全球新增可再生能源装机总量与 2016 年相比,同比增长了 29%。此外,光伏和风电新增投资额占总投资额的 84%。

然而,尽管对能源转型的重视程度在全球日渐增长,各主权国家也加大了能源转型投资,可再生能源电力的转型速度远远不及预期。而占全球终端能源需求量 80% 的供暖、制冷以及交通领域,可再生能源在其中的占比远落后于电力行业。此外,可再生能源政策

---

〔1〕 Barbara K. Buchner, Padraig Oliver, Xueying Wang, et al. Global Landscape of Climate Finance 2017[R/OL].2017.

落地形势不乐观,因此各国政府对可再生能源的政策也在不断改进,以适应新的经济形势。2017 年,瑞士、丹麦和越南三个国家的政府设立了新的可再生能源目标。值得注意的是,可再生能源电力政策的覆盖面还远远不够。要实现能源转型,履行气候和可持续发展承诺,各国政府在其中须发挥政策的领导作用,事实上,虽然全球 146 个国家在电力行业制定了可再生能源目标,但只有 48 个国家制定了供暖和制冷行业的可再生能源目标,42 个国家制定了交通运输领域的可再生能源目标。

2. 低碳交通

轨道交通网的建设是我国中心城市城市建设的当务之急,与之相匹配的停车场、停车位、桥梁道路、隧道,以及所有市政设施的配套(如排水系统、相关照明、具有人工智能的天网和天眼工程等),均需要合理计划安排。低碳交通领域的一系列发展更需要精细化的安排,如与新能源汽车相匹配的充电桩系统。尤其在我国,交通具有“准公共产品”性质,该类项目建设关键是要筹集到可用的资金和形成融资条件,构建多元化投融资模式绿色公路产品有偿使用与成本补偿制度的激励手段[1],由此相关的气候投融资机制在 PPP 等模式下也得到了一定发展与创新[2]。

3. 绿色建筑

建筑绿色化投融资机制,作为以政府资金为主要来源和第三方评价机构为主体的公共项目建设,将企业、政府、金融机构三方有机联结,在补贴标准规范化、投融资信息透明化两方面支持建筑绿色化项目的建设和运营,有效解决政府付费机制问题[3]。在其实际发展中,保证第三方评估机构的可靠性和专业性是发挥建筑绿色化投融资机制支持作用的关键[4]。

4. 工业节能

工业受经济增速放缓、能源结构调整等多种因素影响,其涉及面广、从业人员多,关系到经济发展和社会稳定大局。而工业企业的投资决策一般持续期较长,由此不同程度上减弱了工业企业的财务弹性,影响其融资决策及健康可持续发展,因此,做好工业节能、清洁能源等相关的投融资管理意义重大[5]。

5. 碳汇

碳汇融资对于低碳经济意义重大,但其发展还存在很多障碍。具体而言,对于现有的融资机制和途径还未达成统一,同时碳汇项目还存在参与积极性较低、需求不足、风险较大等问题[6]。因此,改进项目设计、实行制度改革、实现碳汇计量标准的统一、完善碳汇

〔1〕 何寿奎,马维文,李坡.多元化投融资下绿色公路建设动力机制与推进路径研究[J].生产力研究,2020(1):24-28+161.

〔2〕 贾康.论疫情冲击下的交通基础设施有效投融资[J].财会月刊,2020(15):3-8.

〔3〕 马晓国.绿色建筑投融资模式探讨[J].生态经济,2013(3):114-116.

〔4〕 宋义辉.我国绿色建筑建设融资模式研究[D].重庆大学,2011.

〔5〕 刘凤云.浅谈煤炭企业投融资管理存在的问题及对策[J].中外企业家,2019(23):40-41.

〔6〕 孙铭君,彭红军,丛静.碳金融和林业碳汇项目融资综述[J].林业经济问题,2018,38(5):90-98+112.

项目风险补偿机制等手段对其投融资的发展意义深远。

(二)气候变化适应措施

进入21世纪以来,适应措施在国际应对气候变化行动中已经获得了与减缓措施同等的重要性。《联合国气候变化框架公约》下与气候变化适应相关的谈判议题已经从初期单纯关注资金及技术开发和转让机制发展到实施具体的适应计划和行动。比如,澳大利亚[1]、印度[2]、南非[3]等国家和地区就生物多样性、农业、渔业、林业等方面采取了一系列的气候变化战略研究计划。然而,这些政策在表现形式、制定依据、战略定位、内容构成以及实施机制等方面还存在不足,需要抓紧制定专门的气候变化适应战略或规划,并重视其国际视野和战略定位[4]。

二、气候资金的来源及缺口

(一)气候资金来源

气候资金问题源于发达国家和发展中国家不同的历史责任和应对气候变化能力,是气候变化国际谈判与合作的核心要素,有助于发展中国家维护自身权益,"共同但有区别的责任"原则得以维系。由于历史累积排放量和发展水平不同,发达国家和发展中国家应对气候变化责任和能力差别显著。20世纪90年代,为使发展中国家与其共同应对气候变化,发达国家在同意率先采取强制减排行动的同时,承诺为发展中国家自主采取应对气候变化行动提供资金、技术和能力建设支持,"气候资金"概念由此而生。应对气候变化亟须资金支持,对于投入到相关领域资金的来源问题,目前国际上并无完全统一的认识和严格的分类方法[5]。

联合国气候变化融资高级顾问团(UN AGF)将资金来源分为四大类:公共赠款和优惠贷款、发展银行类型拨款、广义碳市场整体融资,以及私人资本融资[6]。对于中国来说,气候资金包括国际流入资金和国内自筹资金两大类;根据资金的特点,应对气候变化的资金一般又可归为公共资金、公共—私人资金和私人资金三大类。

1. 公共资金

由于采用气候友好的解决方案意味着增量成本,如果公共资金能够承担这一部分增

---

〔1〕 Australian Government. Adapting to Climate Change in Australia: An Australian Government Position Paper[R]. Commonwealth of Australia,2010.

〔2〕 Government of India. National Action Plan on Climate Change[R/OL]. (2008-06-30)[2013-10-19]. http://pmindia.gov.in/climate hange english. pdf.

〔3〕 Department of Environmental Affairs and Tourism. A National Climate Change Response Strategy for South Africa[R]. Department of Environmental Affairs and Tourism,2004.

〔4〕 孙傅,何霄嘉.国际气候变化适应政策发展动态及其对中国的启示[J].中国人口·资源与环境,2014,24(5):1-9.

〔5〕 2012中国气候融资报告:气候资金流研究[C].中央财经大学气候与能源金融研究中心,2012.

〔6〕 2010年,联合国秘书处成立了气候变化融资高级顾问团(High Level Advisory Group on Climate Change Financing),评估筹集新的、更多的气候融资的可行性,对新的气候资金来源提出建议,从而支持发达国家做出更加积极的资金承诺。2010年11月,UN AGF发布了识别气候融资来源的报告。

量成本,则有助于撬动更多私人资本投入到应对气候变化的解决方案中。因此,尽管在资金总量中的比例有限,公共资金在气候融资中起到了非常关键的先导作用。发达国家通过公共预算为发展中国家应对气候变化提供资金,是"共同但有区别的责任"的体现。《公约》资金机制成为1992—2009年全球气候治理进程中重要的推动力量。此外,《京都议定书》确定的清洁发展机制作为碳补偿市场也为发展中国家提供了资金支持。国内公共资金发挥了不可替代的杠杆作用,其投向气候变化领域的公共资金目前主要来自公共财政预算,主要有直接赠款、以奖代补、税收减免、政策性基金、投资国有资产,以及政策性银行等投资形式。

2. 发展银行

多边发展银行是多边气候资金的主要组成部分[1]。由于自身资源丰富,且在动员私营部门投资方面具有丰富经验,多边发展银行在气候融资领域一直发挥着积极的推动作用,其资金承诺亦是发达国家实现1 000亿美元目标的重要组成部分。其中,根据非洲发展银行、亚洲开发银行、欧洲复兴开发银行、欧洲投资银行、泛美开发银行及世界银行气候融资2018年联合报告[2],上述银行2011—2017年共提供气候融资1 940亿美元。

3. 碳市场金融

根据发达国家的经验,碳交易市场或碳税都可以成为应对气候变化公共资金的来源。碳交易市场的收入指通过向总量限制交易体系的参与者(主要指承担碳减排任务的企业)出售或拍卖配额而取得的收入。排放配额可以根据排放者历史排放记录以免费的形式发放,也可以采用拍卖的形式,让排放者公开竞拍。前者不在配额初始分配阶段产生相应收入,而后者通过拍卖配额产生收入。碳排放权交易市场作为温室气体减排的重要工具正在全球范围内广泛应用,其也是气候融资的主体和渠道向多元化发展的重要体现。

4. 私营部门资金

发达国家推动低碳转型发展最后的落脚点依然是促进本国经济增长和增加就业,因此私营部门必将在发达国家筹资目标中发挥至关重要的作用。现阶段私营部门数据的地理归属存在很大的不确定性且国际气候融资中公共部门资金占比较高,但可以预见的是,随着技术进步和市场成熟,私营部门资金比重将逐步超过公共部门,成为发达国家实现长期资金目标的重要支撑。此外,慈善资金的支持刚刚起步。慈善事业组织和相关的非政府机构也参与提供了一部分气候资金,这些资金来源于私人捐赠者和企业,具体包括慈善基金会捐赠、企业社会责任行动,以及非政府机构活动等形式。发达国家的慈善事业发展得较为健全,慈善捐赠机构数量众多。中国国内气候变化相关的慈善事业刚刚起步,资金主要来自企业和社会团体捐资以及个人捐资,通过绿色公募基金、企业社会责任行动等形

---

〔1〕　陈兰,张黛玮,朱留财.全球气候融资形势及展望[J].环境保护,2019,47(1):33-38.

〔2〕　AfDB, ADB, EBRD, et al. 2017 Joint Report on Multilateral Development Banks' Climate Finance[R]. 2018.

式,投入到气候变化领域[1]。

(二)气候资金缺口

环境问题是最大的市场失灵,在最坏的情况下,气候变化会在2100年之前造成资本市场上43万亿美元的损失。尽管目前全球气候资金流和总量均有所上升,但与气候变化相关的资金收入非常有限,仍比实际需要的低60%左右,直接应对气候变化在某种程度上导致国家的财政预算与传统情景相比出现了"缺口"。根据联合国政府间气候变化专家小组(Intergovernmental Panel on Climate Change,IPCC)的统计,2010—2050年发展中国家适应资金需求量为700亿~1 000亿美元/年。联合国环境规划署(United Nations Environment Programme,UNEP)估计,到2030年适应资金的年需求量为1 400亿~3 000亿美元/年;到2050年,适应资金的年需求量将增至2 800亿~5 000亿美元/年。尽管当前对私人和公共资源所需气候投资的估计存在较大差异,但各机构的统计数据均传递了相同信息:全球气候资金所需的数量级远远大于现今已投入的数量级。气候债券倡议组织和商道融绿共同发布的《中国的绿色债券发行与投资机遇报告》[2]中指出,从现在到2030年,全球的气候适应型基础设施存在巨额的投资缺口,规模达到100万亿美元。只有引导资金弥补以上缺口,才能实现《巴黎协定》的2℃目标。在后续低碳的发展中,更多资金需要转向应对气候变化领域的投资和融资活动。

三、气候投融资的外部性及其补偿

(一)正外部性[3]的识别与建立

在气候变化问题的应对上,正外部性现象大量存在,其有力促进了环境利益的维护和实现。但环境利益的外溢性产生大量的"搭便车"行为,由此导致私人维护环境利益的动力不足,造成"公地悲剧"。其实,个人利益和公共利益本质上存在统一的基础和可能,并非截然分开、相互矛盾。基于此,以正外部性理论指导气候投融资的发展兼具现实必要性与可行性。企业、居民等社会主体的环境需求也具有多层次性,主要包括对环境的经济需求、生态需求和精神需求。比如,工业企业出于生产层面的降本增效或是能源安全考虑而自发进行的产业结构调整,消费等微观领域的购买节能汽车和无氟冰箱、进行生态旅游、拒绝使用来自濒危动植物或毁减环境物质的产品等绿色消费行为存在明显的正外部性,但却不到有效的激励和补偿。

为使私人成本内部化,一般采用两种途径:庇古手段和科斯手段。庇古手段就是政府对造成生态环境负外部性的生产者进行限制,而对创造生态环境正外部性的生产者进行补贴和鼓励,其主要包括征税、补贴和押金贷款。科斯认为,可以用市场交易或者自愿

---

[1] California Environmental Associates. 2007. Design to Win. Philanthropy's Role in the Fight against Global Warming[EB/OL]. http://www.climateactionproject.com/dcs/Design_to_Win_8_01_07.pdf.

[2] https://www.climatebonds.net/resource/reports/China_GBIO_CN.

[3] 在环境领域指经济活动对环境有益,但这些益处的价值未通过市场实现,导致私人收益少于社会收益,对良性经济活动产生抑制作用。理论上,社会应该对这些生产者进行补偿,使私人收益与社会收益趋于一致。

协商的方式解决外部性问题,而政府的责任就是界定和保护产权。因上述对气候变化有利的环境举措具有绝对的非排他特性和非竞争性,应当由政府来对一些公共物品明晰产权、发展环保产业,由此实现消费的可分割性,排除不付费者的"搭便车"现象,实现市场供给。

(二)外部性的补偿

通过政策手段使人类的生产、生活对生态环境造成的外部性成本内部化,从而调动人们保护生态环境的积极性,并逐步形成为正面激励环保行动与实践的制度安排,这是国际上对于生态补偿的普遍理解。通俗来讲,其指代通过现金、实物或非物质化的东西长期给予生态保护者在生态环境保护过程中额外付出成本、发展机会损失的成本的补偿和环保行为的奖励或激励[1]。在生态环保实践中,被补偿的对象所提出的最常见、最多的诉求是补偿标准太低、补偿金额不足;相反,补偿主体(政府)因为补偿资金有限,且要兼顾很多方面,所以认为补偿偏高而难以持续承受[2]。因此,如何确定生态补偿标准一直是备受关注的焦点。

随着产权理论的提出和发展,市场化机制作为一种资源配置高效、体系设计灵活、更有助于激发企业自主性的管理工具,越来越多地被用于破解环境、能源、资源领域的问题。在继承科斯部分理论的基础上,德姆赛茨在其著作《公共物品的私人供给》中明确提出公共物品可以由私人市场提供。在他看来,只要重视产权,并且赋予各个利益相关方自由谈判的权利,就会降低交易成本并使外部性内部化。因此,外部性的克服使私人供给公共物品成为可能。

水权、用能权、排污权、碳排放权等一直是个人、地区和国家拥有的基本环境权益,也是发展权在资源利用上的具体体现。环境权益交易市场的建立,旨在为把外部成本内部化,在没有价格的情况下形成价格,从而为环境权益定价,为低碳发展融资,用市场机制解决不断恶化的环境问题,其有利于资金向更绿色、更环保的领域流动和倾斜,也有利于基于环境权益的绿色金融创新。

第二节 气候投融资主体

气候变化投融资是指为了实现各种减排目标和低碳发展路径,从而引导和促进更多资金投向应对气候变化领域的投资和融资活动。气候投融资是绿色金融的重要组成部分。一般来说,气候投融资所支持范围包括减缓和适应两个方面。减缓一般包括:调整产业结构;优化能源结构、大力发展清洁能源;开展碳捕集、利用与封存试点示范;增加森

[1] 王娜娜,武永峰,胡博,等.基于环境保护正外部性视角的我国生态补偿研究进展[J].生态学杂志,2015,34(11):3253-3260.
[2] Chomitz KM, Brenes E, Constantino L. Financing Environmental Services: The Costa Rican Experience and Its Implications[J]. Science of the Total Environment, 1999(240):157-169.

林、草原及其他碳汇等。适应则侧重提高农业、水资源、林业和生态系统、海洋等重点领域对于气候变化的适应能力，同时加强适应基础能力建设，加快基础设施建设，提高科技能力等。

气候投融资主体非常广泛，主要包含社会资本、国家财政、非营利性组织、国际金融机构、传统的金融机构以及碳金融中介与服务机构等。对于不同的气候投融资主体，由于其自身特性以及定位不同，往往也会有不同的投融资方式。例如国家财政往往更侧重实现减排目标而起到类似"激励"的作用，为支持大型的减排项目和技术升级提供资金支持，而传统金融机构的气候投融资，更多会出于营利性的考量。

一、社会资本

社会资本方面主要以企业的直接投资为主。生态环境部2020年10月发布的《关于促进应对气候变化投融资的指导意见》中指出要坚持市场导向，充分发挥市场在气候投融资中的决定性作用。政府起引导作用，而金融机构和企业则是在模式、机制、金融工具等方面的创新起到主体的作用。企业作为市场的积极参与者，在气候投融资方面，有着不可或缺的地位。

大多数投资来往往来源于大型企业，尤其是一些大型的跨国企业。联合国贸易和发展会议（United Nations Conference on Trade and Development，UNCTAD）在2010年发布的报告[1]中指出，跨国公司等大型企业在低碳投资方面能够起到非常重要作用。一方面，大型企业在生产、销售等企业活动中有着大量温室气体排放，同时也往往拥有较为先进的技术和丰厚的资金，因而能够成为低碳技术和低碳经济的主要投资者。另一方面，气候变暖的趋势日益加剧，气候问题被愈发地重视，低碳领域在未来也有着非常高的投资潜力。尤其对于发展中国家而言，大型跨国公司的低碳投资往往伴随着一部分的技术转移，从而能够将更加高效、低碳的技术推广到发展中国家，有助于发展中国家、技术落后地区革新陈旧的、低效的技术和能源利用形式，从而从更广泛的范围内提高人类社会整体低碳发展的进程。

二、国家财政

在气候投融资初期，国家财政往往起到了决定性的扶持作用。由气候债券倡议组织和汇丰银行2016年发布的《债券与气候变化：市场现状报告2016》[2]中给出了这样的数据："60％以上的债券存量来自政府部门的发行，包括地方政府、多边开发银行、政府部门或国有企业。这组发行人包含了市场中最大的发行人——中国铁路总公司、英国国营铁路公司（Network Rail）、欧洲投资银行（European Investment Bank）、欧洲铁路车辆设备

---

〔1〕 https：//unctad.org/system/files/official-ocument/wir2010_en.pdf.

〔2〕 https：//cn.climatebonds.net/files/files/-CBI-HSBC％20％E5％B8％82％E5％9C％BA％E7％8E％B0％E7％8A％B6％E6％8A％A5％E5％91％8A2016.pdf.

融资公司（EUROFIMA）及纽约大都会运输署（New York Metropolitan Transportation Authority）。"

目前，国家财政投资是促进我国低碳经济发展的主要融资方式，其资金主要来源于地方政府的财政拨款以及国家财政预算。近年来我国气候变化相关财政预算资金支出增长显著，该部分资金支出在财政预算中的占比也保持了增长的趋势。有数据指出，我国气候变化相关财政预算资金占比从 2007 年的约 2% 增长到了 2019 年的 3.7% 左右，2007—2016 年累计财政支出 3.5 万亿元。其中，中国清洁发展机制赠款基金 11.3 亿元，支持了 522 个赠款项目，有偿使用清洁发展机制基金贷款资金 148.7 亿元，撬动社会资金 792.7 亿元[1]。

我国的政策性银行主要针对气候变化领域规模大、投资周期长、经济效益慢的项目进行投资。截至 2019 年，国家开发银行绿色信贷贷款余额近 3.2 万亿元，新能源和可再生能源行业贷款余额 5 000 亿元。

三、非营利组织

在当今社会，政府、市场和非营利组织是构成现代社会的三个重要组成部分，非营利组织以其独特的优势承担着其重要的社会职能，是当今社会不可或缺的一环。气候投融资的实践，与社会的各个环节紧密关联，也涉及整个社会经济的健康稳定发展。非营利组织因自身所具有的独特优势，在气候投融资的实践中能够弥补政府和市场的不足之处，从而更有效地促进气候投融资的进行。非营利组织在环境宣传与教育、信息整理与收集、促进国际环境合作、维护环境公平[2]等诸多方面发挥了极大的作用，是减缓气候变化、实现可持续发展方面的助推剂。

一般来说，非营利组织的作用主要体现在宣传和教育方面，即通过各类的宣传活动，提倡低碳的生活理念和生活方式，提高全社会低碳意识，借助积极的宣传和示范作用来推进社会成员观念的转变。同时往往也承担着政府、企业、媒体及公众之间交流沟通的桥梁的作用。非营利组织与政府、企业和公众的广泛接触和交流，有利于把相关政策宣传给企业和公众，另外一方面也能够为政府提供政策建议。

四、国际金融机构

国际金融机构一般是由多国共同建立的金融机构，根据其成员国的分类，可分为地区性和全球性国际金融机构。常见的全球性国际金融机构有国际货币基金组织、世界银行等。地区性国际金融机构有欧洲复兴开发银行、泛美开发银行、亚洲开发银行、非洲开发银行等。

在气候投融资领域，多边开发银行扮演了非常重要的角色，传统的多边开发银行也都

〔1〕 刘强,王崇举,李强.抓好"六个体系"建设推动我国气候投融资发展[J].宏观经济管理,2020(5):70-77+90.

〔2〕 王金花.我国非政府组织参与低碳经济发展的研究[D].吉林大学,2012.

有重视绿色金融的传统[1]。多边开发银行往往拥有高标准的绿色金融政策,制定和实施了较为完善的环境和社会保障政策。在气候投融资产品和服务创新方面,多边开发银行也进行了各类尝试。由于多边开发银行的特殊性质,它们作为绿色金融发展的主要推动力量之一,有区别于社会资本、国家财政以及传统金融机构的特点和优势。多边开发银行一般以促进自身定位的全球或者相关区域的发展为目标,相比于各国政府、商业性金融机构和非政府组织,多边开发银行既具有类似于政府的官方性质,具有一定的权威性;另一方面,由于其金融机构的本质特征,其在维持自身的商业可持续性的过程中,可以通过利用自己金融的产品和服务实现绿色金融目标。作为多边金融机构,多边开发银行能够在各国成员国直接相互协调,从而更好地推动区域间乃至全球的绿色投融资合作。

五、传统金融机构

传统的金融机构往往以较为直接的方式参与气候投融资。例如摩根士丹利2006年10月宣布投资30亿美元用于碳市场,于2007年8月成立碳银行,为企业提供融资以及咨询服务。气体排放管理已经成为欧洲金融服务行业成长迅速的业务之一。被称为"碳资产"的减排项目也正成为对冲基金、私募基金所追逐的热点。投资者往往以私募股权的方式在早期介入各种减排项目,以期待获得高额回报。一方面,碳资产像传统风投或是私募所投的项目一样,随着项目的进行,其本身就能带来收益;另一方面,通过碳交易市场,项目建成后能实现的减排配额在市场上出售则又能再次获得利润。因此当碳交易市场的流动性加强且价格波动趋于平稳之后,碳资产的双重收益模式自然赢得了基金的青睐。此外,由于碳资产的价值与传统的股票债券市场关联并不紧密,也不受非能源类的商品市场的影响,基金也完全可以利用它来对冲传统投资的风险。

近年来,我国气候投融资的信贷、债券、基金、信托、保险等工具都取得了积极的进展。例如信贷工具,从2013年6月到2019年6月,我国21家主要银行机构绿色信贷余额从5.2万亿元增加至10.6万亿元[2]。

六、碳金融中介与服务机构

碳排放交易所是一种交易温室气体排放权和排放权证券化的衍生金融工具交易平台。这种交易平台的建立,有助于所在国家和地区在国际碳排放交易中拥有更多的话语权,得到更多的份额倾斜,以支持国内的技术转型升级,更为重要的是,能够为该国的碳排放权进行合理的碳定价。把温室气体排放对环境造成的影响通过碳定价反映在成本中,从而鼓励企业走低碳、清洁发展之路,摒弃高排放、高污染的技术。

在碳交易市场中,二氧化碳的排放权如同其他商品一样,可以自由交易。欧洲气候交

────────────

[1]　宋杨.从传统多边开发银行经验看亚投行的绿色金融之路[D].外交学院,2018.

[2]　刘强,王崇举,李强.抓好"六个体系"建设 推动我国气候投融资发展[J].宏观经济管理,2020(5):70-77+90.

易所是全球主要的减排量交易所之一,其推出的碳排放权期货产品,引入了标准式的碳减排权合同,使得交易平台能够为全世界所服务。全球各大碳交易所也陆续推出与欧盟碳排放配额所挂钩的期货、期权交易,丰富了碳交易的金融衍生品的种类,同时也客观上增加了碳交易市场的流动性。

碳交易市场建立之后,具有良好减排能力的项目可以通过碳交易市场获得前期的投资资金,即减排项目在实施前期可以通过碳市场交易或者拍卖的形式,出售减排量或减排配额,从而获取资金。此外,在项目建设完成后,其后续的减排量依旧可以在碳市场中交易,从而获得长期的资金回报。

在我国,随着全国碳减排需求约束、碳交易试点市场规模扩大以及全国统一碳市场的建设,碳排放权正衍生为具有投资价值和流动性的金融资产,成为抢占低碳经济制高点的关键因素和未来金融载体[1]。

第三节 气候投融资市场与产品

气候投融资是指在一般投融资过程中评估气候变化影响和风险、优化碳排放资源配置,或引导投资流向低碳产业、支撑我国经济发展低碳转型、提高适应气候变化能力的金融活动,特别涉及气候资金的决策、筹措和使用等。气候投融资是应对气候变化政策和行动的"加油站",其规模、效率、效果对生态环境质量的改善、经济社会的可持续发展都有至关重要的影响,与每个人的生活也休戚相关。气候投融资从金融行业的角度上看,它从属于一种金融活动,其目的在于引导投资走向以低能耗、低污染为基础的产业,基于可持续发展理念指导下减少温室气体排放以及通过技术创新和产业转型等手段提高适应与减缓气候变化。在气候投融资中最关键的环节在于对气候资金的决策、筹措和使用等。自2016年,我国绿色金融得到迅猛发展,作为绿色金融一部分的气候投融资涉及领域在其带领下也得到了相应的扩张。绿色信贷工具、债券工具等一系列的制度框架体系在我国已被建立,气候投融资信贷工具方面近年来也取得了突出成绩。2018年末国内的气候投融资相关绿色债券的发行规模合计占国内绿色债券发行规模的60%左右。基金工具方面发行的71只公募环境、社会责任类证券投资基金份额达到了1 395亿元[2]。

综上可知,基于金融的本质系价值流通这一角度,气候投融资在金融行业内涉及的产品种类有很多,其中主要包括气候保险、气候基金、气候债券和气候信贷等金融工具,这些衍生工具都使得气候资金的使用效益有所提高,展示了金融体系的支持和协同对气候行动取得进展的重大意义。

〔1〕 孙海泳.应对气候变暖:投融资之路[J].国际融资,2010(1):21-23.
〔2〕 钱立华,鲁政委,方琦.商业银行气候投融资创新[J].中国金融,2019(22):60-61.

一、气候信贷

目前在气候变化方面的信贷业务主要以绿色信贷为主[1]。在发展绿色经济的众多对策当中,绿色信贷作为一种金融工具,对实现绿色发展和经济的可持续性发挥了重要作用。绿色信贷鼓励对环境友好型行业贷款,对破坏环境的行业则限制贷款。绿色信贷通过优化信贷结构、提升信贷服务质量、推动绿色发展模式,遵循循环利用的方式对绿色经济起到不可估量的促进作用。目前业界一致认为,绿色贷款和其他类型的绿色金融对于经济发展的可持续性至关重要。在英国,英国绿色投资银行和基础设施机构(UK Green Investment Bank and Infrastructure)的贷款担保为节能项目提供了政府资金和支持[2]。美国颁布了《综合环境反应、赔偿和责任法》,以确保商业银行发放的贷款与造成污染的项目无关。与此同时,美国银行和法国东方汇理银行等金融机构在发放贷款时都采用了赤道原则[3],[4]。通过借鉴国际经验,中国政府已经实施了一些政策来促进绿色信贷的发展。

二、气候债券

气候债券(又称绿色债券)的固定收益类金融债券,具有积极环境气候效益。该气候投融资工具遵循由国际资本市场协会(ICMA)中所述的绿色债券原则[5],发行所得收益通常用于投入预先规定的项目类型。该债券与可持续金融领域衍生的债券不同之处在于后者不仅需要对环境具有正面影响,还需产生积极的社会效益。与普通债券相同之处在于气候债券可以由政府、跨国银行或企业发行。发行实体保证在一段时间内偿还债券,外加一个固定利率。气候债券是一种相对较新的资产类别,但目前其发展势头较为迅速。为开展与缓解或适应气候变化相关的项目或方案(例如减少温室气体排放,使用清洁能源,提高能源效率,建造尼罗河三角洲的防洪设施,帮助大堡礁适应变暖的海水等气候变化适应项目)均可通过发行气候债券的方式筹集资金[6]。绿色债券的市场发展迅速主要有两个原因。首先,投资者越来越关注ESG和气候友好型投资解决方案。其次,全球监管机构正在采取行动,以增加透明度,并为建立公认的绿色债券标准提供指导。此外,监管机构越来越多地要求投资者将可持续性考虑在内。这些因素将增加对绿色债券的需求,提升绿色债券的价格。

〔1〕 Luo C., Fan S., Zhang Q. Investigating the Influence of Green Credit on Operational Efficiency and Financial Performance Based on Hybrid Econometric Models[J]. International Journal of Financial Studies, 2017, 5(4): 27.

〔2〕 http://www.parliament.uk/business/committees/committees-a-z/commons-select/environmental-audit-committee/publications/?type=&session=1&sort=false&inquiry=all.

〔3〕 Sebastian, E., Schiereck, D., Trillig, J. Sustainable Project Finance, the Adoption of the Equator Principles and Shareholder Value Effects[J]. Business Strategy and the Environment, 2014(23): 375-394.

〔4〕 Manuel W. Equator Principles: Bridging the Gap between Economics and Ethics? [J]. Business and Society Review, 2015(120): 205-243.

〔5〕 http://www.icmagroup.org.

〔6〕 https://en.wikipedia.org/wiki/Climate_bond.

三、气候基金

作为开展应对气候变化行动、推进低碳发展的前提和保障,大规模的气候投融资发挥着不可替代的重要作用。在气候投融资下衍生的全球主要气候基金包括全球环境基金(GEF)、绿色气候基金(GCF)、气候投资基金(CIFs)、专项基金(SCCF 与 LDCF)和适应基金(AF)。其中 GCF 与 CIFs 在气候投融资进展中占有重要地位。

1. 绿色气候基金

GCF 是 UNFCCC 资金机制的运营实体,GCF 接受《公约》缔约方会议指导并对其负责。2009 年 12 月召开的联合国气候变化哥本哈根会议宣布将成立基金,2010 年底坎昆会议正式成立 GCF,并于 2015 年底完全投入运作。GCF 旨在限制或减少发展中国家的温室气体排放,并帮助脆弱地区适应气候变化不可避免的影响。

2. 气候投资基金

CIFs 成立于 2008 年 7 月,由 9 个欧洲国家、2 个北美洲国家和 3 个亚太国家,共计 14 个发达国家共同出资设立,其资金由世界银行托管。规模达 83 亿美元的 CIFs 为 72 个发展中国家和中等收入国家提供了紧急且必需的资源,以应对气候变化带来的挑战并减少其温室气体排放。CIFs 由四个项目组成:56 亿美元的清洁技术基金(Clean Technology Fund, CTF)、12 亿美元的气候适应能力试点计划(Pilot Program for Climate Resilience, PPCR)、7.8 亿美元的低收入国家新能源拓展计划(Scaling Up Renewable Energy in Low Income Countries Program, SREP)和 7.75 亿美元的森林投资计划(Forest Investment Program, FIP)[1]。

四、气候保险

2007 年 12 月在印度尼西亚巴厘岛举行的第 13 次缔约方会议通过的《巴厘行动计划》为自 2012 年起可能适用的全球气候协议方面谈判提供了指导。该计划就适应气候这一角度提出要求:风险管理和风险减少战略,风险分担和转移机制,比如设置气候保险;对易受气候变化不良影响的发展中国家实施由该影响带来的破坏及损失的相关减灾战略和手段。由于极端天气事件造成损失的部分均可通过气候保险(又称气候风险保险)进行补偿。在直接保险策略中,由于气候风险造成作物损失的个人或企业均可通过参保的方式获得补偿。在间接保险策略中,则是政府和非政府组织投保应对气候风险,投保目的可以是个别风险或是组合风险。发生损失时,政府和非政府组织能够在短时间内收到经济赔偿,而后用于资助因气候变化影响亏损的当地居民,尤其是极易受极端气候影响的贫民[2]。

五、碳金融

资金来源是扩大可再生能源技术(Renewable Energy Technology, RET)项目的主要

---

〔1〕 https://www.devex.com/organizations/climate-investment-funds-63325.

〔2〕 http://www.bmz.de/en/issues/klimaschutz/climate_risk_insurance/index.html.

限制因素,对于发展中国家的小型能源项目影响尤甚。碳金融资金渠道可行性为正在开发可持续能源项目的企业家创造了机会[1]。

1. 碳金融定义

碳金融是对正在产生或预计产生温室气体的项目减排提供资源的总称,此类减排的形式是购买可用于碳市场交易的排放额度,创造减少温室气体排放的商业价值。碳市场为可持续能源项目提供了额外的收益来源。这一举措能够提高 RET 项目的商业可行性,从而在维持和发展可再生能源企业中发挥重要作用。

2. 碳市场

碳市场是为买卖碳信用额而创建的市场。在规定的限制(即"上限"碳排放量)下,碳排放者可以直接获得或通过拍卖会得到排放许可或配额。排放量低于上限的组织可以将其多余的配额(碳信用额)交易给那些需要额外容量的人,从而为买卖碳信用额创造可持续的交易市场。[2] 比方说,如果一家公司想要排放超出其允许排放量的额度,那么它可以向减排量低于目标水平的交易方购买信用额度,或者从含有出售额度资质并已获得排放信用额度认证(Certified Emission Reduction,CER)的发展中国家项目中购买信用额度。由此可见,减排许可或碳信用额相当于碳市场流通的"货币"。

3. 清洁发展机制

碳市场的良好运转离不开清洁发展机制。《公约》引入的清洁发展机制(CDM)是《京都议定书》第十二条规定的灵活机制之一。其目的是以低成本高效益的方式减少排入大气中温室气体浓度。清洁发展机制允许发达国家使用由发展中国家可持续发展项目认可的排放信用额度,以达到《京都议定书》规定的部分减排(Emission Reduction,ER)目标。发展中国家又能从中获得对其清洁技术的投资和出售减排额度的利润(一个 CER 相当于一吨二氧化碳当量)[3]。

第四节 气候投融资政策与监管

一、气候投融资政策

(一)国外气候投融资政策现状

1. 欧盟

低碳能源技术在能源投资中的市场份额将不断增长,约占全球 GDP 的 2%。低碳技

---

〔1〕 Disch, D., Rai, K., Maheshwari, S. Carbon Finance — A Guide for Sustainable Energy Enterprises and NGOs, s.l.[R], GVEP International. 2010.

〔2〕 The World Bank — Carbon Finance Unit. Carbon Finance for Sustainable Development — 2012 Annual Report[R], The World Bank, 2012.

〔3〕 Boukerche, S., Dulal, H., Brodnig, G., et al. CDCF Making an Impact — Carbon Finance Delivers Benefits for the Poor[R], World Bank, 2013.

术当中的重要标准(如电动汽车基础设施相关标准)和体系选择(如运输燃料的选择)预计将在未来十年内形成。因此,在欧洲以外推广欧盟具有竞争优势的低碳技术可能有助于在全球建立欧洲标准和体系,从而有助于稳定欧洲的竞争优势。因此,为新兴发展中国家进行气候投融资可以帮助欧盟在不断增长的高附加值高新产业当中获得竞争优势。

在2019年通过的欧洲投资银行新能源贷款政策概述了巴黎联盟(Paris-aligned)能源转型的一些必要要素。值得注意的是,作为全球主要多边银行的一员,欧洲投资银行最先牵头主张停止使用化石燃料,即终止投资化石燃料相关项目。[1],[2]

加热和冷却系统的进步将是实现《巴黎协定》的关键,欧盟气候银行必须帮助推动这些部门的转型。然而,最近的能源政策在供暖和冷却方面进展仍较缓慢。在欧洲,空间供暖约占欧盟最终能源需求总额的27%,显然需要优先考虑这一部门的减排量。[3] 然而,欧洲投资银行新发布的能源贷款政策仍未就是否继续提供对燃气锅炉的支持有所定论。因此,欧洲投资银行应该为这些部门中极富影响力的方法制定更详细的计划。

能源密集型产业(如钢铁、水泥、化学品和铝)作为最具挑战性的减排领域,其温室气体排放量约占欧盟总温室气体排放量的17%。[4] 作为欧盟的"气候银行",EIB在加速其脱碳至气候中和方面发挥着至关重要的作用。许多研究表明,对重工业加以干预使其达到气候中和是可行的,并且已有研究制订出为实现气候中和需要采取的变化策略。[5],[6],[7]

除了气候与环境方面的行动,创新是EIB的首要任务之一[8],但为了体现其"气候银行"的作用,EIB应该确保其在气候方面上的创新支持将使欧盟气候政策目标和《巴黎协定》的潜力最大化。事实上,《欧洲绿色协议》认为"新技术、可持续解决方案和颠覆性创新"是实现这一目标的关键。[9] 不仅如此,该协议明确将研究和创新(尤其是气候和可持续发展目标)视为欧盟政策的关键领域。然而截至目前,总体来看,欧盟在研发上的投入在GDP中的比例落后于中国和美国等同行经济体。[10]

2.美国

美国休利特基金会热衷于在气候变化问题上积极采取行动,并帮助筹集大量资金以

〔1〕 https://www.bbc.co.uk/news/business-50427873.

〔2〕 Erzini Vernoit. What the Development Community Can Learn from the EIB's Fossil Phaseout [R]. 2019.

〔3〕 Heat Roadmap Europe. Profile of Heating and Cooling Demand in 2015[R]. 2017.

〔4〕 E3G. Fostering Climate-Neutral, Energy-Intensive Industries in Europe[R]. 2020.

〔5〕 Climate Strategies et al. Building Blocks for a Climate-Neutral European industrial Sector[R]. 2019.

〔6〕 CISL and CLG. Forging a Carbon-Neutral Heavy Industry by 2050: How Europe Can Seize the Opportunitys[R]. 2019.

〔7〕 McKinsey. Decarbonization of Industrial Sectors: The Next Frontier[R]. 2018.

〔8〕 https://www.eib.org/en/about/priorities/index.htm.

〔9〕 European Commission. Communication: The European Green Deal[R]. 2019.

〔10〕 EIB. EIB Investment Report 2019/2020[R]. 2019.

促进全球低碳经济的发展。该基金会深受可再生能源、绿色建筑、电动汽车和气候智慧农业技术等市场在世界各地蓬勃发展的趋势影响,他们在可再生能源、绿色建筑方面秉持采取行动的雄心,并帮助筹集大量资金以促进全球低碳经济的发展。同样,金融行业也正在发生积极变化——投资者越来越关注气候变化将在何处、以何种方式对其现有投资带来风险,以便适时调整投资组合从而实现远离碳密集型活动的迫切需要。休利特基金会基于气候危机这一严峻挑战号召全体人员"同心协力",与各层级、各方面的投资者携手——从最大的机构资产所有者到普通民众,这些投资者存款的总和正代表了减缓气候变化未开发的潜力[1]。

2015 年相关数据显示,清洁能源项目的公共融资达到了 97 亿美元的峰值,其中社会融资占清洁能源投资总额剩余的 75%,达到 266 亿美元。从那以后,社会投资平均每年占清洁能源投资的 90%,表明气候友好型活动的财政需求逐渐减弱,对社会融资的需求不断增加[2]。自 2015 年成立以来,注重社会环保效益、提供相关银行服务和投资产品的 Aspiration 在线金融平台得到了迅速发展。该平台已从百余万客户中筹集了 1 亿美元存款,同时新增客户速度达到每月 10 万人[3]。根据 2018 年美国国家可再生能源实验室的研究估计,中低收入(LMI)家庭的房屋屋顶太阳能技术潜力占全美房屋屋顶太阳能总潜力的 42%[4]。休利特基金会表示,用创新型金融产品触及这些客户不仅充满价值,而且对于实现长期气候目标也至关重要。

(二)国内气候投融资政策现状

中国在应对气候变化方面取得了一些重要的初步成功。中国政府将气候变化视为其政策议程中的头等大事,并已将大量资源投入绿色环保部门。事实证明,中国现在是清洁能源投资的全球领导者。2013 年我国对可再生能源的投资达到 540 亿美元,在风电装机容量方面领跑世界,在光伏电装机容量方面位列世界第二。

尽管中国在气候变化行动上取得了成功,但仍需继续采取更多的行动应对潜在的气候危机,中国也在努力为转型可持续的低碳经济提供资金。这种转变需要转变发展模式,也需要对公共和私人融资体系进行实质性改变。减缓和适应气候变化需要积极的政策和政府规划。公共部门的干预措施能够为社区、家庭和私企提供信息、激励措施和有利的环境,有利于改变他们的行为、消费方式和投资上的决定。此类干预措施需要使用一系列政策杠杆:信息、法规、税收和公共支出,其中公共支出是这套杠杆的关键部分。截至 2014 年,中国已经有相当大的公共财政资源用于缓解和适应气候变化,但当年政府用于气候变化行动的总财政支出尚不明确。[5]

对中国有关气候融资前景的现有文献进行的广泛回顾表明,没有任何现有的系统性

---

〔1〕　https://hewlett.org/library/climate-finance-strategy-2018-2023/.

〔2〕　https://europa.eu/capacity4dev/file/71900/download?token=57xpTJ4W.

〔3〕　https://thefinancialbrand.com/81820/fintech-bankonline-innovation-aspiration-financial/.

〔4〕　https://www.nrel.gov/docs/fy18osti/70901.pdf.

〔5〕　https://www.climatefinance-developmenteffectiveness.org/countries/china.

尝试来估算公共气候支出的总体规模和模式。在此背景下,联合国开发计划署与中国财政部财政科学研究院发起了气候公共支出与制度评估计划(CPEIR),旨在协助中国政府加深对公共气候支出的了解模式,并确保将气候变化优先事项纳入预算制定和实施过程。据财政部财政科学研究所课题组 2015 年 3 月发布的《中国气候公共财政统计分析研究》报告,中国在主要绿色领域的投资需求(2015—2020 年)平均每年达到 2.9 万亿元人民币。其中每年财政方面不足以弥补的 2 万亿元人民币(即总需求的 66.67%)需由国内外金融及资本市场加以引导,尽快将气候因素纳入现有绿色投融资体系。

为实现国家自主贡献目标和低碳发展目标,生态环境部办公厅于 2020 年 10 月 21 日印发了《关于促进应对气候变化投融资的指导意见》,充分体现了气候投融资与各领域协同发展的愿景,文件要求如下:

(1)到 2022 年,营造有利于气候投融资发展的政策环境,气候投融资相关标准建设有序推进,气候投融资地方试点启动并初见成效,气候投融资专业研究机构不断壮大,对外合作务实深入,资金、人才、技术等各类要素资源向气候投融资领域初步聚集。

(2)到 2025 年,促进应对气候变化政策与投资、金融、产业、能源和环境等各领域政策协同高效推进,气候投融资政策和标准体系逐步完善,基本形成气候投融资地方试点、综合示范、项目开发、机构响应、广泛参与的系统布局,引领构建具有国际影响力的气候投融资合作平台,投入应对气候变化领域的资金规模明显增加。

二、监管体系

作为人类经济社会系统的组成部分,金融系统的稳定性同样受到来自气候变化的威胁。金融业出于自身气候风险管理的需要,将气候风险纳入投资决策流程和金融监管范围,有助于直接提升金融机构低碳投资的主动性。金融机构投资支持企业减排和增强适应气候变化的能力,有助于降低其面临的物理风险,同时提升自身的绿色投资能力,从而降低转型风险。由此可见,加大气候资金供给和管理金融业气候风险两者是相辅相成的。

碳交易机制的核心思想,即建立一个碳排放总量控制下的交易市场,政府通过引入总量控制与交易机制,使控排企业受到碳排放限额约束。碳交易体系的核心要素主要有配额总量、覆盖范围、配额分配、排放数据的监测报告与核查、交易机制、抵消机制、履约机制。在抵消机制上,我们在实行总量控制的碳交易体系中通常会引入抵消机制,即控排企业可以通过购买项目级的减排信用来抵扣其排放量。在履约机制上,主要包括两个层面的内容:一是控排企业需按时提交合规的监测计划和排放报告;二是控排企业需在当地主管部门规定的时限内,按实际年度排放指标完成碳配额清缴。两者都需要有法律法规和执法体系提供强有力的支撑。应对气候变化是一项融复杂性、艰巨性、全球性于一体的系统工程,现代经济从根本上说是法治经济,因此需要有健全完善的法制体系与经济发展相适应。

三、监管建议

（一）加快构建气候投融资标准体系

一个统一、权威的气候投融资标准体系是金融机构推动气候投融资项目的基础，也是对项目进行后续评估的指导。加强绿色金融顶层设计和统筹协调。应对气候变化是我国绿色金融三大支持领域之一，我国现有的绿色金融政策基本集中在加大气候资金供给方面，甚少涉及气候风险管理。目前中国在气候投融资方面尚未形成官方的、市场公认的权威标准，但是在绿色金融方面，中国已经建立了绿色信贷标准和绿色债券标准，其中也包括了部分气候投融资相关项目。政府可以借鉴绿色金融标准，加快构建气候投融资标准体系，以给市场提供指引。国务院金融稳定发展委员会应该考虑适时将减缓和消除气候相关的金融风险纳入工作职责范围[1]。

（二）建立气候投融资信息分享平台

气候投融资信息分享平台的搭建可以激励更多资金流向气候治理领域。平台作为信息分享的载体可搜集整合气候投融资政策、市场相关信息以及第三方认证和服务资源、企业的环境信息披露等其他相关信息，建立气候信息披露、监测、报告和核证信息体系，保证气候投融资的信息披露质量。

（三）结合监管科技和金融科技

金融风险管理的目标是让各个业务部门都意识到每一个业务相应的风险成本并且准确计量和报送，强调对整个金融活动全生命周期的认识，包括加权风险资产评估等。信息不对称的情况在气候投融资领域普遍存在，然而金融科技特别是区块链可以促进多方互信、互通、互联，利于形成全国统一的碳排放市场。此外，排污企业要向多个监管部门证明其真实地使用了某一项技术，降低了碳排放。因此，结合监管科技和金融科技有利于降低监管合规成本，并有助于后续企业进行相关能力建设。

（四）协同不同的利益相关方

气候相关的金融风险管理是一项复杂的系统工程，需要各主体坚持不懈、共同努力。中国的金融机构在投资项目时，可加强与世界银行、欧洲投资银行等国际金融机构的合作，共担风险，学习其风险鉴别、量化和规避的能力，提高自身运营效率，降低投资风险。此外，为保证整体协同性，必须提升信息透明度并就碳信用机制标准达成共识。越来越多的区域、国家和地区开始建立独立的碳信用机制，这为各机制之间的协同和减排量含义的统一带来了挑战。对于碳信用机制来说，关键是要保证协同性和避免重复计算。

（五）探索强化排放管控方式

在当前全国碳市场机制设计的基础上，尝试设定绝对量化的全国碳市场总量目标，通过"强度和总量两手抓"的方式强化全国碳市场约束力。基于全国碳市场建设现状，加强对制定全国碳市场年度配额总量的研究，并提出与其相匹配的配额分配方案，先期通过内

---

〔1〕　饶淑玲.绿色金融的气候风险管理[J].中国金融，2020(9)：68-69.

部模拟等方式验证其可行性,推动形成较成熟的全国碳市场总量目标设定方法[1]。

(六) 重视相关专业人才培养

有意识地引导金融机构、社会组织培养此类人才。通过多种方式提升金融机构对气候风险的了解和认识,鼓励金融机构将气候风险融入公司发展战略和投资决策流程。

———————

〔1〕 https：∥mp.weixin.qq.com/s/05WxgbhW9_peyZ-qmDYsBQ.

第三章　气候投融资的
国内外实践

第一节　气候投融资的国际实践

一、欧盟的实践

欧盟始终在全球气候治理和可持续发展当中发挥着"压舱石"的作用。其在气候投融资渠道、模式和政策方面,欧盟在全球范围内的环境保护理念和绿色技术发展走在前列,不仅在对外投资与援助中融入了环保与可持续发展理念,而且提出了对外投资和援助"环境和气候主流化"的概念。基于此概念,欧盟通过相一系列法规、政策、技术、金融等工具的开发、制定与运用,逐步构建了引导对外投资和援助投融资绿色化的稳健政策和良好市场环境。

(一)政府部门:欧盟委员会国际合作和发展总司与欧盟委员会气候总司

欧盟委员会国际合作和发展总司(DG DEVCO)作为欧盟负责制定发展合作政策和执行对外援助的职能部门,致力于保护和改善欧盟内部环境,制定并执行高水平的环境保护政策,强调环境和气候主流化原则在项目全周期的贯彻,并通过相应的管理措施和评估机制为对外援助过程中落实环境和气候主流化原则提供了统一的标准和程序。政策工具《环境与气候变化整合政策》是欧盟对外援助环境和气候主流化的基础性政策指南,结合具体的援助领域还发布了相应的行业提要。

此外,其作为区域内推动环境和气候主流化方面的重要投资者和环境监管者,以独立设计或与其他总司合作的方式,开发了一系列的环境投融资以及配套的监管工具来协助其环保职责的履行。在环境投融资工具方面,欧盟约20%的预算进入了应对气候变化领域。在配套监管工具方面,欧盟配套设计了多个投融资工具,以使相关预算在可持续发展领域得以高效落实。具体而言,欧盟区域内涉及气候变化的投融资工具主要包括以下四类[1]:

(1)欧洲结构与投资基金(ESIFs),作为一系列政策性基金的总称,其由欧盟委员会和欧盟成员国通过伙伴关系协议共同管理。该基金的投资有别于传统意义上财政资金直接划拨,而是综合利用信贷、小微贷款、担保、股权投资等多种投融资工具,使得欧盟公共部门资金获得增值,进而得以持续不断地投入到气候变化领域中。

(2)地平线2020(Horizon 2020),作为旨在支持科研人员实现科研设想,获得新的发

---

〔1〕 熊程程,廖原,白红春.国际气候投融资风险和绩效管理工具分析及启示[J].环境保护,2019,47(24):26-30.

现、突破和创新并实现相应成果的转化,由此来推动创新政策落实的财政工具,这项投融资工具有利推动了在气候变化领域中智能、包容和可持续发展增长模式的实现。

(3)欧洲战略投资基金(EFSIs)意在减少欧洲私营部门的投资壁垒,引导私营部门基金投入战略性发展领域。该基金由欧盟与欧洲投资银行(EIB)共同发起成立并进行管理,其重要特征之一就是了调动私人资本,以杠杆效应撬动了私营部门的投资。此外,其管理和审批流程较为缜密。一方面,由欧洲投资银行投入资金的项目依照该行的信贷流程管理。另一方面,由欧盟预算资金提供担保的部分,则由基金监督委员会监督指导,投资委员会进行审批。

(4)LIFE计划始于1992年,其作为欧盟关于环境与气候行动的融资工具,旨在通过共同融资项目促进欧盟环境与气候政策、法律的实施、更新与发展。该项目由欧盟委员会环境总司和气候总司共同管理,部分委托中小型企业执行机构等外部的监管团队开展监督评估。

在区域内配套的环境监管政策工具层面,欧盟推行了"更好的法规"计划,目的是使欧盟的法律法规建立在充分的论证和事实依据基础之上,并能得到公众和其他利益相关方的支持。该计划着眼于政策法规在政治、社会、经济、环境等多方面的潜在影响,尽可能降低新政策法规的负面环境影响并取得最佳环境效益,计划设置了适用于政策制定全周期的评估咨询方法和工具。

除此之外,在区域外部,即对外的投融资工具上,欧盟委员会气候总司(DG CLIMA)也走在国际社会的前列。欧盟委员会气候总司作为欧盟负责气候政策、碳排放市场、碳排放监督及相关国际合作的职能部门,其工作职能具体包括制定和执行兼顾成本效益的温室气体排放及臭氧层保护政策,以确保在所有其他欧盟政策中考虑到气候变化因素,并采取相应措施以提升该地区气候变化适应性。为实现政策目标,欧盟综合运用投资赠款、技援赠款、利率补贴、风险投资、担保等多种工具,为气候适应和减缓项目进行混合型融资。具体来说,混合型融资意在将欧盟财政拨款与其他公共或私人部门的信贷或股权投资结合起来以撬动更多社会资金的参与,不仅为基础设施、能源领域的大型建设项目所广泛采用,在气候变化融资方面也发挥了巨大作用,既支持在欧盟范围内开展的气候融资,也应用于气候变化领域的对外投资。目前,针对不同区域的国际合作,欧盟设立了7项平行的投资基金,包括欧盟—非洲基础设施信托基金(ITF)、邻国投资基金(NIF)、中亚投资基金(IFCA)、拉美投资基金(LAIF)、亚洲投资基金(AIF)、大洋洲投资基金(IFP)和加勒比投资基金(CIF)。迄今为止,通过混合型融资,欧盟气候变化相关的投资占上述投资基金的一半以上,也由此实现了较高的杠杆率,进而实现其对外技术援助资金的效益最大化。

(二)金融机构:政策性银行、私营银行、投资银行等

在欧洲,金融机构是政府组织之外参与投融资环境与气候主流化的主体,包括政策性银行、私营银行、投资银行等。这里重点以绿色投资银行和汇丰银行为例说明欧洲气候投融资工具在金融业务开展过程中的作用机制[1]。

---

〔1〕 孙轶颋.金融机构开展气候投融资业务的驱动力和国际经验[J].环境保护,2020,48(12):18-23.

1. 绿色投资银行的绿色投资技术工具

为引入私营部门投资,以满足低碳、可持续发展需求,英国政府于 2012 年 10 月注资 30 亿英镑,成立了全球第一家专业投资绿色领域的银行——绿色投资银行(GIB)。其专注于离岸风电、废弃物与生物质能、能源效率、陆上可再生能源四个领域的投资,且绝大多数业务在英国本土开展,同时提供与该项目相关的环境主流化咨询服务。

2. 汇丰银行的可持续融资技术工具

汇丰一直是最早接受"赤道原则"的银行之一,同时也是较早开展环境与气候主流化业务的国际商业银行。其协助客户在欧洲拓展绿色债券市场,并且为多项全球环保基建项目提供融资。汇丰银行进行气候融资业务的技术工具主要用于可再生能源、能源效率、清洁建筑、可持续水管理、可持续土地利用、气候变化适应、清洁交通、可持续废物管理等领域投资。绿色债券框架明确了融资资金的具体用法和审批监督流程,包括评审依据、批准流程、债券发行的管理和追踪、报告程序、担保等。此外,在汇丰银行内部系统中,每一笔绿色债券收益都有专属的 ID 定位收益流向、追踪收益使用确保获得可持续的环境效益[1]。

3. 碳排放交易体系:强有力的工具

为保证实施过程的可控性,欧盟排放交易体系的实施从获得运行总量交易的经验,到为后续阶段正式履行《京都议定书》奠定基础,再到如今的快速稳定发展,呈现逐步推进的态势。如今,覆盖了欧盟总排放的 45% 的碳排放交易体系是强有力的工具,该先进经验也为国际社会其他地区的碳市场发展提供了良好的借鉴。自欧洲设立碳排放交易市场之后,全球包括发展中国家在内的其他国家也开始了碳排放权交易市场和交易机制建立的尝试。

4. 兼顾转型与公平:配套的财政金融措施

(1)欧洲绿色协议投资计划。欧洲绿色协议投资计划是由《欧洲绿色协议》提出的欧盟推动实现气候中性战略目标的核心投资计划。欧盟计划通过该投资计划,在 2021—2030 年带动规模不少于 1 万亿欧元的可持续投资资金支持推进欧洲绿色发展战略,实现气候中性目标。投资资金来源包括欧盟财政预算资金、欧盟创设的各类投资工具以及由此带动的公私部门投资资金,由此形成欧盟、欧盟各成员国、公私部门等多方投资支持,实现欧盟气候中性战略的有效合力。

(2)公平转型机制。在推动欧盟社会实现绿色转型战略过程中,为兼顾社会公平,保护转型过程中利益受损的行业及民众,欧盟计划建立公平转型机制,以支持在绿色转型过程中受冲击最严重地区、行业和个人的发展,特别是保障碳密集型地区以及经济高度依赖化石燃料行业地区的转型发展。资金来源包括公平转型基金、投资欧洲计划和欧盟预算担保。

(3)可持续金融发展战略。为引导金融资源更好地服务欧盟绿色、可持续发展转型战略,欧盟委员会在 2018 年 3 月推出可持续金融行动计划,正式形成欧盟可持续金融发

---

〔1〕 刘援,郑竟,于晓龙.欧盟环境和气候主流化及其对"一带一路"投融资绿色化的启示[J].环境保护,2019,47(5):66-72.

展战略。

5. 协同与合力：致力成为全球气候政治领导者

首先，欧盟实施强有力的绿色外交。欧盟期望通过绿色外交树立榜样形象，成为全球应对气候变化的有力倡导者。具体来说，欧盟近年来逐渐加强与 G20 国家、邻国和非洲国家的双边联系，使其采取更多行动应对气候变化。其次，欧盟期望通过贸易政策使绿色联盟融入其他伙伴关系，以提高应对气候变化在贸易政策中的地位。最后，欧盟意在推动全球完善应对气候变化的政策工具：一是积极推动建立全球碳市场；二是推广欧盟绿色标准，在全球价值链中设定符合欧盟环境和气候目标的全球标准；三是健全全球可持续融资平台，构建全球统一的气候变化分类、披露、标准和标识体系。

二、美国的实践

（一）基本情况

截至 2017 年，美国一直是气候投融资领域的重要贡献者之一。国际气候行动的资金对于帮助条件不发达国家减少温室气体排放非常重要，这对于确保本世纪中叶全球排放实现"净零"目标至关重要。许多发展中国家制定了雄心勃勃的气候目标，但却缺乏实现这些目标所需的资金。美国对其的支持可以缩小投资缺口，并帮助他们在私营部门这一途径上筹集到更多的资金。对气候变化响应力过于脆弱的国家如果能够获取这一支持将有助于提高自身对气候变化的抵御能力，同时对自身的发展起到至关重要的作用，并且这一支持对维护国际和平与安全也会起到强有力的促进作用。目前全球对气候行动的投资需求迅速扩大，公共财政起着关键作用。以下对最新资助法案支助国际气候行动的方式进行了细分，但美国仍需不断探索更多的资助方式。

（二）美国气候资金主要形式

1. 发展援助与经济支持基金

为解决生物多样性保护问题、可持续林业、可再生能源和气候适应问题，美国在这类环境项目上提供了 8.06 亿美元的双边拨款。发展援助和经济支持基金账户是为双边发展的工作提供资金的两个主要预算项目，这主要是由美国国务院和美国国际开发署负责执行。美国国会增加发展援助账户资金的同时，会减少对经济支持基金的拨款，这意味着可用于非健康发展工作方面总资金的净减少量增加。尽管不幸削减了发展资金，但美国国会指出，这些账户中至少有 8.06 亿美元用于环境保护目标，包括生物多样性保护、可持续林业、可再生能源和气候适应，比 2019 年增加了 4 000 万美元。此外，可再生能源和适应性分配是 2020 财年法案中的新的预算项目。鉴于时任政府不愿为此类活动提供资金，这些新的预算项目是气候减缓和适应的关键性一步。这些项目对行政部门提供了明确的国会指示，即必须在这些领域中投入资金，并增加这些项目在未来几年中获得持续融资的可能性[1]。

---

〔1〕 https：//www.wri.org/blog/2020/01/2020-budget-shows-progress-climate-finance-us-continues-fall-behind-peers.

2. 全球环境基金

全球环境基金(GEF)涵盖了对发展中国家在各类型环境项目上的支持,并且在成立的二十多年以来一直受到民主党和共和党强烈的拥护与支持,这意味着美国投入全球环境基金的资金仍与2014—2018年得到的资金支持保持同步的水平。

3. 银行合作

美洲开发银行和非洲开发银行等多边开发银行是气候资金领域的主要参与者,2018年提供了总计430亿美元的气候融资。美国是多边开发银行的主要股东和资本提供者,并且在2020财年对其的总体支持资金增加至1.74亿美元,其中主要对国际复兴开发银行以及在中等收入国家开展业务的世界银行集团予以资金支持。国际复兴开发银行(IBRD)是世界银行集团在中等收入国家开展业务的成员机构。

4. 多边基金

《蒙特利尔议定书》多边基金帮助发展中国家成功削减了大气中受控消耗臭氧层物质,其中几种难以控制的温室气体也得到了有效的控制。为响应政府的要求,美国国会为执行《蒙特利尔议定书》多边基金提供了3 200万美元,较2019财年增加了300万美元的投入,并且经过两年的小幅削减后将资金恢复到2017财年的水平。

5. 政府间合作组织

在过去二十年中的大部分时候,美国在致力于气候科学和谈判的联合国机构当中一直充当着主要贡献者角色,其所提供的资金在UNFCCC预算中占有五分之一,而在IPCC总预算中则占了五分之二。然而在过去三年中,这些组织没有从国会设置的"国际组织和计划"账户获得应有的资金支持,故而所缺资金只能由其他国家和私人基金会加紧填补。因此,2020财年法案向UNFCCC和IPCC分配640万美元的这一举措是一项积极的气候资金援助进展。尽管在2016财年之前美国年均提供的气候资金不足1 000万美元,但分配给联合国环境计划署的1 060万美元中有一部分能够弥补这一资金缺口。

三、印度的实践

1. 基本情况

印度的气候资金来源于双边机构提供的双边资金、私人资金(例如私募股权和风险投资)、财政资金(例如预算支出和国家气候基金)。其中,财政资金是印度气候融资的主要来源。目前,除可再生能源项目外,私人资金是执行气候变化项目的一项缺乏信任度的资金来源。此外,印度的金融部门在严重的压力下举步维艰,这使得公共、多边和双边资金来源的作用在向更加可持续的未来过渡方面变得尤为重要。

2. 财政资金

印度最大的气候资金来源是财政资金,主要通过预算拨款以及印度政府设立的与气候变化相关的若干基金和计划,如国家清洁能源基金(NCEF)和国家适应基金(NAF)。此外,印度政府同时就满足《国家气候变化行动计划》设立的八项"使命"提供资金。它在财政部设立了气候变化资金单位(CCFU),该单位是所有处理气候变化资金事务的节点机构。目前,印度的公共资金仍然不足以弥补当前气候变化问题且存在资金滥用等现象。

例如,印度政府在气候适应方面投入了 GDP 的 2.6%,但仍存在 380 亿美元的资金缺口。同样地,如果没有 NCEF 的资金支持,新能源和可再生能源部(MoNRE)以及环境与森林部门(MoEF)仍将存在巨大的预算缺口。此外,印度没有对公共资助项目的气候相关性做过系统评估,这给气候行动方面的财政拨款评估带来了困难。

3. 私人资金

私人资金是印度气候资金的另一来源。尽管私人基金可以发挥重要作用,但由于气候减缓项目存在着高风险和不确定性,这一资金来源无法为气候变化行动带来系统性的改变。在对能源行业的资金支持上,除了可再生能源这一类共同效益高的项目以外,电力运输等其他项目并不能从私营部门中吸纳大量资金。CEEW(2019)强调,银行和小额信贷机构不愿对该行业进行投资的背后原因在于对电动汽车技术信心不足,包括该行业存在的技术不确定性等问题。随着时间的推移,更多的私人资金顺畅地流入可再生能源部门,相应的多种风险缓解机制得到不断的完善。然而,在电动汽车制造领域,情况却大相径庭[1]。

四、其他国家和地区的实践

目前就国际社会上其他国家和地区的发展经验来看,具有降碳导向的投融资机制对鼓励企业控制温室气体排放能够起到重要的激励作用。据不完全统计,国际多边的气候投融资基金包括世界银行托管的"气候投资基金"、联合国气候变化框架公约下的"全球环境基金"和"绿色气候基金"等,均是致力于应对气候变化的专项基金。英国将绿色金融作为低碳转型的政策工具,于 2012 年启动绿色投资银行,并发布了绿色投资手册,为风险大、回报期长、融资难的低碳项目提供资金支持。此外,绿色信贷政策的发展也颇受关注。目前全球有中国、巴西和孟加拉国三个国家出台了绿色信贷政策,但强制实行碳披露的交易所还不多。

其他国家和地区具体的推进与发展进程存在如下特点:

(1)就气候资金的来源而言,国家开发性金融机构和多边开发性金融机构是气候适应资金的主要来源。其他的资金来源方包括双边捐助国政府及其机构、双边发展金融机构、双边和多边气候基金、企业及国内公共部门气候资金。

(2)在资金类型方面,项目级市场利率贷款是气候适应活动融资的主要方式,平均每年 110 亿美元。赠款和低成本项目融资各占 50 亿美元,而股票证券融资仅占总量的一小部分。水和污水管理类项目主要是项目级市场利率贷款,而农业、林业、土地利用和自然资源管理类主要是低成本项目融资和赠款。

(3)从行业角度出发,一般来说,水和污水管理项目等大型基础设施类项目具有较大的吸引市场资本的能力。而相比之下,农业、林业、土地利用和自然资源管理项目涉及大量的非货币利益,因其利益难以量化而主要通过赠款和低成本资金获得。

(4)从其他国家和地区的资金流向区域来看,气候适应资金大部分流向东亚和太平洋地区,其次是撒哈拉以南非洲和拉丁美洲及加勒比地区。资金大部分流向非经合组织

---

[1] https://ifmrlead.org/a-primer-to-climate-finance-in-india/.

国家,反映出这些国家的巨大需求。流入东亚和太平洋地区的大部分资金类型为项目级市场利率贷款或股票证券融资,但同期流入撒哈拉以南非洲的绝大多数资金类型则是赠款和低成本项目债务融资等形式。

（5）就气候资金的金额而言,气候适应类融资无法与气候减缓类融资相提并论。具体来说,在依据国际气候融资目标对气候适应类资金流向实施评估时,多数方法主要侧重于具体气候适应项目的费用或支出,而相比气候减缓类资金,则通常包括项目的整个投资成本。正是因为如此,气候适应资金流大大低于气候减缓资金流。

然而,一些通病目前也存在于其他国家和地区的气候资金制度发展进程中。一方面,资金投入方的数据统计存在缺口。以气候适应资金数据为例,其通常局限于各国政府及公共金融机构提供的双边气候发展资金报告的数据来源,而企业及国内公共部门的投资数额无法被获取。另一方面,地方企业对于气候适应资金及气候发展资金的理解存在差异。企业往往不会将气候适应活动的资金定义为气候适应资金,即便政府已将其算作气候适应资金,这导致了气候适应资金的漏算。

就碳市场的发展方面,自欧洲设立碳排放交易市场之后,全球包括发展中国家在内的其他国家也开始了碳排放权交易市场和交易机制建立的尝试。如今,随着越来越多的政府考虑采纳碳市场作为节能减排的政策工具,碳交易已逐渐成为全球应对气候变化的关键工具。2019年,全球已实施或计划实施的碳排放交易体系和碳税仅覆盖了全球温室气体排放量的20%。温室气体排放覆盖率的上升主要得益于墨西哥碳排放交易体系试点和加拿大新不伦瑞克省碳税立法的实施,也与德国和美国弗吉尼亚州计划实施碳排放交易体系密切相关[1]。同时,全球各国各地区的碳排放交易市场也出现了相互连接的趋势,即两个或以上的地区共享其市场,允许跨系统的碳配额买卖。加拿大安大略省宣布了建立碳交易市场并将其连接入加利福尼亚—魁北克碳交易市场的意向。东京作为全球第一个城市级别的碳交易系统,成功与琦玉市的碳交易系统连接。

第二节　国　内　实　践

一、传统金融部门的实践

（一）基本情况

从规模上看,绿色信贷是中国的各个银行提供气候相关项目信贷的最重要渠道。作为世界上创立绿色金融政策框架的较早的国家之一,中国积累了许多宝贵的经验。目前,绿色信贷占到总信贷余额的10%左右。随着绿色信贷政策的逐步完善,未来还有巨大的增长潜力。2013年以来,中国银行业监督管理委员会(以下简称"银监会",CBRC)陆续印发《关于报送绿色信贷统计表的通知》,以及《关于报送绿色信贷统计表的通知》,组织银行

---

〔1〕　国际货币基金组织.为污染定价[J].金融与发展,2019,56(4):6-9.

业金融机构和地方银监局开展绿色信贷统计工作。截至 2018 年初,银监会已完成 9 次绿色信贷统计工作,统计数据显示,21 家主要银行[1]作为我国绿色信贷业务的主力军,其绿色信贷统计工作起步较早,制度体系较为规范。

根据《绿色信贷指引》[2]和《绿色信贷统计制度》[3],中国的绿色信贷有两大要素。一是,三大战略新兴产业的扶持贷款,即节能环保、新能源和新能源车辆。二是,节能环保项目和服务的扶持贷款,具体包括:(1)绿色农业开发项目;(2)绿色林业开发项目;(3)工业节能节水环保项目;(4)自然保护、生态修复及灾害防控项目;(5)资源循环利用项目;(6)垃圾处理及污染防治项目;(7)可再生能源及清洁能源项目;(8)农村及城市节水项目;(9)建筑节能及绿色建筑项目;(10)绿色交通运输项目;(11)节能环保服务项目;(12)采用国际惯例或国际标准的境外项目[4]。

根据银监会的统计,国内 21 家主要银行的绿色信贷贷款余额从 2013 年的 5.2 万亿元增加到 2017 年 6 月底的 8.22 万亿元[5]。绿色信贷余额在未偿贷款总额中占到 8.5%～10%。

根据银监会 2018 年初发布的数据,通过绿色信贷进行融资的七大行业(如表 3-1 所示)包括清洁能源和可再生能源、工业用水与能源效率、绿色建筑、公共交通、节水效率、废弃物管理和资源回收利用。

表 3-1 国内 21 家主要银行气候融资信贷余额(分行业统计)[6] 单位:10 亿元

行　　业	子　行　业	信贷余额 (截至 2017 年 6 月 30 日)	新信贷 2017H1
清洁能源和可再生能源	太阳能发电	201.9	23.4
	智能电网	33.3	2.6
	其他	128.0	0.0
工业用水与能源效率	工业能源和节水效率	505.7	75.1
	能源效率服务	23.4	4.6
	节水效率服务	6.4	1.2
绿色建筑	改造	15.3	0.5
	绿色建筑	119.5	14.0

---

[1] 21 家主要银行机构包括:国家开发银行、中国进出口银行、中国农业发展银行、中国工商银行、中国农业银行、中国银行、中国建设银行、交通银行、中信银行、中国光大银行、华夏银行、广东发展银行、平安银行、招商银行、浦东发展银行、兴业银行、民生银行、恒丰银行、浙商银行、渤海银行、中国邮政储蓄银行。

[2] 中国银行业监督管理委员会,2012.

[3] 中国银行业监督管理委员会,2013.

[4] 中国银行保险监督管理委员会,2018.

[5] 中国银行保险监督管理委员会,2018.

[6] 齐晔.气候融资——中国城市低碳基础设施发展的思考[R].清华大学公共管理学院.2020.

（续表）

行　业	子行业	信贷余额 （截至 2017 年 6 月 30 日）	新信贷 2017H1
公共交通	轨道交通	1 017.2	148.1
	公交	29.1	2.9
节水效率	城市用水效率	85.1	16.3
废弃物管理	废弃物	372.3	93.7
资源回收利用	资源回收利用	160.3	0.0
	循环经济服务	9.8	0.0
总计		2 707.3	382.5

从表 3-1 可以看出，绿色信贷在不同行业之间的分配并不均衡。例如，公共交通行业吸引到了最多的信贷额度，占到总金额的 38.6%。其他占比较高的行业有：工业用水与能源效率（占 19.8%），废弃物管理（占 13.8%），清洁能源和可再生能源（占 13.4%）。而资源回收利用、绿色建筑和城市用水效率信贷在绿色信贷发放总额中的占比均不到 10%（见图 3-1）。回顾 2017 年新发放的信贷，其分配情况也出现了一些新的变化：例如，流入公共交通、废弃物管理和工业用水与能源效率行业的信贷比例增加，而资源回收利用行业没有收到任何新贷款（见图 3-2）[1]。

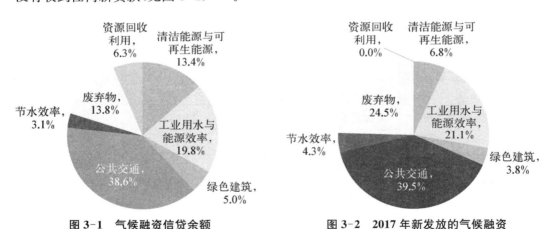

图 3-1　气候融资信贷余额　　　　图 3-2　2017 年新发放的气候融资
（按行业列示）　　　　　　　　　　信贷（按部门列示）

（数据来源：中国银行保险监督管理委员会，2018）

（二）气候债券

汇丰银行 2015 年发布的《债券与气候变化：市场现状报告 2015》[2]中指出，气候相

---

〔1〕　齐晔.气候融资——中国城市低碳基础设施发展的思考[R].清华大学公共管理学院.2020.

〔2〕　汇丰银行.债券与气候变化：市场现状报告 2015[R].2015.

关债券在 2015 年以 37 种不同的货币单位发行。其中因为中国发行了铁路和水电债券，以人民币为单位的债券达到 1 977 亿美元。2016 年，汇丰银行发布的《债券与气候变化：市场现状报告 2016》[1]中，这一数据达到了 2 446 亿美元。2019 年，中国发行人在境内外市场共发行 3 862 亿元人民币的绿色债券，较 2018 年的 2 826 亿元人民币的发行量增长了 33%[2]。

2016 年发布的气候债券中，60% 以上的债券存量来自政府部门的发行，包括地方政府、多边开发银行、政府部门或国有企业。而这组发行人也包含了全球市场中最大的发行人——中国铁路总公司。

中国贴标绿色债券发行总量在 2019 年位列全球第一。在 2019 年，中国气候债券发行人的类型也出现了一些新的变化与发展。其中最为突出的是非金融企业的绿色债券发行总量较 2018 年增长高达 54%。此外，中国第一只贴标绿色市政专项债券在 2019 年发行，也展现出了中国地方政府推动绿色发展与转型的决心。

在募集资金的使用方面，按照气候债券倡议组织（Climate Bonds Initiative，CBI）的绿色定义分类，交通是最大的募集资金投向领域，其次是能源。具体来说，投向可再生能源领域的绿色债券发行量保持平稳，而交通领域表现出强劲的增长势头，募集资金从 2018 年的 705 亿元人民币增长至 2019 年的 781 亿元人民币，增幅为 11%。截至 2019 年年底，中国境内贴标绿色债券市场的总余额达到 9 772 亿元人民币。未来 5 年内，中国将有总值 8 655 亿元人民币的绿色债券到期，占目前绿色债券总余额的 88%。这一数据也体现出未来几年国内市场通过绿色债券进行再融资的巨大潜力。

2019 年，中国的气候债券发行人类型也呈现出进一步多元化的趋势。图 3-3 列出了 2016—2019 年各类气候债券发行来源的投入资金的变化。其中，中国长江三峡集团是 2019 年最大的非金融企业发行人，共发行 6 只债券，总发行量达到了 350 亿元人民币。其次是山西潞安矿业集团和山东钢铁集团有限公司。不过国内定义的"绿色"标准与气候债券倡议组织定义的"绿色"尚有一些差异。若按符合气候债券倡议组织的绿色定义来看，四川铁路产业投资集团（3 笔发行）、中国广核能源国际控股有限公司（1 笔发行）和北京市基础设施投资有限公司（1 笔发行）位于前列，发行额共计 130 亿元人民币。

在图 3-3 中可以看出，虽然金融机构发行总量绝对值有所增长，但金融机构发行量的占比从 2018 年的 48% 下降至 2019 年的近 37%，这一比例的下降主要是由于非金融企业份额的快速增长，以及 ABS、政府支持机构逐渐加大了资金投入。与此同时，金融机构绿色债券发行人的类型在 2019 年进一步多样化，如金融租赁公司这一子类别发行人逐步发展。作为金融机构发行人的一个细分类型，金融租赁公司在 2019 年加速了绿色债券的发行。2019 年，中国共有九家金融租赁公司累计发行 14 只绿色债券，总金额达 120 亿元人民币，是 2018 年发行量的两倍多。2019 年，可再生能源领域是金融租赁公司绿色债券募集资金的主要投向领域，占比高达 65%。而作为可再生能源领域发展的代表，太阳能和风

〔1〕 汇丰银行.债券与气候变化：市场现状报告 2016[R].2016.

〔2〕 汇丰银行.中国绿色债券市场 2019 研究报告[R].2019.

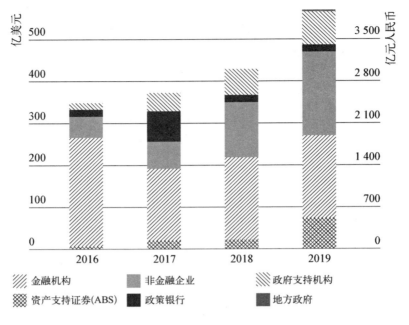

图 3-3　2016—2019 年中国各类气候债券
发行来源的投入资金的变化[1]

能也受到了更多的青睐。太阳能和风能设备是金融租赁公司资金流向最常见的领域。以江苏金融租赁为例,该公司的绿色债券获得了气候债券认证,是中国境内市场首只认证气候债券,且该债券支持浮动太阳能电场项目。水资源利用、处理则是这类发行人募集资金投放的第二大领域,占比 13%,如华融金融租赁用绿色债券募得的 20 亿元人民币购买了污水处理设备,用以回租给客户。

　　在不同类别的发行人中,政府支持机构发行的债券占比也在近几年有了大幅提升。这一提升很多来源于各地方政府的融资平台。2019 年,中国各地方政府融资平台共发行425 亿元人民币绿色债券。地方政府的融资平台公司往往由地方政府及其部门和机构、所属事业单位等通过财政拨款或注入土地、股权等资产设立,具有政府公益性项目投融资功能,并拥有独立企业法人资格的经济实体。由地方政府融资平台发行的气候债券很大程度上反映了中国地方政府积极应对气候变化和环境问题的决心和努力。图 3-4 反映了2016—2019 年省级、市级、县级三种不同级别的融资平台所发行的气候债券上升趋势。

　　但是,地方政府融资平台绿色债券的发行量存在各省之间差异较大的特点。2016—2019 年,地方政府融资平台共发行了 1 180 亿元人民币绿色债券。其中广东省的累计发行量最大,达到了 270 亿元人民币;其次是安徽省(215 亿元人民币)和山东省(213 亿元人民币)。在全球的气候债券发行中,交通运输是发行占比最大的领域,这一特点也在国内得到了体现。大众公共交通系统等有利于降低交通系统碳排放强度的低碳交通项目也是

───────────

〔1〕　汇丰银行.中国绿色债券市场 2019 研究报告[R].2019.

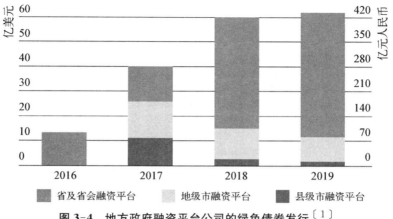

图 3-4　地方政府融资平台公司的绿色债券发行[1]

地方政府融资平台绿色债券投向最多的项目类型。例如,南京地铁集团和成都轨道交通集团都曾为当地的地铁或城市轻轨扩建项目筹措资金。而水利基础设施是地方政府融资平台投资的另一大领域。例如,山东水利发展集团有限公司发行的气候债券计划将募集资金投向当地的污水处理和 3 个供水项目。

在气候债券的期限和利率方面,2019 年,中国境内市场上 60％的绿色债券期限在 5 年以内,而这些债券主要由金融机构发行。期限为 5～10 年的债券占 2019 年绿色债券总规模的 33％,主要发行人则来自非金融企业。政府支持机构(如地方政府融资平台)则倾向于发行期限更长的绿色债券,如十年期乃至更长时间。例如 2019 年江西省赣江新区发行的中国第一笔绿色市政专项债拥有最长期限(30 年),这也一定程度上反映了由政府主导的基础设施项目的长期投资前景。所有期限超过 15 年的绿色债券都被用于为交通类别的基础设施融资。其中包括武汉地铁为支持该市地铁扩建而发行的两笔绿色债券,以及北京轨道交通大兴线投资有限责任公司发行的绿色 ABS 的 A1 品种,其基础资产现金流来自北京大兴机场与市中心之间的快速轨道交通线的客票收入。

在评级方面,国内大多数气候债券被中国国内评级机构评为 AAA 级。具体来说,除了 12％未获得评级的绿色债券外,中国国内市场上的所有绿色债券均获得了国内评级机构授予的 A 级或以上评级。在海外市场发行的绿色债券中,获得的最高债券评级为 A 级,且所有的境外发行均获得了至少一家国际评级机构(穆迪、标准普尔或惠誉)的评级。

图 3-5 列出了国内绿色债券承销商的情况,中信证券是目前国内市场上最大的绿色债券承销商,2019 年承销金额为 177 亿元人民币。中信建投证券紧随其后,总额为 150 亿元人民币,海通证券排名第三,承销金额为 149 亿元人民币。这与中国境内债券市场的承销商整体排名基本一致——排名前列的包括国泰君安、中信和海通等大型证券公司以及工商银行、农业银行、中国银行和建设银行在内的四大国有银行。

---

〔1〕　汇丰银行.中国绿色债券市场 2019 研究报告[R].2019.

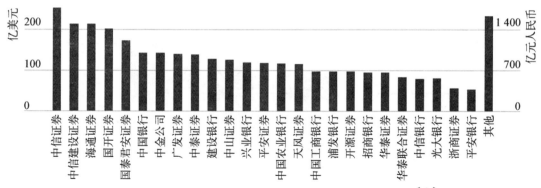

图3-5　2019年中国境内绿色债券承销商排行榜(前25名)[1]

总体来说,2019年,中国绿色债券市场发展强劲,贴标绿色债券的发行量同比大幅增长。中国监管机构通过财政和金融的激励政策刺激市场增长,并通过一系列新措施提高了市场的诚信水平。但是,中国和国际的绿色定义间仍然存在差异,可能会使外国投资者对欣欣向荣的中国市场有所顾虑。气候债券倡议组织对此也给出了一系列的建议,包括进一步完善绿色债券的监管条例;支持绿色债券市场的发展,采取不同的激励政策;丰富绿色工具的类型。

(三)气候保险

气候保险是一种为遭受气候风险的资产、生计和生命损失提供支持的保障机制,它通过在一个相对比较大的空间和相对较长的时间范围内,投保者通过缴纳小额保费来应对不确定的气候风险损失,从而在遭遇高额气候风险损失时获得一定的资金支持[2]。由于气候往往是一段时间内诸多自然因素的体现,这也就造成了气候保险的设定、赔付、保险费和赔保额度面临诸多不确定因素,更为人们熟知的往往是天气保险。2007年4月,原中国保监会下发通知要求各保险公司和保监局重视气候变化可能对中国经济社会发展造成的负面影响,充分发挥保险经济补偿、资金融通和社会管理功能,提高应对极端天气气候事件的能力[3],由此中国的保险业开始渐渐涉及气候领域。

在天气保险方面,目前中国的天气保险主要集中在农业领域。农业领域非常依赖天气以及受恶劣天气冲击较大、农民收入相对较低、应对"天灾"能力相对较弱的特点,使得天气指数保险成为农业风险管理的重要手段,而巨灾保险,例如针对洪水、干旱等极端天气的保险则试点相对较少,发展相对滞后。

2007—2013年中国天气指数保险处于试点初期阶段,发展较为缓慢。从2014年开始进入快速发展阶段,许多地区推出天气指数保险试点。目前,中国已经相继推出了近

〔1〕　汇丰银行.中国绿色债券市场2019研究报告[R].2019.

〔2〕　许光清,陈晓玉,刘海博,等.气候保险的概念、理论及在中国的发展建议[J].气候变化研究进展,2020,16(3):373-382.

〔3〕　中国保险监督管理委员会.关于做好保险业应对全球变暖引发极端天气气候事件有关事项的通知[N].2007.

50 种天气指数保险产品,承保范围也涵盖较广,从初期以降水和低温保险为主,逐渐扩大到台风、降雪以及多种气候风险的组合险。保险的保障农作物以及农产品对象也在逐步增加,目前已经涉及约 23 种粮食作物、经济作物、牲畜和水产品等。试点地区涉及约 20 个省份,例如浙江省先后推出了近 10 种天气指数保险,是目前试点最多的省份。根据已有数据来看,各保险费率基本在 4%~12%,多集中在 5%~9%;各地区政府大多为农户提供保费补贴,补贴比例在 40%~100%[1]。

国内的巨灾保险也正处于初期试点阶段,几乎都是由政府推动建立,并使用财政资金向保险公司购买巨灾保险,一旦灾害发生并且灾害程度超过设定阈值后,保险公司便将合同预先约定的赔款支付给政府,作为灾后救助资金使用。表 3-2 列出了一些试点地区巨灾保险试点情况。

表 3-2 2014—2018 年中国巨灾保险试点概况[2]

试点地区	开始时间	开展公司	气候风险	保费/万元	保 额	理赔金额/万元
深圳	2014 年	人保财险	暴风、暴雨、洪水、台风、冰雹	3 600	10 万元/人	
宁波	2014 年	人保财险	暴风、暴雨、洪水、台风	3 800	6 亿元	
广东	2016 年	人保财险、平安财险、太平洋财险	台风、暴雨	30 000	23.47 亿元	8 727.6
黑龙江	2016 年	阳光农业相互保险公司	干旱、低温、洪水	10 000	23.24 亿元	
厦门	2017 年	人保财险、平安财险、太平洋财险、国寿财险、太平财险	台风、洪水	2 931	20 亿元	
上海	2018 年	太保财险、平安财险、人保财险	台风、暴雨、洪水		80 万元/人	

(四)小结

气候信贷、气候债券、气候保险作为不同的气候投融资工具,在国内的实践也各有所长。例如,气候信贷保持了规模稳步增长的趋势,环境效益逐步显现。气候信贷质量整体良好,不良率远低于各项贷款整体不良水平。在气候债券领域,中国成为全球领导者,气候债券近些年在国内市场也得到了蓬勃的发展。气候债券募集的资金多用于交通和能源等涉及重大民生福利和有着巨大减排潜力的部门。气候保险作为应对气候变化的保障手段,在国内目前仍旧处于早期阶段,发展尚不完善,而且多以天气保险为主,对于由于气候

[1] 许光清,陈晓玉,刘海博,等.气候保险的概念、理论及在中国的发展建议[J].气候变化研究进展,2020,16(3):373-382.
[2] 同上。

变化而导致的大范围、长期的气候影响则应对较少，缺少针对长期气候变化的保险类别。

二、碳金融

（一）碳市场设立背景

自 1978 年改革开放以来，中国经济得到迅速发展。根据世界银行的统计，1978—2015 年，中国 GDP 的平均增长率为 6.93%[1]，经济的快速增长必然会对环境造成巨大的压力[2],[3]。根据英国石油公司的《世界能源统计年鉴》数据显示，中国于 2006 年成为世界上最大的碳排放国，于 2009 年成为最大的能源消费国[4]。1991—2013 年世界主要大国的二氧化碳排放量如图 3-6 所示。从图 3-6 中可以看出，在这些主要的碳排放国中，英国、印度、日本和美国这四个国家的碳排放上升速度相对缓慢平稳，此外，英国的碳排放量在近几年来呈现出略微下降的趋势。自 2003 年以来，我国碳排放速度逐年加快，2005 年的二氧化碳排放量远远高于其他国家。一方面，如此大规模的碳排放量和快速的增长速度给中国加大减排力度带来了巨大压力；另一方面，这也为中国发展碳市场提供了极大的动力。

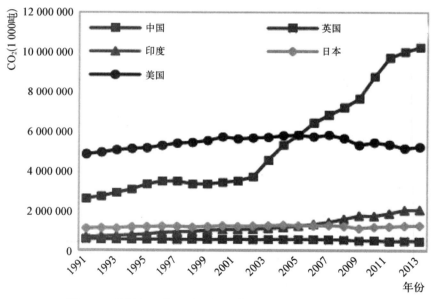

图 3-6　世界主要大国的二氧化碳排放量（1991—2013 年）

〔1〕 Zhang Y. J., Peng Y. L., Ma C. Q., et al. Can Environmental Innovation Facilitate Carbon Emissions Reduction? Evidence from China[J]. Energy Policy, 2017, 100(Complete)：18-28.

〔2〕 Nie P. Y., Chen Y. H., Yang Y. C., et al. Subsidies in Carbon Finance for Promoting Renewable Energy Development[J]. Journal of Cleaner Production, 2016, 139(DEC.15)：677-684.

〔3〕 Zhang Y. J. The Impact of Financial Development on Carbon Emissions：An Empirical Analysis in China[J]. Energy Policy, 2011, 39(4)：2197-2203.

〔4〕 https://www.bp.com/content/dam/bp/en/corporate/pdf/energy-economics/statistical-review-2017/bpstatistical-review-of-world-energy-2017-full-report.pdf.

（二）国内碳市场基本情况

在中国碳排放交易市场建立之前,欧洲、美国、新西兰、澳大利亚等早已开始将工业经济同碳排放交易结合[1]。在激烈的国际竞争下,我国逐渐意识到建立国内碳交易市场的重要性和紧迫性。目前,我国已经出台了一些低碳发展的政策法规,如表3-3所示。从表中可以看出,我国政府近年来在温室气体核算、碳交易市场和低碳城市建设等领域颁布实施了一系列政策法规。此外,截至2017年底,发改委还宣布建设87个低碳省市、400多个低碳社区和28个气候适应城市等目标。过去十年,中国在实现经济快速增长的同时,减少了约41亿吨碳排放[2]。

表3-3　中国低碳发展碳金融政策和法规[3]

名　称	颁布者及颁布时间	主　要　内　容
关于启动低碳省份和低碳城市试点的通知	国家发展和改革委员会(以下简称"发改委"),2010年	建议开展低碳省份和低碳城市试点;确定试点首先在5个省和8个城市实施;指出试点的具体任务和要求
中华人民共和国国民经济和社会发展"十二五"规划	中华人民共和国中央政府,2011年	探索和建立低碳产品标准、标签和认证体系;建立健全温室气体排放统计核算体系;逐步建立碳排放交易市场
关于实施排放交易试点的通知	发改委,2011年	明确将北京、天津、上海、重庆、湖北和广东7个地区作为碳排放交易试点
"十二五"期间温室气体排放控制计划	国务院,2011年	提出了"加快建立温室气体排放统计核算体系,探索建立碳排放交易市场"的具体要求
关于10个行业温室气体排放核算方法和报告指南的通知(试行)	发改委,2013年	10个行业分别指发电、电网、钢铁、化工、电解铝、镁冶炼、平板玻璃、水泥、陶瓷和民航行业;建立健全温室气体统计核算体系,并逐步建立碳交易市场
国家应对气候变化计划(2014—2020)	发改委,2014年	提出了2020年应对气候变化的主要目标和战略
中美两方关于气候变化的联合声明	中国政府与美国联邦政府,2014年	宣布2020年后中国和美国应对气候变化的目标;制定温室气体减排协议;美国承诺到2025年将排放量减少至26%,中国承诺到2030年大幅降低二氧化碳排放量
碳排放交易管理临时措施	发改委,2014年	建立国家碳金融市场的核心理念和管理策略;发改委负责碳排放交易市场的建设、管理、监督和指导其运作
关于启动国家碳排放交易市场关键工作的通知	发改委,2016年	纳入碳排放权交易的企业名单,并对清单内的企业进行历史碳排放核算、报告与核实

---

〔1〕 Yu, G., Elsworth, R. Turning the Tanker: China's Changing Economic Imperatives and Its Tentative Look to Emissions Trading[R]. Sandbag Climate Campaign. 2012.

〔2〕 NDRC. 2017 Annual Report on China's Policies and Actions to Address Climate[R]. 2017.

〔3〕 Zhou, K., Li, Y. Carbon Finance and Carbon Market in China: Progress and Challenges[J]. Journal of Cleaner Production. 214. 10.1016/j.jclepro.2018.12.298. 2019.

为推动"绿色发展、低碳发展",有效应对全球气候变化,中国政府采取了多种措施控制温室气体排放[1]。2011年10月,中国"十二五"规划提出逐步建立国内碳排放交易市场,并批准北京、天津、上海、重庆、湖北、广东和深圳作为碳排放试点地区[2]。国家发改委选定的试点省市面积约48万平方千米,人口2.62亿,国内生产总值15.5万亿元,能源层面平均消耗88.7万吨标准煤[3]。因此,试点地区的选择具有很强的代表性。2017年9月,累计碳交易试点总量达到1.97亿吨二氧化碳当量,营业额约45亿元。

试点地区碳排放总量和强度均呈现下降趋势。试点为促进我国低碳发展以及有效控制二氧化碳排放发挥了重要作用。启动碳排放交易试点的决定表明,中国政府充分发挥了市场机制在应对全球气候变化中的重要作用[4],[5]。2013年6月,深圳碳排放交易试点启动,这是发展中国家首次尝试"总量管制与交易"排放交易计划(Emissions Trading Scheme, ETS)[6],[7]。作为中国第一个正式运行的强制性碳交易市场,其中635家工业企业和197家大型公共建筑企业的配额进入了碳排放交易体系[8]。2013年底,深圳碳价格从28元/吨上升到80元/吨[9]。深圳作为经济改革的先行者,在碳市场交易的实施和管理方面有着丰富的经验,引领了中国碳市场的建设和发展[10]。上海于2013年11月26日同样启动了ETS。上海率先发布了《中国碳排放核算指南》和《中国碳排放核算方法》,建立了全面的碳排放管理体系,为其他试点碳排放交易管制建设提供参考[11]。2013—2015年试点阶段,191家试点企业获得了免费的碳配额[12]。

〔1〕 Zhang, Y. J. The Allocation of Carbon Emission Intensity Reduction Target by 2020 among Provinces in China[J]. Natural Hazards. 79. 2020.

〔2〕 Lo, Alex. Carbon Trading in a Socialist Market Economy: Can China Make a Difference?[J]. Ecological Economics. 87. 72-74. 10.1016/j.ecolecon.2012.12.023. 2013.

〔3〕 http://www.tanjiaoyi.com/article-6255-1.html.

〔4〕 Jiang, J., Xie, D., Bin, Y., et al. Research on China's Cap-and-Trade Carbon Emission Trading Scheme: Overview and Outlook[J]. Applied Energy. 178. 10.1016/j.apenergy. 2016(6): 100.

〔5〕 Lo, A., Howes, M. Powered by the State or Finance? The Organization of China's Carbon Markets. Eurasian Geography and Economics[J]. 2013(54): 386-408.

〔6〕 Cong, R., Lo, A. Y. Emission Trading and Carbon Market Performance in Shenzhen, China [J]. Applied Energy. 2017(193): 414-425.

〔7〕 Jiang, J., Ye, B., Ma, X. The Construction of Shenzhen's Carbon Emission Trading Scheme [J]. Energy Pol. 2014(75): 17-21.

〔8〕 http://www.chinadaily.com.cn/2013-07/29/content_16845118.htm.

〔9〕 Liu, L., Chen, C., Zhao, Y., Zhao, E. China's Carbon-Emissions Trading: Overview, Challenges and Future[J]. Renew. Sustain. Energy Review. 2015(49): 254-266.

〔10〕 Zhou, J., Xiong, S., Zhou, Y., Zou, Z., Ma, X. Research on the Development of Green Finance in Shenzhen to Boost the Carbon Trading Market[C]. In: IOP Conference Series: Earth and Environmental Science. IOP Publishing, 012073. 2017.

〔11〕 Wu, L., Qian, H., Li, J. Advancing the Experiment to Reality: Perspectives on Shanghai Pilot Carbon Emissions Trading Scheme[J]. Energy Pol. 2016(75): 22-30.

〔12〕 http://paper.ce.cn/jjrb/html/2013-11/27/content_180028.htm. 2013.

地方碳交易试点是中国利用市场机制促进绿色低碳发展迈出的开创性的重要一步。这也是应对气候变化的重大制度创新[5]。2016 年中国 7 个碳交易试点地区的碳排放交易总量如图 3-7 所示。

从图 3-7 中可以看出，各试验区的交易量差异很大。造成这种差异的原因可能是各试点地区配额分配方式不同，在控制排放目标方面也存在明显差异。这种差异在未来也会影响到全国统一碳市场的发展。到 2018 年，每个试点系统已经运行了三到四个完整的周期。我国的试点实践表明，碳排放权交易在提高企业减排意识、完善内部数据监控体系、促进企业减排方面发挥了积极且重要的作用。清华大学中国碳市场研究中心对试点系统进行了大规模的问卷调查。结果显示，超过一半的试点重点排放企业制定了内部减排战略，三分之一的试点企业成立了专门的碳交易部门，超过 40％的试点企业在长期投资决策中考虑了碳价格的影响[3]。此外，合规率是碳市场试点制度设计和实施的另一个指标。碳配额合规是指企业按照核定的实际碳排放量，通过登记制度缴纳全额配额进行合规。如果控制配额不足以抵消实际排放量，应提前在交易平台上购买以弥补配额。达标率是完成减排指标的企业数量与控制减排的企业总数之比。

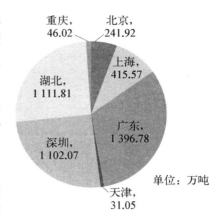

图 3-7　2016 年中国 7 个碳交易试点碳排放交易体量[2]

表 3-4 为 2013—2016 年中国 7 个试点地区的符合率。由表 3-4 可以看出，总体合规率约为 99％。这反映了国家和地方政府制定的碳交易政策对参与减排的企业都形成了一定的约束力。因此，有必要对中国碳金融市场的运作进行分析，并结合中国国情总结适合碳市场良性运作的经验。

表 3-4　2013—2016 年中国 7 个碳排放交易试点地区的合规率[4]

年份	2013	2014	2015	2016
深圳	99.4％（631/635）	99.7％（634/636）	99.8％（635/636）	99％（803/811）
北京	97.1％（403/415）	100％（543/543）	100％（543/543）	100％（945/945）
上海	100％（191/191）	100％（190/190）	100％（191/191）	100％（310/310）
天津	96.5％（110/114）	99.1％（111/112）	100％（109/109）	100％（109/109）

〔1〕　Wang, P., Dai, H., Ren, S., et al. Achieving Copenhagen Target through Carbon Emission Trading: Economic Impacts Assessment in Guangdong Province of China[J]. Energy. 2015.

〔2〕　http://k.tanjiaoyi.com/.

〔3〕　http://www.xinhuanet.com/energy/2018-02/27/c_1122457896.htm.

〔4〕　Sun, Y., Wang, K. Blue Book of Carbon Emissions Trading Scheme: Aunual Report of China Carbon Emissions Trading Scheme[R]. 2017.

年份	2013	2014	2015	2016
广东	98.9%（182/184）	98.9%（182/184）	100%（186/186）	100%（244/244）
湖北	—	100%（138/138）	100%（168/168）	—
重庆	—	—	—	—

注：（1）"—"代表数据无法获取；（2）括号中的分母表示合同总数，而分子表示合规数。

第四章　气候投融资的国际合作

第一节　我国与国际气候资金的合作

一、国际气候资金在我国投资的进展

2011 年 10 月,在一份递交给 G20 各国财政部长的《调动气候金融》报告中,世界银行(World Bank, WB)等多边机构将气候资金来源定义为来自国际的和国内的、公共的和私人的资金,明显超越了《公约》对资金的界定范围。据此,资金来源有可能是非额外性[1]的(比如资金来源于国家发展援助资金),也可能并非额外的私人资本或资本投资(有可能无法覆盖增量成本)[2]。其可视为"气候资金"概念在《公约》框架基础上的第一次泛化。这一界定的支持者认为在《公约》基础上对资金来源的扩大更有利于激励或撬动私人部门的资金。

国际气候资金体系在不断地变化和发展,其中《公约》中的气候资金机制由一系列资金主体,运行机构及其资金实体构成。其资金渠道主要包括:全球环境基金(Global Environmental Facility, GEF)(资金来自公共资源),适应基金(Adaptation Fund, AF)(来自私营部门的 CDM 资金以及政府的直接捐助),绿色气候基金(Green Climate Fund, GCF)(由公共和私人资金共同构成)。其中,最主要运作的是全球环境基金。

(一) 全球环境基金(GEF)

全球环境基金(Global Environmental Facility, GEF)成立于 1996 年《公约》第二次缔约方大会上,是最早运营的国际环境资金机构。其最开始用来援助全球环境保护运动的可持续发展,现在已发展成为发展中国家应对气候变化中进行国际合作,接受气候变化国际渠道的公约的主要资金机制之一。GEF 以提供赠款为主,是通过联合国环境署(UNDP)、联合国环境规划署(UNEP)和世界银行(WB)三个执行机构来提供资金给各个发展中国家的。其核心优势在于其同时担当包括《联合国气候变化框架公约》在内的六个国际环境公约的多边资金机制。同时,GEF 也负责运营公约体系下的特别气候变化基金(LDCF)和最不发达国家基金(SCCF)。

GEF 于 2014 年 5 月发布了《GEF2020——全球环境基金发展战略》,确定了其未来

---

〔1〕 "额外性"和"增量成本"意味着《公约》所指的气候资金是指为支持发展中国家应对气候变化,来自发达国家新增的、稳定的援助资金。

〔2〕 http://Ministerswww.g20-g8.com/g8.../G20_Climate_Finance_report.pdf.

主要的战略优先事项,主要包括:进一步关注环境退化的核心驱动因素,为环境退化提供综合性解决方案,增强复原和适应,确保气候资金的互补性和协调性以及选择适当的影响模式等五个方面。GEF 未来将进一步发挥其综合性基金的优势,与新成立的绿色气候基金(GCF)错位发展。GEF 在第六个增资期实现了范围更大的可持续影响,且将通过跨境、跨区域以及全球范围的行动补充国家级规划[1]。

中国是世界上使用国际赠款开展环境保护最有效率和效果的国家之一,也是少数几个向 GEF 捐资的发展中国家之一。截至 2014 年,GEF 向 141 个中国项目提供了约10.62亿美元的赠款支持。此外,中国还参与了 41 个区域和全球项目。因此,中国在深度参与国际多边资金机制的规则制定,争取用款权等方面积累了重要的经验[2]。

面对日益加剧的气候资金缺口,国际社会越来越多地倡导各个资金组成之间有机组合和高效补充,GCF 下开设私人部门机制(Private Sector Facility,PSF) 即成为意图撬动更多的私人资本进入气候资金领域的明确信号。在资金渠道多元化、运营规则多样化的气候资金体系中,如何避免气候资金基础制度继续边缘化,避免各实体逐底竞争而导致资源运用失衡,提升资金渠道的总体效率等一系列问题,都需要在不断发展的国际气候资金机制格局下一一解决。

(二) 绿色气候基金(Green Climate Fund,GCF)

绿色气候基金(Green Climate Fund,GCF)是由 UNFCCC 缔约方的 194 个国家建立的。设立 GCF 的提议最先提出于 2009 年哥本哈根气候变化大会。《哥本哈根协议》中规定,由发达国家出资建立绿色气候基金,用于支持发展中国家应对气候变化的行动。协议初步规定发达国家应在 2010—2012 年出资 300 亿美元作为快速启动资金,到 2020 年每年提供 1 000 亿美元的资金支持。随后 GCF 在 2010 年举行的坎昆气候变化大会上被确立。在 2015 年巴黎气候变化大会上,联合国重申了发达国家对 GCF 的出资义务,并提出将聘请技术专家对气候资金情况进行评估,督促发达国家完成每年 1 000 亿美元的出资承诺,但也并未对其有强制性的出资任务分配。2015—2018 年是 GCF 的资金筹集阶段。

绿色气候基金作为公约财务机制的一部分,旨在为发展中国家减缓和适应气候变化提供资金。一方面,GCF 运作过程中注重平等原则。GCF 关注极易受气候变化影响的地区的需求,包括最不发达国家、小岛屿发展中国家和非洲国家。GCF 在运作过程中注重缔约国平等与地域平等。UNFCCC 公约下的其他基金,如全球环境基金(GEF)曾受到发展中国家的质疑,主要是由于在这些基金的运作机制下,边缘海岛国家以及最不发达国家几乎对资金投向没有话语权。另一方面,相比于其他气候基金仅从公共部门筹资,GCF 专门设立了私营部门机制(Private Sector Facility,PSF)。PSF 不仅能为 GCF 募得更多资金,也带动发展中国家私营部门参与到减缓和适应气候变化活动中。

〔1〕 Assembly F GEF, Item A. GEF2020:Strategy for the GEF[R].2015.

〔2〕 刘倩,粘书婷,王遥.国际气候资金机制的最新进展及中国对策[J].中国人口·资源与环境,2015,25(10):30-38.

目前,在 GCF 的 59 个执行机构中,中国已经有 2 个机构被认证为 GCF 的执行机构,即财政部 CDM 基金管理中心和生态环境部对外合作与交流中心。2019 年 11 月,GCF 批准出资 1 亿美元支持亚洲开发银行在山东的绿色发展基金项目,这是中国获得的首笔 GCF 资金,具有很强的示范性。然而,发达国家一方面拖延甚至逃避 GCF 出资义务,另一方面强调看好发展中国家未来出资能力,希望所有国家共同出资。有的发达国家甚至提议中国不应再成为国际气候资金的受助国[1]。

（三）其他资金

有预测显示,在未来五年内,中国每年需要投入至少 2 万～4 万亿元人民币用于应对环境和气候变化问题[2]。各类绿色金融工具如绿色信贷、绿色债券、绿色保险可以动员和激励更多社会资本进入该领域,同时有效抑制污染性投资,持续为应对气候变化活动提供长效资金支持。其中,很多绿色债券的募集资金投向节能、清洁能源、清洁交通、生态保护和适应气候变化等应对气候变化领域的项目。

中国广泛开展与国际组织的合作,如世界银行、亚洲开发银行、联合国开发计划署等,并不断加强与发达国家在应对气候变化和清洁能源方面的对话交流,积极推动气候变化南南合作[3]。此外,中国在"一带一路"建设中重视低碳投资,通过中资银行、亚洲基础设施投资银行和丝路基金等机构引导和促进更多资金投入减缓和适应气候变化领域。

（四）中国对"一带一路"沿线国家的气候投融资项目

"一带一路"倡议提出以来,中方企业积极投入"一带一路"沿线国家项目建设,提升其减缓和适应气候变化的能力。"一带一路"沿线气候投融资呈现项目体量大、参与机构多、投资方式可选择性大的特点。因"一带一路"沿线国家气候风险较高,社会经济发展水平低,基础设施建设落后,中国对其投资主要集中在清洁能源、清洁交通等基础设施上。一方面,这些投资能发挥基础设施的"乘数效应",解决沿线国家迫切需求的持续稳定发展问题,改善人民整体生活水平;另一方面,基础设施的环境效益巨大,例如中国投资建设的巴基斯坦最大的水电站项目尼鲁姆-杰卢姆,该项目电站机组全部发电后,年发电量约为 51.5 亿千瓦时,占巴基斯坦水电发电量的 12%,能解决巴基斯坦全国 15% 人口的用电紧缺问题,减排效应明显。

二、我国与国际气候资金合作的模式

（一）国际资金的合作模式

如今,技术机制和资金机制（尤其是资金常设委员会）的工作已经开始链接,旨在建立一个全球的组织网络。

在坎昆协定中,缔约方通过了建立资金常设委员会（SCF）作为公约附属机构直接向

――――――――――

〔1〕 陈菊.绿色气候基金出资义务研究[D].西南政法大学,2016.

〔2〕 周小川.以绿色金融促可持续发展[J].中国金融,2018(13)：11.

〔3〕 中华人民共和国生态环境部.中国应对气候变化的政策与行动 2018 年度报告[R].http：// www.mee.gov.cn/ ywgz/ ydqhbh/ qhbhlf/ 201811/ P020181129539211385741.pdf.2018.

缔约方大会报告的决定;SCF 通过开展独立评估报告等形式协助缔约方大会对公约资金机制进行监管,主要功能包括协调公约内外资金渠道、完善公约资金机制、"衡量、报告、核查"向发展中国家提供的资金支持等;委员会成员来自联合国各大区及小岛国和最不发达国家,除发展中国家和发达国家代表外,还包括私营部门代表。而发达国家提出常设委员会仅为咨询性质机构并向公约附属履行机构报告;委员会工作以研究为主,不具政治约束力。

另外,与资金机制息息相关的是技术机制,2010 年的坎昆气候变化大会决定在 COP 指导下建立一个技术机制,机制的机构依托一个技术执行委员会(TEC) 和气候技术中心与网络(CTCN)。TEC 由 20 位通过 COP 任命的专家组成,具体职能包括提供技术需求信息及政策问题分析,提供政策和优先项目建议,提出解决技术开发和转让障碍的行动建议以及推动拟定技术路线图或行动计划等。CTCN 与 TEC 共同组成技术机制,帮助提供信息、技术和资金支持。

然而,在现有格局下,气候资金合作未来仍面临一些障碍。一方面,发达国家通过选择资金运营实体、资金转移渠道并向其供资的行为过程,实质上决定了资金性质的定位。在向公约机构提交履约报告的同时,用于履约的资金构成,也是对气候资金性质的主张和印证。包括中国在内的发展中国家一般是在国家信息通报中列举本国需要资助的计划、项目编制,并向经营实体递交基金申请文件,接受其审查,而这些资金需求通过哪些运营实体获得则不是发展中国家自己可以决定的,因此发展中国家在确定资金性质问题上仍然是被动的。另一方面,资金机制的很多诉求,在主流的气候资金运营网络中被逐渐边缘化。一般运营的资金追求的效果是以资金的保值增值、实现利润最大化为主导,气候变化适应与减缓效应并不是首要追求的目标。受资国需要服从和履行所获资金的信托责任,否则将失去与其他组织竞争资金源的能力。而这些组织往往缺乏对气候资金整体的关注,对气候资金的理解可能无法完全匹配公约的规则和意图,往往会选择资助多目标项目。

(二) 我国气候资金的合作模式[1]

随着人民币海外影响力的崛起,以及对利率市场化和人民币成功纳入特别提款权的期待,中国在国际资金流中的角色与位置正在发生变化。中国的战略利益将与大国责任、全球版图更密切地联系在一起。

近年来,我国一直积极推动气候资金的模式创新。现阶段中国在其他国家的投资项目普遍为清洁交通类基础设施建设和清洁能源类项目。这些项目的建设周期较长,投资回报周期也较长,如果采用传统的股权投资很难在短时间内获得投资收益。因此探索新的融资模式,在保证投资风险可控的前提下获得最大化长期和短期收益结合的投资组合,是吸引更多投资者投入的有效措施。

以丝路基金为例,自"一带一路"倡议提出以来,中方企业积极投入"一带一路"沿线国家项目建设,提升其减缓和适应气候变化的能力。"一带一路"沿线气候投融资呈现项目

---

〔1〕 洪睿晨,崔莹."一带一路"国际合作不可或缺的气候投融资议题[J].金融博览,2019(7):60-62.

体量大、参与机构多、投资方式可选择性大的特点。因"一带一路"沿线国家气候风险较高,社会经济发展水平低,基础设施建设落后,中国对其投资主要集中在清洁能源、清洁交通等基础设施上。丝路基金于 2014 年 12 月 29 日成立于北京,重点围绕"一带一路"建设推进与相关国家和地区的基础设施、资源开发、产能合作和金融合作等项目,资金规模为400 亿美元和 1 000 亿元人民币,其中外汇储备、中国投资有限责任公司、中国进出口银行、国家开发银行的出资比例分别为 65%、15%、15% 和 5%。

丝路基金创新的"股权＋债权"融资模式,在进行项目股份认购的同时也配套发放贷款,兼顾投资的风险与收益,长期收益和短期回报,以股权投资模式为主,债权、基金、贷款等多种投融资方式相结合,为"一带一路"建设提供投融资服务。具体而言,采用"股权＋债权"投资的创新模式实现企业与丝路基金的双赢。一方面,股权投资降低项目的资产负债率,使项目更易获得资金支持。另一方面,债权投资使得基金有相对保险和稳定的收益,降低了单独股权投资的风险。"股权＋债权"的模式兼顾了投资的风险与收益,例如在巴基斯坦卡洛特水电站项目、俄罗斯亚马尔液化天然气一体化项目、迪拜哈翔清洁燃煤电站项目中,丝路基金均采取了"股权＋债权"的投资模式。目前,丝路基金倾向采用股权投资的方式参与项目。截至 2018 年 3 月底,丝路基金超过 70% 的投资额为股权投资。而对一些资金体量大的项目,丝路基金在进行股份认购的同时也配套发放贷款。从丝路基金的投资项目看,现有气候投资主要为清洁能源类项目,包括水电、天然气、清洁燃煤发电、光伏发电。

三、我国与国际气候资金合作的展望与建议

(一)加强气候合作平台建设

中国应推动气候合作平台建设,提供项目支撑服务。目前已有多个国际合作平台如上海合作组织、中非合作论坛、澜沧江-湄公河合作机制等,可充分发挥现有双边、多边环保国际合作机制,构建气候合作网络,方便各国分享气候治理经验。另外,应加快创新气候合作模式,建设政府、智库、企业、社会组织和公众参与的多元合作平台,发挥各方优势,完善国际气候治理体系。

(二)依靠金融体系引导私人资金投入

据统计,中国每年需要约四万亿人民币的绿色投资,覆盖环保、节能、清洁能源、清洁交通和绿色建筑等领域。但中央和地方政府财政只能承担 10% 左右的绿色投资,其余90% 的绿色投资必须依靠社会资本[1]。而金融体系,包括银行、基金、股票市场、债券市场等,在改变过去过度投资于污染型产业、过少投资在绿色产业的投资结构这一问题上,发挥着重要的主导作用。金融机构正在采取行动强化对外投资项目的环境和社会风险管理,推动"一带一路"投资的绿色化。中英机构于 2018 年联合发布了《"一带一路"绿色投资原则》,截至 2020 年 9 月,已有 37 家签署机构和 12 家支持机构,来自全球 14 个国家和地区。因此,就金融体系方面,首先,要提高绿色项目的投资回报率与融资可获得性;其

[1]　马骏.绿色投资新领域[J].国际融资,2020(6):44-46.

次,要降低污染型项目投资回报率和融资可获得性;最后,要强化企业和消费者的绿色偏好。

(三)推动国内资金机制与国际接轨

我国国内制度的国际化问题既要立基于南北国家的资金关系,也要着眼于南南国家资金关系的发展。具体而言,要建立专门的气候基金,用于对外吸收、提供气候资金的统一渠道,它不仅能根据我国自身的减缓、适应行动规划、行动方案,来开发各类吸引国际气候资金的项目,确定受资对象范围、类型的主动权大为增加,也能将进出我国的国际气候资金信息集中起来,进而发展出我国对"气候资金"的界定、认证以及效率标准。

(四)推动"一带一路"基础设施建设与伙伴关系建立

"一带一路"沿线国家普遍存在基础设施建设落后和社会经济发展水平不高的问题。因此投资有利于应对气候变化的基础设施建设,不但能为这些国家经济发展提供基础,增添力量,解决其燃眉之急,而且也有利于沿线生态环境的保护。从推动绿色基础设施建设情况来看,中国已经在共建国家建设了大量太阳能、风能等可再生能源项目,帮助东道国能源供给向高效、清洁、多样化的方向加速转型[1]。在未来,应加大对沿线基础设施项目建设的生态环保服务与支持,推广铁路、城市轨道交通、城乡公路运输等清洁交通和清洁能源、绿色建筑项目,在项目建设中推动水、大气、土壤、生物多样性等领域的环境保护,提升绿色低碳化建设水平。此外,中国在"一带一路"沿线国家建立燃煤电厂是国际社会重点关注的议题。随着以电力行业为主的全国碳市场的建立,建议在规划制定过程中,以电力行业为着力点,推动"一带一路"电力伙伴关系的建立,推动沿线国家的绿色发展[2]。

第二节　我国参与"一带一路"低碳能源投融资

一、"一带一路"国家低碳能源发展

(一)东亚地区的低碳能源发展

东亚地区包含蒙古与东盟十国(印度尼西亚、马来西亚、菲律宾、泰国、新加坡、文莱、柬埔寨、老挝、缅甸、越南)。

1. 蒙古

蒙古拥有丰富的自然资源,是世界各国公认的世界级矿产资源丰富的国家,拥有煤炭、石油等重要能源资源。蒙古是全球 15 个煤炭资源丰富的国家之一,其中探明煤炭储量约有 1 500 亿吨。蒙古也有可观的石油储量,但是其自身开采能力有限,尚未大规模开发。2020 年,蒙古提交了修订后的《国家自主贡献》,承诺到 2030 年将温室气体排放减少 22.7%。

---

〔1〕 周国梅,蓝艳.共建绿色"一带一路" 打造人类绿色命运共同体实践平台[J].环境保护,2019,47(17):23-26.

〔2〕 张建宇."十四五"应对气候变化规划应体现融合创新[N].中国环境报,2020 年 10 月 16 日.

2.新加坡

新加坡由于国土面积极为有限,无煤炭资源,也没有可供开发的油气资源。因此,化石能源完全依赖进口。而其中,石油是新加坡能源消费比重占比最大的化石能源。2018年,新加坡石油消费为7 580万吨油当量,占一次能源消费总量的86.6%。天然气消费紧随其后,为1 060万吨油当量,占一次能源消费总量的12.1%。新加坡政府的气候目标是在2030年前后达到每年6 500万吨左右的峰值,而到2050年,碳排放量将在此基础上再减少一半,在21世纪下半叶尽快实现净零排放。

3.东盟十国整体能源消费概况

目前,东盟十国整体用能处于世界较低水平,但受经济发展、人口增长等积极因素影响,能源需求增速较快。东盟国家长期依赖化石能源,发展方式粗放,利用效率低,生产和使用过程中环境污染问题突出。根据国际能源署(IEA)统计数据,2016年东盟十国[1]一次能源消费总量为651百万吨石油当量,较2000年的383百万吨石油当量增长了70%,年平均增速为3.4%。一次能源各类能源消耗以及增速如图4-1所示。

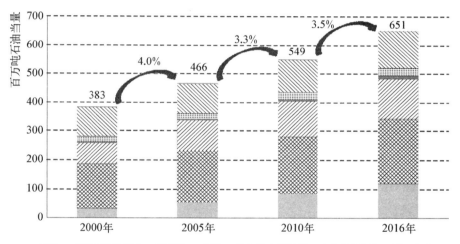

图4-1　东盟国家一次能源消费图[2]

截至2016年底,东盟国家的电力总装机容量达到2.17亿千瓦,其中主要是火电,燃气发电和燃煤发电是主要的发电方式,占比分别为36.5%和31.5%。可再生能源装机容量为0.533亿千瓦,占比达24.6%。其中,水电(包括小水电)装机容量最大,为总装机容量的20.9%;其次是地热能发电、生物质发电、太阳能发电、风电。东盟国家电力生产结构如图4-2所示。

东盟承诺与世界共同努力有效应对气候变化,东盟总体规划中的两大目标为能源转换和减少对石油的依赖。大部分东盟国家提交的国家自主贡献中均包含了可量化的预期

---

〔1〕　由于IEA数据中无老挝数据,因此本数据指其他东盟九国。

〔2〕　自然资源保护协会.东盟国家可再生能源发展规划及重点案例国研究[R].2019.

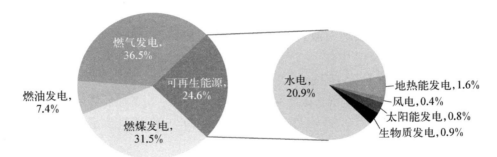

图 4-2　东盟国家电力生产结构示意图[1]

应对气候变化行动目标,呈现出以下特点:采用碳排放强度的减排目标、使用常规发展情景作为减排基准、增加森林碳汇以减缓气候变化以及强调国际社会的资助[2]。

(二)南亚地区的低碳能源发展

南亚地区包含巴基斯坦、孟加拉国、尼泊尔、不丹、印度、阿富汗、斯里兰卡、马尔代夫。

1. 巴基斯坦

巴基斯坦是"一带一路"倡议的重要合作伙伴,中巴两国于 2013 年正式启动"中巴经济走廊"(CPEC)建设。在能源生产消费方面,巴基斯坦油气资源相对贫瘠,但是拥有丰富的可再生能源资源。巴基斯坦能源消费以石油和天然气为主,天然气、石油、煤炭、水电在一次能源消费结构中分别占比 44%、29%、14% 和 9%。巴基斯坦境内油气资源不能满足经济发展需求,一次能源供应与需求缺口较大,能源供应高度依赖进口。尽管巴基斯坦对全球碳排放的贡献不到百分之一(0.8%),巴基斯坦政府仍致力于通过减少温室气体排放来应对气候变化。能源、交通、农牧业、林业、城镇规划和工业部门是需要加以干预以减轻其对气候变化影响的关键领域。

2. 印度

印度的能源资源呈现出煤炭资源丰富而不优质,能源资源分布不均,油气资源匮乏的特点。近年来由于人口与经济增长带来能源消耗迅速上升。煤炭消耗主要集中在电力、钢铁和化肥行业,其中,电力部门消耗占到总量的 73%。然而,低质煤炭含热量低,发电效果不佳,印度的电力供应始终处于重压之下。印度石油资源严重供不应求,长期依靠进口导致印度对于国际油价的波动较为敏感。印度 2016 年向联合国提交了《巴黎协定》的批准案,同时也要求富裕国家采取积极行动协助发展中国家抵御气候变化。要兑现其在《巴黎协定》下的减排承诺,印度必须做到三件大事,这三件大事也被详细列在该国的"国家自主减排贡献"中:到 2030 年将温室气体强度降低 33%~35%;到 2030 年非化石燃料发电至少占 40%;通过植树额外增加 25 亿~30 亿吨碳汇。

(三)西亚地区的低碳能源发展

西亚地区包括伊朗、伊拉克、土耳其、叙利亚、约旦、黎巴嫩、以色列、巴勒斯坦、沙特阿

---

〔1〕　自然资源保护协会.东盟国家可再生能源发展规划及重点案例国研究[R].2019.

〔2〕　奚旺,袁钰.东盟国家应对气候变化政策机制分析及合作建议[J].环境保护,2020,48(5):18-23.

拉伯、也门、阿曼、阿联酋、卡塔尔、科威特、巴林、塞浦路斯等。

1. 伊朗

伊朗拥有世界第四大石油蕴藏量,和世界最大的天然气蕴藏量。伊朗是世界上能源消耗最高的国家之一,人均能源消耗约为日本的 15 倍,是欧盟的 10 倍[1]。伊朗是石油输出国家组织和天然气输出国论坛的主要成员之一,天然气和石油消费量两者各占伊朗国内家庭能源消费量的一半左右。伊朗的 GDP 严重依赖油气资源,因而一直致力于开发天然气和石油资源。2015 年,伊朗宣布将在 2030 年以前实现最多 12% 的温室气体减排目标,条件是要有国际援助。而数据显示,伊朗每年排放 8 亿吨二氧化碳,这使其位列全球十大温室气体排放国之一。

2. 沙特阿拉伯

沙特阿拉伯是世界领先的石油生产国和出口国。沙特阿拉伯的经济以石油为基础;石油占该国出口的 90%,占政府收入的近 75%。而沙特阿拉伯的电力 40% 来源于石油,52% 来源于天然气,总发电能力约为 55 吉瓦。沙特阿拉伯计划进一步增加电力产能,希望到 2032 年将容量增加到 120 吉瓦,而其中,三分之一的电力将来自太阳能。沙特政府计划在 2030 年之前每年减少多达 130 百万吨二氧化碳当量的排放,前提是"石油出口收入对国民经济做出了巨大贡献"。但是在"高出口"的情况下,沙特的碳排放量将会保持增长的趋势。

3. 阿联酋

阿拉伯联合酋长国生产的大部分能源来自天然气和石油。该国也是石油和天然气的主要出口国,并于 2014 年开始利用其强大的太阳能光伏潜力来发电。阿联酋计划 2050 年电力的 50% 来源于太阳能和核能;电力的整体目标是 44% 来源于可再生能源,38% 来源于天然气,12% 来源于清洁煤和 6% 来源于核能。

（四）中亚地区的低碳能源发展

中亚地区包括哈萨克斯坦、乌兹别克斯坦、土库曼斯坦、塔吉克斯坦、吉尔吉斯斯坦。

1. 哈萨克斯坦

哈萨克斯坦是煤炭、原油和天然气的重要生产国,也是主要的能源出口国。煤炭在该国的能源结构中占主导地位,可再生能源在哈萨克斯坦的发电量中所占的比例很小,但在不断增长。天然气管道网络的扩展仍然是优先事项,以扩大准入并减少对煤炭和液化石油气供家庭消费的依赖。哈萨克斯坦的国家自主贡献(NDC)提出了一个无条件目标,即到 2030 年将温室气体(GHG)排放量降低至 1990 年水平的 15%,其中包括土地利用变化和林业(LULUCF)的排放量。

2. 乌兹别克斯坦

乌兹别克斯坦拥有丰富的石油、天然气、煤炭和铀。就天然气而言,它在开采方面居世界第 11 位,在储量方面居世界第 14 位。尽管得益于天然气部门的能源自给自足,但是

〔1〕 https：/ / zh. wikipedia. org / wiki / % E4% BC% 8A% E6% 9C% 97% E8% 83% BD% E6% BA%90.

乌兹别克斯坦老化的基础设施仍难以满足不断增长的国内能源需求。目前正在实施着重于改善和多样化能源部门的广泛改革，政府已通过了《2017—2021年行动战略》，该战略优先考虑提高能源效率，提高发电量和可再生能源的使用。

　　3. 吉尔吉斯斯坦

　　对于吉尔吉斯斯坦而言，石油是主要能源（48%），其次是电力（24%）和煤炭（17%）。住宅部门是该国最大的能源消耗部门，其次是运输和工业。人均用电量虽然有时受到停电的限制，但2010年—2018年增长了45%以上。根据IEA的数据，各类一次能源消耗增长趋势如图4-3所示。

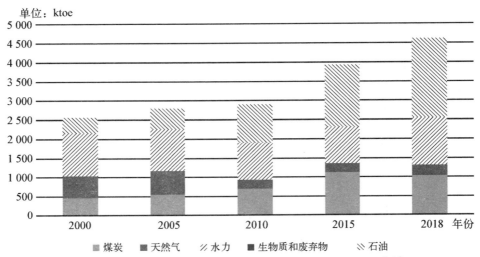

图4-3　吉尔吉斯斯坦各类一次能源消耗（2000—2018年）[1]

（五）独联体国家的低碳能源发展

　　独联体国家包括俄罗斯、白俄罗斯、阿塞拜疆、亚美尼亚、摩尔多瓦等。

　　俄罗斯拥有丰富的石油、天然气资源，约有63%的电力来源于火电厂，21%的电力来源于水力发电，16%的电力来自核电站。俄罗斯在新近采用的《俄罗斯2035年前能源战略》中，继续将重点放在扩大国内化石燃料的生产和消费上，并着重于扩大天然气出口。但是支持可再生能源利用的措施仍然不足，俄罗斯也无法实现其适度的近期目标。俄罗斯目前的2030年排放目标是比1990年的水平低25%～30%。

（六）中东欧地区的低碳能源发展

　　中东欧地区包含希腊、波兰、立陶宛、爱沙尼亚、塞尔维亚、捷克、斯洛伐克、匈牙利等。

　　1. 希腊

　　希腊的能源仍然主要依靠化石燃料，其中大部分来源于进口。截至2017年，石油产品仅满足其约49%的能源需求，而这些石油产品不仅用于运输领域，而且需要用来发电。目前希腊国内的能源主要为褐煤，约占2018年发电量的29%；可再生能源例如水力、风

　　〔1〕　https://www.iea.org/subscribe-to-data-services/world-energy-balances-and-statistics.

能、太阳能和生物质能,分别占 11.3%、12.4%、7.5%和 0.6%。希腊 2019 年底通过的能源目标是到 2030 年,可再生能源占最终能源消耗的 35%,在最终用电量中占到 60%,与 1990 年相比,温室气体总排放量至少减少 40%。

2. 波兰

波兰的能源结构以硬煤为主约 48%和褐煤 24%。在清洁能源方面,风能的贡献最大,为 9%。其他可再生能源所占比例较小,仅为 1%,但它们显示出较强的增长动力。根据《波兰至 2040 年能源政策草案》,到 2030 年,煤炭和褐煤在发电中的份额将从 2017 年的不到 80%降至 60%。该政策草案还将长期能源安全放在首位,大力强调减少温室气体排放和空气污染,提高能源效率和使运输系统脱碳。

3. 塞尔维亚

塞尔维亚拥有大量煤炭储量,探明的褐煤储量为 45 亿吨。塞尔维亚在实现能源自给自足的同时也参与国际能源交易。在巴黎会议之前,塞尔维亚提交了国家自主贡献预案(INDC),承诺到 2030 将温室气体排放量与 1990 年的水平相比减少 9.8%。《国家可再生能源行动计划》设定了到 2020 年使用可再生能源的目标,以及实现这些目标的途径。

二、"一带一路"国家低碳能源投资需求

有研究指出,通过实施国家自主贡献,"一带一路"国家到 2030 年预期每年可减排 32 亿吨左右的 CO_2。但要最终实现全球 2℃温控目标,如果没有公平合理的减排分配方案和额外的资金、技术支持,"一带一路"国家将面临较为严峻的挑战。为了实现 2℃的温控目标,"一带一路"国家的非化石能源在一次能源消费中的占比需要从 2015 年的约 12.2%提升至 2030 年的 21%以上、2050 年的 46%以上[1]。

根据经合组织(OECD)在 2017 年的估计,2016—2030 年,全球基础设施(能源、运输、水及电信)投资大约需要 95 万亿美元,相当于每年约 6.3 万亿美元。这些投资需求中,能源占 34%,其中 60%～70%来自新兴经济体。"一带一路"沿线国家大多数处于发展阶段,石油、天然气等重要能源资源丰富,发展潜力大,将有潜力成为世界经济最充满活力和快速发展优势的地区。"一带一路"沿线国家也有着丰富的清洁能源资源,而我国一方面国内面临巨大的能源需求,另一方面能源行业也面临巨大的减排压力。能源消费结构不得不进行相应的转型升级,海外能源投资有能力为我国国内能源结构调整带来变革。

中国作为"一带一路"倡议的发起国,一方面,国内经济平稳有序增加离不开能源消耗的增长;另一方面,作为负责任的大国,中国承诺的减排目标也给能源行业提出了巨大的减排压力。对于实现 2030 年碳达峰、2060 年碳中和的目标,能源消费领域将需要更多的投资来带动能源利用清洁化转型、推动可再生能源等清洁能源的广泛利用。2020 年国家发展和改革委员会、国家能源局印发通知显示,2020 年风电平价上网项目装机规模 1 139.67 万千瓦、光伏发电平价上网项目装机规模 3 305.06 万千瓦。此举有助于加快风电光伏项

〔1〕 柴麒敏,傅莎,温新元.基于 BRIAM 模型的"一带一路"国家低碳能源发展情景研究[J].中国人口·资源与环境,2020,30(10): 1-11.

目平价上网进程,推进相关产业的竞争力和能源转型,还将拉动至少 2 200 亿元新能源投资需求。根据 BP 公司《BP 世界能源展望》2020 年版中的估算,中国将长期保持全球最多的能源消费,但是到 2050 年,可再生能源将会在一次能源结构中比例快速上升,在快速转型、净零和一切如常三种发展情景中占比分别达 48%,55% 和 23%。由于中国煤多油少的特点,煤炭在中国的能源消耗占比最高,2014 年中国煤炭行业市场规模为 2.7 万亿元,而 2016 年则降至 2.3 万亿元。2016 年开始,市场规模受市场集中度提高、产能释放、下游市场需求回暖影响,整体市场恢复增长趋势,增长至 2018 年 2.6 万亿元。目前我国煤炭市场供需基本平衡,但结构性产能过剩问题依然突出,随着我国进一步明确了减排目标,有分析预测未来煤炭行业在中国能源消费的占比将持续下降,到 2050 年左右会降至 10%～20%。更多的投资资金有望投向更为清洁的能源,例如各类可再生能源和天然气。

新加坡虽然国土面积极小,但是基于其在印度洋和太平洋之间以及马六甲海峡附近的战略位置,它已成为亚洲主要的石化和炼油中心以及石油贸易中心之一。2015 年,新加坡在成品油出口方面在全球排名第三,其中一半以上出口到马来西亚、印度尼西亚和中国。目前新加坡的电力 95% 来源于天然气,而在成本效益和可靠的可再生能源方面,由于国土面积过小,在发展可再生能源方面受到诸多限制。太阳能光伏发电是唯一可能对能源网产生影响的可再生能源。新加坡政府已承诺将并网太阳能的装机容量从 2016 年上半年的 71 兆瓦提高到 2020 年的 350 兆瓦,以及进一步计划在 2030 年将太阳能装机容量提高到至少 2 000 兆瓦,朝低碳的可持续未来迈进。一方面,新加坡未来的能源投资会更加注重天然气的高效利用,另一方面,作为东南亚地区的经济发达国家,新加坡在发展太阳能方面也投入了巨大的资金和努力。

南亚大国印度由于人口众多、发展迅速,对能源需求也日渐大幅增长。印度是全球第三大石油进口国,也是全球液化天然气的主要进口国,在未来 8～10 年里,印度对石油和天然气部门的投资可能高达 2 060 亿美元。其中涵盖 670 亿美元的天然气基础设施投资,包括增加液化天然气产能、管道和城市燃气分销网络。在非化石能源投资方面,2014/2015 财年,印度承诺到 2022 年可再生能源的发电装机容量达到 175 吉瓦,到 2030 年非化石能源发电量占到其电力结构的 40%。在 2019 年 9 月举行的联合国气候行动峰会上,印度总理纳伦德拉·莫迪表示,到 2030 年将会在原来承诺的基础上新增 450 吉瓦的可再生能源发电装机容量,表明了印度向可再生能源过渡的决心。

俄罗斯作为横跨欧亚大陆的国家,拥有丰富的自然资源。俄罗斯能源部的官方统计数据显示,2018 年,俄罗斯开采近 5.56 亿吨原油(包括凝析油),创下了近 30 年的最高纪录,接近 1987 年 5.694 亿吨的历史最高水平。2018 年,俄罗斯还生产了 7 254 亿立方米天然气、4.393 亿吨煤和 1.092 万亿千瓦时电力。目前俄罗斯的能源开采、消费、出口等都非常重视传统的化石能源,对于非化石能源领域相对侧重较少。2020 年批准的《俄罗斯 2035 年前能源战略》提出到 2024 年俄罗斯天然气化水平应从 68.6% 提高到 74.7%,到 2035 年提高到 82.9%;到 2024 年能源生产比 2018 年增长 5～9 个百分点,出口增长 9～15 个百分点,吸引投资增加 1.35～1.4 倍。虽然新版战略也指出,全球电力消费增长的

40%以上将由非碳资源提供,可见低碳能源的占比及发展趋势,但俄经济专家指出,在充分考虑世界能源格局剧烈变化的同时,新版战略却并未非常重视非化石能源的发展。目前俄罗斯的可再生能源以水能利用为主,2019年水电发电装机容量占俄可再生能源发电装机总容量97.9%。俄政府也提出过一系列可再生能源发展计划,主要目标在于:通过发展清洁能源拉动经济增长和促进就业;丰富俄能源供给种类,为西伯利亚、远东、北极等偏远地区提供更多的能源选择;提高可再生能源电力在国家电力生产结构中的比例,逐步降低天然气、煤炭发电比例;减少能源生产和消费相关碳排放,履行应对气候变化和节能减排的国际责任。

三、我国投资"一带一路"国家低碳能源领域的机遇与风险

(一) 政策风险

1.《气候资金指南》对"一带一路"的适用性

2020年10月26日,中国五个政府部门和监管机构联合发布了《关于促进应对气候变化投融资的指导意见》[1](以下简称《指导意见》)。"中国将提高国家自主贡献力度,采取更加有力的政策和措施,二氧化碳排放力争于2030年前达到峰值,争取在2060年前实现碳中和。"《指导意见》重点指向国内气候资金相关内容,其中包含了制定相关投资政策的时间表(至2025年),以及通过中国的碳排放交易体系敦促碳排放交易市场机制的建立。与此同时,《指导意见》还强调了气候投融资在"一带一路"倡议(BRI)中的重要方面[2]。

对于"一带一路"倡议,《指导意见》主要有以下五个方面的要求:积极推进气候投融资在"一带一路"建设中的重要作用;实现"制定和修订气候投融资国际标准"的迫切需要;推动中国气候投融资标准在海外投资和建设中的适用性;鼓励金融机构支持"一带一路"的低碳发展及南南合作;促进中国"气候减缓和适应"境外项目的并购重组。

《指导意见》指出,我国应将重点放在"监管境外投融资活动"并对气候风险加以管理。该系统推动了一种生态风险监管方法的建立,主要用于管理金融决策层面的生态风险。该文件进一步强调了中国参与气候投融资标准研究与国际合作的追求。其中包含了一种加强国际交往的合作机制——"一带一路"绿色发展国际联盟(BRIGC)。BRIGC的合作主题主要分为10类:(1)生物多样性和生态管理;(2)绿色能源与能源效率;(3)绿色融投资;(4)改善环境质量与绿化城市;(5)南南环境合作与可持续发展目标(SDG)建设;(6)绿色技术、创新与企业社会责任;(7)可持续交通;(8)气候变化治理与绿色转型;(9)环境立法与标准;(10)海洋命运共同体与海洋环境共治。

2.《气候资金指南》的局限性与建议

《指导意见》虽然是应对气候变化政策层面的第一步,但迄今为止,其实际影响仍具有局限性,对"一带一路"倡议的影响力效用更为有限。为了进一步支持气候友好型"一带一

---

〔1〕　http://www.mee.gov.cn/xxgk2018/xxgk/xxgk03/202010/t20201026_804792.html.

〔2〕　https://green-bri.org/belt-and-road-initiative-green-coalition-brigc.

路"倡议的发展,接下来的几个步骤将至关重要[1]:

（1）在接下来的几个月中,《"一带一路"项目绿色发展指南》的发布将非常重要。该指南应明确指出哪些项目与"'绿化'一带一路"倡议相一致,哪些项目又与之不符。

（2）明确"一带一路"倡议投资规模的不同部委（例如国家发改委、生态环境部、商务部、外交部、财政部等）之间的合作对于协调气候投融资计划和法规至关重要。一旦缺乏通用的框架,极易造成政策上的疏漏。

（3）考虑逐步淘汰目前有损"一带一路"项目绿色发展的投资。理想情况下应暂停"一带一路"倡议能源领域内未完成的燃煤电厂。此举将使中国对"一带一路"和非"一带一路"合作伙伴做出的承诺更加可信。

（4）为实现"一带一路"发展目标而进行的国际合作对加速"一带一路"倡议气候友好型发展至关重要。尽管中国是"一带一路"倡议中重要的气候友好投资国,但国外许多投资者在应对"一带一路"倡议中的气候投融资问题上表现得更为积极,如世界银行、国际金融公司、欧洲复兴开发银行等多边开发银行,日本开发银行、德国开发银行、德国复兴信贷银行以及私人金融机构等双边开发银行。

总体而言,《指导意见》是重要的一步,但该文件和其他文件共有的问题在于其是否具有足够的影响力和响应力,以及其中的要求如何在后续的工作中得到进一步的实施。就目前来看,气候危机引起的金融风险只会放缓相应金融体系的适应速度。

（二）气候变化风险

中国签署《巴黎协定》五年后,2021年在《中华人民共和国能源法（征求意见稿）》（以下简称《能源法》草案）第十九条中提到"环境保护与应对气候变化",相当于对气候变化现状做出了积极的回应。该草案中亟待完善的一点在于,其规定了进一步勘探例如煤、石油和天然气等化石燃料能源的需求。这一点十分关键,因为在《巴黎协定》中我国承诺在2030年左右或提前完成碳达峰。近年的G20融资报告显示[2],中国是最大的化石燃料融资国,每年为石油和天然气提供202亿美元,为煤炭提供44亿美元。同时,中国也是全球清洁能源领域范围内最大的生产国和投资国,尽管煤炭仍然占据中国能源结构的首位,但煤炭所占的份额呈现下降趋势。然而,《能源法》草案放宽煤电限制这一举措正在削弱国家减少排放的努力,其中就包含了国内新批准的约10吉瓦燃煤发电厂项目以及对海外煤炭项目的融资。

1. 出口过程潜在高排放问题

《能源法》草案的优先事项是加强对能源进出口的监管,包括加强引入"清洁"和"先进"能源技术的管理。但是该法案对出口化石燃料产品和技术的审查条例并未进行相关的规定,这意味着该法案并未解决我国因出口煤炭技术以及对相关产品予以支持而导致

〔1〕 Yao Wang, Christoph NEDOPIL WANG. Bolstering the Belt and Road Initiative through Green Finance[N]. China Daily. 2019.

〔2〕 https://www.iea-coal.org/chinas-energy-law-could-help-address-the-belt-and-roads-climate-impact/.

的"碳泄漏"问题。

中国在化石燃料项目上的支持都会在一定程度上引发环境和社会问题,例如"一带一路"倡议成员国的燃煤发电项目。因此需对能源法草案就相应问题加以修正,以便为中国所有的化石燃料出口项目介入对气候变化和出口审查具备更强约束力的标准。如此一来,这些项目的做法将更易为国际社会所接受,该做法与多边开发银行(中国为其中一员)应对气候变化的做法也将具备统一步调。

政府已就这些方面存在的问题取得了一些进展。2017年,四部委联合发布《关于推进绿色"一带一路"建设的指导意见》[1]。这一指导文件意识到中国企业在进行海外基础设施项目时面临的挑战,并呼吁这些企业为能源低碳化做出更多的努力,采用更高的环境与社会标准。

一个令人担忧的问题是,专注于煤炭发电和资源开采的中国国有企业可能将使"一带一路"沿线国家陷入高排放的困境。中国是国际上最大的煤炭技术出口国和出口国,背后的原因在于,有了中国国家开发银行和中国进出口银行等政府贷款资助,众多国有企业就欧洲、撒哈拉以南非洲和亚洲等项目展开激烈的商业竞争。中国人民银行前首席经济学家马骏根据这一现象做出预测:"到2050年,一带一路沿线国家二氧化碳排放量可能占全球二氧化碳排放量的一半以上。"

在非洲,中国国有企业于2019年底在象牙海岸和津巴布韦展开两项新煤炭交易,多达3.5吉瓦的电力项目可能将在欧洲开展,其中包括位于波斯尼亚和黑塞哥维那的图兹拉燃煤电厂新单位、塞尔维亚科斯托拉茨燃煤电厂新机组的第二阶段,以及最近宣布的塞尔维亚350兆瓦克鲁巴拉煤炭项目。

《能源法》草案可能有助于解决中国企业在海外实施的化石燃料项目带来的碳泄漏问题。该法案应包括低碳能源转型优先的措施和标准,这样的标准不应仅仅适用于国内消费和生产,对于能源产品和技术的投资、进出口方面的管理也应同样适用。如此一来,该绿色路线图即可确定所有能源项目(包括煤电,天然气和石油开采以及跨境运输)的激励措施和限制措施。

2."一带一路"跨境项目环境问题

跨境能源项目包括管道、输电线路及相关设施。多个项目在没有进行合理的环境与社会跨界评估的情况下完成了建设,包括中缅石油天然气管道、哈萨克斯坦中国石油管道和中亚地区中国天然气管道。据了解,目前没有适当的环境和社会管理计划来减轻项目对生态系统造成的负面影响[2],也没有针对受影响的环境与社区的恢复计划。

《能源法》草案认识到了加强监督管理的必要性,所以监督工作主要由国家能源局(NEA)和国务院国有资产监督管理委员会(SASAC)负责[3]。然而草案并没有提及生

〔1〕　http://www.scio.gov.cn/xwfbh/xwbfbh/wqfbh/37601/38609/xgzc38615/Document/1633106/1633106.htm.

〔2〕　杨国蕊."一带一路"沿线国家生态环境问题及对策[J]. 时代报告,2020,336(3):102-103.

〔3〕《中华人民共和国能源法(征求意见稿)》,第九十条.

态环境部的作用,该部门作为负责管理气候与环境事务的主体,兼任绿色"一带一路"倡议中心的东道主,理应在监管方面共同发挥作用。

国有企业受国务院国资委监管,其中许多企业开展能源与发电业务。一些跨境能源项目将在中国境外开采的石油和天然气运往中国供国内使用,而中国石油天然气集团公司(CNPC)等企业可从这类跨境能源项目中获利。缅甸的天然气于2013年首先通过一条1 420千米的跨境管道进入中国,而原油则于2017年开始运抵中国。该管道导致缅甸北部发生内部冲突,并遭到当地社区就土地退化、生计冲突等环境与社会问题展开的强烈抗议[1]。

哈萨克斯坦是中国另一重要的油气来源。中国石油天然气集团公司在该国经营着许多项目,包括五个主要的油田以及哈萨克斯坦—中国石油和天然气管道。这些作业中开采出的碳氢化合物通过中哈油气管道向东输送至中国。

石油和天然气管道及其他海外投资项目建设与运行过程中的环境违法行为凸显了中国亟须采取综合办法管理其海外及跨界能源项目。中国立法者可以通过对跨界能源项目的战略环境评估和环境影响评估提出法律要求,从而更好地应对这一挑战。此外,立法者还应要求参与此类项目的中国企业向国内最高监管机构(商务部和国家发改委)注册并申请批准海外能源项目的启动工作。监管机构将负责签署海外投资项目的核准或备案,包括国内银行贷款发放业务的备案登记工作。

(三)商业风险

国家开发银行设立了用于"一带一路"倡议的各种资金,主要集中于启动、计划、采购、融资和建设项目。其他资金则用于中国—东盟区域合作、中国—拉美合作、中国—阿拉伯合作、中国—非洲合作。其他捐助方包括丝绸之路基金和建立主权财富基金的国家外汇管理局和巴腾伍德投资控股有限公司。项目的运营方式无论是局限于一个国家还是几个国家都像一家正在运作的跨国开发银行——一条优势互补、共同释放合作潜力的"经济走廊"。在项目移交给受援国政府之前,基金的成员国负责项目运行的各个方面。

1. 商业机遇和挑战

这些资金类似于既定的融资工具。它们就像封闭式基金,其成员拥有一定的份额。基金的总价值可以根据投资回报而增加或减少。但是,这些基金并未在交易所上市。基于贷款的基金类似于"辛迪加贷款"工具,其中也不乏包含了权益和贷款部分的混合型基金。

多年来,国内对项目财务可行性的评估、投资的风险回报状况、其他商业上的考虑以及借款人的债务限制引起了国家的反思。每一笔财政拨款受到监督的目的都是为了极力减少国内债务融资。"一带一路"项目通过出口中国的技术、机械和设备促进了经济增长,并有效防止某些行业规模受限。但作为债务融资经济的一部分,其信用风险和其他风险均由于国内政策和商业银行管理上的不完善而不可避免。

〔1〕 宋清润.缅甸民盟新政府执政以来"一带一路"倡议下的中缅合作进展与挑战[J].战略决策研究,2017,8(5):3-31+103.

为减少中国经济中的债务融资,任何政府支出都受到了审查。不幸的是,它是债务融资型经济的一部分,该国的信贷风险以及其他风险均由中国政策和商业银行承担,然而对国有企业和地方政府发放贷款的商业银行早已在国内风险的冲击下负担累累[1]。

值得肯定的是,多年以来在"一带一路"倡议下中国建造了世界一流基础设施,但受援国的对所建设施的支付能力仍然像以往一样不够明确。

2. 商业对策

(1)银行欲为"一带一路"项目融资就必须加强自身管理、风险评估以及企业风控。

(2)向"一带一路"沿线国家的贷款本身极具挑战性,因为其中约有一半的项目低于投资等级。如果国内银行过于挑剔,即只向风险控制最佳的项目发放贷款,这对于其他项目而言缺乏公平性,同时也不符合"一带一路"的宗旨。在此过渡时期,中国的银行有以下几种选择来提供融资:主要通过向国内大型企业提供贷款来支持"一带一路"在低碳能源领域的倡议;借助国内银行在海外的分支机构为"一带一路"低碳能源项目提供资金[2]。

〔1〕 Herbert Poenisch.中国商业银行在"一带一路"倡议中的角色[J].国际金融,2020(3):3-10.
〔2〕 经济日报."一带一路"共建带来重大经济机遇[N].经济日报,2015年5月5日.

第五章　产业发展与气候变化应对

　　气候总在不断变化,导致气候变化的原因可归结为自然因素和人为因素两个方面。太阳辐射的变化、地球轨道的变化、火山活动、大气与海洋环流的变化,这些无法抗拒的自然因素导致了气候的自然波动,在人类出现之前的地球历史中一直存在。

　　让我们目前越来越忧心的气候变化则是人为因素造成的。人类活动,特别是工业革命以来的人类活动,是导致目前以全球变暖为主要特征的气候变化的主要原因。根据《联合国气候变化框架公约》,"气候变化"被定义为:"经过相当一段时间的观察,在自然气候变化之外由人类活动直接或间接地改变全球大气组成所导致的气候改变"。

　　在人类的生产与生活过程中,大量使用煤炭、石油、天然气等化石能源,造成大量的二氧化碳等温室气体排放,导致大气温室气体浓度大幅增加、温室效应增强。根据政府间气候变化专门委员会(IPCC)于 2021 年 8 月 9 日发布的报告(《气候变化 2021:物理科学基础》),在所有排放情景下,全球升温都将至少达到 1.5℃。在最具雄心的低排放情景下,全球升温预计在 21 世纪 30 年代达到 1.5℃,之后将超出温控目标到 1.6℃,并在 21 世纪末回落到 1.4℃。

　　经济活动和产业发展影响气候变化,工业革命以来更加快速的产业发展,导致了更为显著的气候变化与全球变暖。与此同时,气候变化也在潜移默化地影响产业发展,应对气候变化的产业政策也因此应运而生。

第一节　产业发展如何影响气候变化

一、产业发展影响气候变化的一般规律

　　在人类社会的历史过程中,产业发展伴随着整体经济运行,依次经历从第一产业(大农业)向第二产业(主要为工业),再向第三产业(服务业)逐步演进的不同阶段。

　　当以农业为代表的第一产业居于主导地位时,农业活动的能源消耗较少,对气候环境总体影响较小。农业活动产生的温室气体以甲烷、一氧化二氮和二氧化碳为主,来源主要为种植业、畜牧业和森林砍伐。具体而言,种植业中来源包括作物燃烧残留、水稻生产、农业机械排放和合成化肥使用;畜牧业中包括反刍动物肠道发酵、畜禽粪便处理等。

　　随着工业化进程的到来,产业结构向第二产业进行转移,工业开始居于主导地位。工

业活动与生产制造的能源消耗快速上升,温室气体与污染物排放急剧增加,环境危害显著扩大。根据我国近年来的经济数据,工业生产能源消费占能源总消费 70% 左右,以煤、石油和天然气等化石燃料的燃烧为主要来源的二氧化碳排放占总量约 80%,甲烷、氮氧化物等其他温室气体约占总量一半。

在以工业为主导的产业发展阶段中,其内部产业结构还经历了由轻到重的转变,主导产业先由轻纺工业转变为以原料、燃料、动力、基础设施等为重心的基础性重化工业,后期则转变为加工型重化工业。重化工业的能源消耗强度远高于轻工业,因此对气候变化的影响也相应地更为显著。

与此同时,收入水平提高还带来食物消费习惯的改变。消费端对肉、蛋、奶等畜禽产品的大量需求引起农业内部生产结构变化,畜牧业占农业比重提高。目前,发达国家畜牧业比农业总产值普遍大于 50%,发展中国家则大体上处于 20%～30% 水平,并逐年上升。畜牧业全生命周期及各个环节涉及畜禽饲养耗能、饲料粮种植、饲料粮运输加工和畜禽屠宰加工等环节,二氧化碳当量排放量高于其他农业部门,从而加剧了农业的气候影响。

伴随着人民生活水平的提高,以服务业为代表的第三产业逐渐居于主导地位。相对于工业活动,服务业活动的能源消耗强度在整体上显著下降。除了交通运输、餐饮烹饪可能需要一些,无论旅游住宿、批发零售,还是游戏娱乐、金融保险,对传统能源消耗及污染排放相对较小。在现代信息革命下,第三产业中信息产业快速发展,信息技术在三大产业和社会各领域的应用进一步深化,也对绿色发展有推动作用。因此,第三产业发展一定程度上能够缓和工业化对气候变化的加速效应,带来以环境影响为尺度下的产业结构优化。

二、工业化进程对气候变化的整体影响

在产业发展过程中,工业的能耗、物耗和温室气体排放都是最为显著的,工业化进程是影响气候变化的最重大事件和最显著因素。根据相关数据统计,自工业革命以来,大气中的二氧化碳含量增加约 40%,甲烷含量增加约 150%,其中大部分增量发生在过去 50 年之内。若以能源消费强度为度量指标,在第二产业与第三产业为主的能源消费领域中,重化工业的产出占比、能源结构、能源使用技术对能源消费强度的影响显著最高。

一般而言,工业活动中以碳排放指标为主的温室气体排放水平与能源使用紧密相关,而能源使用情况主要通过能源消费量、能源强度与能源结构等方面衡量。以我国为例,各工业部门在能源消费量与强度上差异巨大,非金属矿物制品业、黑色金属冶炼及压延加工业、有色金属冶炼及压延加工业、石油加工业、化学工业、造纸及纸制品业和采矿业等七个行业的能耗强度显著高于其他行业,在 1985—2011 年占全国能源消费总量的比重都在 65% 左右。就能源结构而言,煤炭在各类能源中碳排放系数最高,同时也是我国重工业化过程中最主要能源。2010 年以来,我国能源总消费量超过 30 亿吨标准煤,煤炭占比平均在 70% 的水平上,仅近年来有所降低,由此产生巨大数额的污染排放。相较而言,水电、核电等新能源的碳排放系数显著更低。随着工业化与技术发展,能源结构呈多样化趋势,其占比将有所提升,有利于使能源结构低碳化发展。

工业内部结构同样是影响气候变化的重要因素。全球范围内,能源部门为工业碳排

放最主要来源,其中,美国、德国等发达国家能源部门碳排放量占比超过 60%。除此之外,金属、化工、非金属矿物行业是排放的重头。就我国而言,年均碳排放量最大的行业是电力、热力的生产和供应业,其平均约占到工业各行业碳排放总量的 1/3,达 34.68%。其次分别是石油加工、炼焦及核燃料加工业、黑色金属冶炼及压延加工业、非金属矿物制品、煤炭开采和洗选业等行业,累计占整个行业的 84.82%。

从时间维度上,工业化推进过程对气候变化的影响可分解为规模效应、结构效应和技术效应。规模效应,即产业整体规模扩大,必然带来温室气体排放规模的相应扩大,是确定性的不利影响。结构效应对应工业内部结构演变,一般规律为:初期主要以劳动密集型和资源消耗型产业为主,中期以重化工业为主,后期则转变为技术密集型、高附加值产业。由于重化工业能源强度高,特别是在中国早期粗放型和外延式推进、有大量落后产能的条件下,如果控制其他变量,则结构效应会导致碳排放强度由低到高再到低。最后,从技术效应看,工业化推进伴随着技术进步,包括新清洁能源开发技术的出现、工业生产技术提高、碳封存和碳捕获等相关排放处理技术改进,从而使能源结构优化、能源利用效率提高、温室气体排放减少。一项基于中国钢铁产业的研究显示,在技术进步作用下,1994—2003 年产业能源效率上升了 60%[1]。

三、产业集聚与城市化对气候变化的影响

产业发展过程中,产业空间布局的演变同样具有一定规律性。针对中国工业的研究表明,产业集聚程度与工业增长有较强正相关性[2],外部条件中,经济开放促进了工业集聚,城市化、市场容量等因素也有利于集聚发展[3]。国外学者研究得到了类似结论。以上因素一般通过要素禀赋提升、基础设施建设、制度环境营造、社会需求扩张等途径促进尤以工业为主的产业集聚化发展。

与此同时,多项国内外对产业集聚与环境污染的实证研究发现,产业集聚可能具有环境层面的负外部性,会加剧环境污染[4]。另外,也有研究则表明它们之间的关系非线性或不确定[5]。

从作用机制上说,产业集聚对气候变化的影响同样可用规模效应、结构效应和技术效应三方面来解释:产业集聚在总体上代表着某种规模扩张,并在规模扩张中伴随技术与

〔1〕 Yiming Wei, Suggestions and Solutions to Carbon Emissions in China[J]. Advances in Climate Change Research, 2006(1): 15-20.

〔2〕 罗勇,曹丽莉.中国制造业集聚程度变动趋势实证研究[J].经济研究,2005(8): 11.

〔3〕 金煜,陈钊,陆铭.中国的地区工业集聚:经济地理、新经济地理与经济政策[J].经济研究,2006,41(4): 11.

〔4〕 Fagbohunka A. The Influence of Industrial Clustering on Climate Change: An Overview[J]. Economic and Environmental Studies, 2015, 154(36): 433-443. 张可,汪东芳.经济集聚与环境污染的交互影响及空间溢出[J].中国工业经济,2014(6): 13.

〔5〕 李筱乐.市场化、工业集聚和环境污染的实证分析[J].统计研究,2014(8): 7. 杨仁发.产业集聚能否改善中国环境污染[J].中国人口·资源与环境,2015,25(2): 7.

结构变化。

在规模层面,根据产出密度理论模型,产业集聚会通过地方化经济和城市化经济获得集聚的正外部性,带来溢出效应,使微观企业受运输成本和临近中心市场的驱动不断向中心地区集聚。于是,产业集聚表现为产出规模扩张和污染产出增加,尽管其产生的规模经济能一定程度上提高能源、资源利用效率,但总体上仍表现为对气候环境的负面影响。

在结构层面,一方面,与产业集聚相伴随的城市化意味着居民原有的生产、消费方式的转变,对能耗的要求相应提高,从而导致能源消费和碳排放的增加。另一方面,产业集聚可能优化产业结构,例如促进环保产业集群的产生和发展[1]或缓解产业同质化发展、产能过剩问题等。同时,产业集聚下地区产业结构表现出极强的空间溢出效应,一个城市的产业结构优化可以更有力地带动周边城市的污染减排[2]。

在技术层面,产业集聚引起区域内同一产业之间的竞争加剧,促使产业内企业技术的改进[3],集聚的技术溢出效应也可能增强相关清洁技术的扩散。技术效应促进能源、资源的利用效率和排污治理能力提高,上下游企业在地理上集中再加上适当的布局和整体调控可以形成合理的循环经济体系,使环境污染得到很好地控制。基于中国 25 个工业行业的实证分析证明了产业集聚及其所引致的外部性可以有效提高全要素能源效率和单要素能源效率[4]。

四、全球化与产业转移对气候变化的影响

在科技革命和经济全球化的共同作用下,传统意义上以商品贸易为基础的国际分工格局正在被打破,国际分工的方式由产业间分工向产业内部产品分工和要素分工延伸,由此使得产业在国际发生相应转移。

对于产业转移与环境影响,学者大多是基于"污染避难所假说"(hypothesis of pollution heaven)而展开研究。该假说最早由 Walter 和 Uge-low[5]提出,他们认为发达国家环境规制标准较为严格和完善,而发展中国家对环境问题不够重视,导致污染产业从发达国家涌向发展中国家,使后者成为"污染避难所"。这些理论实际上是将环境作为一种要素,认为环境规制的严格程度与环境成本成正比。根据比较优势理论,一国倾向于扩大生产其具有成本优势的产品,于是污染产业会由环境规制严格的国家转移至管制相对宽松的国家。

〔1〕　Porter M. E., Porter M. P. Location, Clusters, and the "New" Microeconomics of Competition [J]. Business Economics, 1998: 7-13.

〔2〕　钟娟,魏彦杰.产业集聚与开放经济影响污染减排的空间效应分析[J].中国人口·资源与环境,2019,29(5):10.

〔3〕　Karkalakos S. Capital Heterogeneity, Industrial Clusters and Environmental Consciousness [J]. Journal of Economic Integration, 2010: 353-375.

〔4〕　王海宁,陈媛媛.产业集聚效应与地区工资差异研究[J].经济评论,2010(5):10.

〔5〕　Walter I., Ugelow J. L. Environmental Policies in Developing Countries[J]. Ambio, 1979: 102-109.

环境库兹涅茨曲线(EKC)所揭示的变化可能大部分源于自由贸易重新安排了国际污染产业的分布,发展中国家成为污染密集型产品的净出口国,而发达国家则成为净进口国。同时,发达国家FDI会将高污染的产业或生产环节转移至发展中国家,即"污染避难所假说"。

对中国工业部门行业整体和分类行业的实证检验结果显示,贸易开放度的提高增加了碳排放总量,即贸易带来碳排放行业规模扩大。而在区分高碳行业和低碳行业的条件下,高净出口隐含碳排放强度行业和低直接碳排放行业的贸易开放度与碳排放强度之间存在倒U形的曲线关系,意味着需要一定时间进行产业结构的低碳转型和生产技术的同步提高,低净出口贸易隐含碳排放强度行业则不存在一般含义上的正的碳泄漏。

除了发达国家对发展中国家的产业转移,南南国家间贸易量也呈现显著增长趋势,以中国和印度向其他发展中国家转出为主。同时,转移原因除环境规制外,更多为基于资源、劳动等要素禀赋和成本考量的比较优势。在这一转移过程中,也存在一定碳泄漏效应[1]。

第二节　应对气候变化的产业反应与产业政策

工业化以来,由于人类对化石能源的依赖与消费增长,导致生产消费中大量的碳排放,对全球社会、经济与环境产生了巨大影响。解决世界气候与环境问题,低碳发展是根本,产业升级转型则是必经之路。在2003年,英国提出发展低碳经济后,全球范围内掀起了一股产业低碳化热潮。

一、理论逻辑框架

(一)环境外部性

外部性是指企业或个人的经济行为(包括生产与消费)对经济交易参与者以外的第三方造成的影响。从福利经济学的角度看,外部性表现为经济主体行为对其他经济主体的福利所产生的影响,这种影响可以是益处也可以是损害,而且是强制性的,因此外部性是与生产或消费有关的涉及市场外第三方的溢出效应。

由于空气、水等环境资源具有公共物品特性,长期以来人们将其无偿使用,这意味着人们可以过度利用这种资源而不承担相应成本,导致生产、消费环境资源的私人边际成本与社会边际成本、私人边际收益和社会边际收益的巨大差异,无可避免地出现"公地悲剧"。

(二)环境规制

由于存在外部性会导致环境资源的过度消耗,为了获得配置的效率,就需要政府干预来纠正环境市场失灵,即环境规制。

〔1〕　Meng J., Mi Z., Guan D., et al. The Rise of South-South Trade and Its Effect on Global CO$_2$ Emissions[J]. Nature Communications, 2018, 9(1): 1-7.

一般认为,环境规制是以环境保护为目的而制订实施的各项政策与措施的总和。对于环境规制,大致可以分为三类。

1. 行政管制型环境管制

立法或行政部门制定的、旨在直接影响污染者做出利于环保选择的法律、法规、政策和制度,主要包括为企业设定的环保标准、技术标准、执行标准等,企业必须严格遵守,否则将面临严厉处罚。

2. 市场激励型环境规制

通过制定政策法案,运用市场机制将环境损害的外部成本内化于企业和个人的决策,使污染者根据自身的利益做出制度安排,包括排污税费、补贴、许可交易制度、保证金返还等。

3. 自愿性环境规制

自愿性环境规制是指由行业协会、企业或其他主体提出的、企业自愿参与、旨在保护环境的协议、承诺或计划,包括环境认证、环境审计、生态标签、环境协议等,一般不具有强制性约束力。

（三）环境规制与产业竞争力

关于环境规制对产业竞争力的影响存在两种截然不同的观点。一种观点是环境规制导致产业竞争力受损,认为实施严格的环境规制将提高企业的生产成本而不利于其产业竞争力的提升。另一种观点认为,环境规制可以倒逼技术进步和产业升级,环境规制与产业竞争力之间是互补而不是互相排斥的关系。

1. 环境规制导致产业竞争力受损

国家执行严格的环境规制有可能使企业增加产品生产成本,使能源和碳密集产业竞争力受损,在国际竞争中处于不利地位。

反之,环境规制较宽松的国家会增加环境敏感产品生产的比较优势。在此基础上部分经济学家提出了污染产业转移假说、污染天堂假说和向底线赛跑假说等理论。

（1）污染产业转移假说。由于发展中国家的人均收入低于发达国家,环境规制水平较低,在自由贸易和投资的情况下,污染密集型产业会由环境规制严格的国家向规制松弛的国家转移,导致发展中国家污染密集型企业飞速发展。

（2）污染天堂假说。国家间规制水平的不同使得发展中国家在"污染类"产品生产上具有比较优势,而发达国家在"清洁类"产品上具有比较优势。国际分工与自由贸易促使发展中国家"被迫"生产"污染类"产品,从而加速发展中国家自然资源的损耗和过度开发。而发达国家通过从发展中国家进口高污染产品避免了本国污染,缺乏减少污染型产品消费的动力,世界总污染水平提高。同时,发达国家与发展中国家的收入分配差距越来越大。

（3）向底线赛跑假说。在自由贸易下,各国为维护本国竞争力,可能有降低环境标准或放松环保规制的冲动,以吸引投资和扩大出口,出现所谓"向底线赛跑"现象,甚至出现"生态倾销"。

2. 环境规制倒逼技术进步和产业升级

一国实施严格的环境规制意味着新利润机会的出现,本国产业率先发展与环境更兼

容的创新技术、生产工艺等,将导致其实现升级,在环境友好型产品生产上具有比较优势。所以,环境规制一方面增加了企业和产业面临的限制条件,另一方面也给予他们改革的动力。

(四)产业结构低碳化

1. 低碳技术创新

熊彼特 1912 年在其著作《经济发展理论》中提出,所谓创新就是要"建立一种新的生产函数",将之定义为一种从来没有过的生产要素和生产条件的"新组合"。弗里曼[1]认为,技术创新就是新产品、新过程、新系统和新服务的首次商业性转化,导致新产品的市场实现和新的技术工艺可装备在生产中的应用。

技术创新关系到社会、经济、技术、政策等各个方面,无疑是个复杂的系统工程。作为低碳技术创新,其动力机制则主要包括市场机制、技术推动以及政策激励三个方面。

2. 产业低碳化

这是指利用节能减排、清洁高效利用、碳捕捉与存储等低碳技术和手段对传统产业尤其是高碳产业进行的改造和升级,包括石油、化工、钢铁、水泥、电力、建材和交通等产业。

3. 低碳产业化

这是指随着低碳技术的出现以及在经济中的应用使得包括清洁能源、节能减排、环境保护等相关的低碳产业出现,并获得快速发展。

在经济减碳化过程中,需要对传统产业就行改造升级,一些产业经过改造之后实现了零碳排放或者低碳排放,则可以被视作低碳产业;一些产业由于生产经营特点决定其必然有较高的碳排放,则需要有专门的企业为社会提供专业的减碳服务,从事碳减排、碳捕捉与利用以及吸收等方面的生产性服务,避免各个企业自行减排导致的规模不经济。

低碳产业是通过采用低碳技术,对外提供以低能耗、低污染、低排放为特征的产品与服务的产业,主要包含以下四类:一是环保产业,如污水处理、固定废弃物的处理;二是节能产业,如工业节能、汽车节能、建筑节能、节能材料等;三是减排,如余热回收、余热循环、余热发电等;四是清洁能源,包括其衍生出的金融产业。

二、应对气候变化的产业反应

(一)能源行业

能源行业是处于适应气候变化一线的资本密集型行业。大量证据表明,该行业已经感受到气候变化的影响,并在长期决策中考虑气候变化。例如,由于线路凹陷和变压器故障,较高的温度会降低传输能力。此外,随季气温的升高,人均天然气需求普遍下降。

(二)电力行业

采用清洁能源技术是电力部门缓解和适应气候变化战略的关键组成部分。在可再生

［1］ Freeman R. E., Reed D. L. Stockholders and Stakeholders: A New Perspective on Corporate Governance[J]. California Management Review, 1983, 25(3): 88-106.

能源发电技术中,太阳能光伏发电在过去十年中获得了出乎意料的主导地位。与化石燃料相比,太阳能光伏发电技术在一些地区已经实现了电网平价,但在世界范围内,它仍然不是一个完全具有成本竞争力的替代品。其中中国光伏产业为太阳能光伏在全球的迅速降低和推广做出了巨大贡献。

电力部门不仅需要考虑如何适应气候变化,还需要考虑如何防止气候变化。由于降雨水平的变化、水温和气温的升高、暴风雨和停电的强度和频率的增加,都将给发电效率和电网的容量带来更大的压力。

(三) 保险业

普华永道 2007 年对来自 21 个国家的 100 名保险业代表进行的调查显示,气候变化是第四大问题,自然灾害排在第二位。2008 年,安永对全球 70 多位保险业分析师进行了调查,以确定该行业面临的十大风险,气候变化被评为第一大风险,其余十大主题(如灾难事件和监管干预)中的大部分也因气候变化而复杂化。

随着气候变化的影响越来越受到关注,保险公司将加大对这一问题的关注和投入。可获得性和可承受性将继续经受考验,各方将继续寻求保险公司披露气候风险,包括承销和资产管理问题。其中企业风险管理将日益被视为应对气候风险的一个有价值的框架。随着保险公司举措规模的不断扩大,弥补知识差距的必要性将变得更加明显。保险公司将需要更多地参与广泛领域的研究,包括气候建模和灾难建模的构建,探索"低碳"技术的风险概况,以便为承保和公共政策提供信息。

对保险业而言,气候变化是新风险,也是新的机遇。为了避免气候变化带来的最严重的物理影响,世界将需要大幅改变其生产和消费能源的方式。保险公司认识到,通过为能源用户或清洁能源服务提供商提供创新产品和服务,是发展新的利润核心的巨大机会。保险公司也可以利用他们的核心能力,提供新的服务来评估和减轻气候风险。另外,在许多方面,人们越来越认识到绿色技术、碳补偿等承诺和实际表现之间的潜在差距,这将在催生新的更好的产品和服务的同时,对保险公司的"绿色"索赔产生阻碍。

(四) 钢铁工业

钢铁工业是全球二氧化碳排放的最大来源之一。然而,对工业化国家的排放征收碳税将导致钢铁生产转移到非工业化国家,而且由于这些国家的排放强度相对较高,对总排放量的影响不明确。

Lars Mathiesen 和 Ottar Mæstad 利用钢铁行业的局部均衡模型,发现通过工业化国家钢铁厂内部的要素替代,钢铁行业的全球排放量有可能大幅下降。首先,在工业化国家和全球范围内,用废铁代替生铁有助于更大程度地减少排放。第二,对废品的替代推动了废品价格的上涨,导致对低污染和废品密集型生产技术的替代低于仅基于相对排放强度的预期。钢铁生产的重新分配意味着钢铁产品运输量的增加,而铁矿石和煤炭向钢铁生产的运输量的减少超过了增加量。因此,与钢铁工业有关的海运排放量也会由此明显减少。

(五) 建筑业

对气候变化与建筑环境之间关系的审查表明,建筑行业在缓解气候变化和实现可持续发展目标方面具有巨大潜力[1]。

在建筑层面,最重要的减缓气候变化措施是提高现有建筑存量的能效。Nydahl 等人[2]强调,如果在分析中包括缓解生命周期温室气体排放的未来成本降低,则各种能源改造措施的评估可能会成为财务上合理的投资。气候变化还将影响个人和家庭用于建筑供暖和制冷的收入。根据 Olonscheck 等人[3]的研究,如果气温上升 2%,全球能源净使用量将增加 0.1%。如果用户试图保持相同的热舒适水平,他们将在能源上消费额外的收入份额[4]。

建筑行业的深度和快速脱碳需要减少能源需求和整合可再生能源,而建筑物的能源改造是一种有效的方法。而在城市快速增长的发展中国家,重点应放在战略和政策制定上。

(六)旅游业

由于旅游业与环境和气候本身有着密切的联系,因此与农业、保险、能源和交通运输业一样,旅游业被认为是一个脆弱且对气候高度敏感的经济部门,很容易受到气候环境变化的影响;例如环境的污染破坏或生物多样性的丧失。

此外,旅游业也加剧了全球环境问题。例如,乘飞机旅行需要大量的化石燃料并将温室气体释放到大气中。根据世界旅游组织环境署气象组织的资料,旅游业的排放,包括运输、住宿和其他活动(例如不包括用于建筑和设施的能源),约占全球二氧化碳排放量的 5%。

旅游业气候战略的总体目标应是发展低碳旅游业。旅游业的所有利益相关者:运输交通、住宿、旅行社、游客和旅游景点都有减少温室气体排放的巨大潜力。

三、应对气候变化的产业政策:国际比较

(一)欧盟

欧盟的气候适应政策是分阶段推进的。大致包括两个阶段。第一阶段(2005—2008年)为规划阶段。2007 年 6 月欧盟出台《欧洲适应气候变化绿皮书:欧洲行动选择》详细列出了欧盟适应行动的架构。第二阶段(2009 年以后)为落实推进阶段。2009 年 4 月发布了《适应气候变化白皮书:欧洲行动框架》,提出了 4 个支撑框架。2013 年 4 月又出台了《欧盟适应气候变化和一揽子计划》提出了三大目标:促进各成员国的行动、更好地知

〔1〕　Andrić I., Koc M., Al-Ghamdi S. G. A Review of Climate Change Implications for Built Environment: Impacts, Mitigation Measures and Associated Challenges in Developed and Developing Countries[J]. Journal of Cleaner Production, 2019(211): 83-102.

Kristl Ž, Senior C, Temeljotov Salaj A. Key Challenges of Climate Change Adaptation in the Building Sector[J]. Urbani Izziv, 2020, 31(1): 101-111.

〔2〕　Nydahl H., Andersson S., Astrand A. P., et al. Including Future Climate Induced Cost when Assessing Building Refurbishment Performance[J]. Energy and buildings, 2019(203): 109428.

〔3〕　Olonscheck M., Holsten A., Kropp J. P. Heating and Cooling Energy Demand and Related Emissions of the German Residential Building Stock Under Climate Change[J]. Energy Policy, 2011, 39(9): 4795-4806.

〔4〕　Clarke L., Eom J., Marten E. H., et al. Effects of Long-Term Climate Change on Global Building Energy Expenditures[J]. Energy Economics, 2018(72): 667-677.

情决策和不受气候变化影响的欧盟行动。这些政策规划为欧盟各成员国的气候适应行动提供了指导方针和具体方略,提高了欧盟整体应对气候变化的能力。

减缓气候变化政策主要包括排放交易政策、碳捕获与封存政策、可再生能源政策、能源效率政策和交通运输领域的政策。

欧盟于 2003 年 10 月以指令(Directive 2003/847/EC)的形式公布了 ETS 机制,即欧盟碳排放交易系统,2005 年 1 月开始运转。ETS 是世界首个温室气体排放配额交易市场,也是世界上最大的交易体系,包括能源、冶炼、钢铁、水泥、陶瓷、玻璃、造纸、化学产业、航空与航运等排放产业。

欧盟的可再生能源政策始于 1997 年的《可再生能源白皮书》,此后公布了一系列针对性的可再生能源指令。1997 年,欧盟在《共同体战略与行动白皮书》中提出,到 2020 年使可再生能源发电量达到欧盟电力供应总量到 22.1%。风能发电在欧盟发展最为成熟,太阳能与水电次之。

(二) 德国

FIT 是气候政策最常见的工具之一,旨在向可再生能源发电厂商保证一个高于市场价格的固定价格。这种长期定价减少了商业上的不确定性,增加了可再生能源部署的动机。德国政府对此保证了 20 年的政策持续性,使得风险大大降低,创造了一个稳定的投资环境,资本市场愿意以相对较低的利率为可再生能源项目提供资金。

这种政策在德国的风力发电行业起到了显著作用,但在太阳能发电方面则差强人意。1990—2010 年,德国占全球风能技术的 21%,而太阳能光伏发电技术专利仅占 12%。2012 年,太阳能和风能分别创造了 38 万个可再生能源就业机会中的 54% 和 23%。太阳能产业表现差的主要原因是来自中国的竞争和产业政策的不宽松。与德国相比,中国在人工成本方面具有优势,且有相对更低的信贷利率与更高的额度,中国制造商是德国上网电价创造的市场的受益者。

值得注意的是,由于可再生能源发电量比预想中的要高,电力供应过剩导致电价大幅下跌。这使得可再生能源在德国的快速部署没有导致温室气体排放量的降低,而是维持不变。欧盟碳排放交易市场的低投入价格和低碳排放价格加剧了这种情况。

Energiewende 案例表明,尽管气候变化政策工具对于支持可再生能源很重要,但从绿色产业政策的角度来看,这些工具可能还不够,因为绿色产业政策要求更加注重创新、创造就业和竞争力,特别是对于新生的可再生能源部门。Lütkenhorst 等人[1]从德国能源系统的大局出发,提出了三点建议:第一,德国的机构框架是多层次的,尽管它的声誉很好,仍需要在政治上有效地集中解决问题。第二,绿色政策必须与其他政策相互作用,

〔1〕 Lütkenhorst W, Pegels A. Stable Policies — Turbulent Markets. Germany's Green Industrial Policy: The Costs and Benefits of Promoting Solar PV and Wind Energy[J]. Lütkenhorst, Wilfried and Pegels, Anna (2014): Stable Policies — Turbulent Markets. Germany's Green Industrial Policy: The Costs and Benefits of Promoting Solar PV and Wind Energy (January 2014). International Institute for Sustainable Development Research Report. Winnipeg: IISD, 2014.

包括欧洲层面的政策,避免重复,努力实现共同目标。第三,务实地与不同的利益相关者结成联盟。

(三) 荷兰

Kemp[1]将荷兰从 2002 年开始实施的方案精神称为"指导性演变"。Kemp 和 Never[2]将荷兰方法定义为系统的绿色产业政策。荷兰分阶段引入绿色科技的方法考虑了整个能源系统。为了实现其目标,荷兰经济事务部和环境部紧密合作,共同参与管理框架计划。该框架包括建立几个不同的过渡平台,起草行动计划和不同方案。正如 Kemp 概述的那样,这一进程的设计是为了使"来自私营部门和公共部门、学术界和民间社会的个人走到一起,为特定领域制定共同的目标,开发路径,并确定有用的过渡实验"。这些实验包括技术支持的研发项目和专业知识网络的创建。

(四) 丹麦

同德国类似,丹麦也是全球风能发电的先驱。从 20 世纪 70 年代开始,丹麦的风力发电企业从家族企业转变为世界领先的合作型产业。这种发展是由热心人士自下而上推动的。Mendonça 和 Lacey[3]将这一结构与"创新民主"的理念联系起来。这种方法的特点是结合自下而上和自上而下的途径,包括私营和公共部门,民间社会活动家和非政府组织。两套政府政策进一步促进了丹麦风能工业的发展。丹麦政府实施了几项上网电价计划,从 20 世纪 80 年代到 21 世纪初保持相对稳定。此外,研发和投资补贴对风力涡轮机的生产和部署产生了积极的影响,Klaassen 等人[4]就证明了这一点。这突出了政策工具平衡组合的重要性,特别是需求拉动和技术推动绿色产业政策工具之间的相互作用。

(五) 日本

在产业方面,日本的经济产业省是主要负责者。2016 年 7 月,经济产业省启动了由工业界,政府和学术界组成的"长期全球变暖对策平台",讨论了 2030 年后减少长期温室气体排放的措施。日本决定长期低排放发展战略是基于"国际贡献""产业/企业全球价值链"和"创新",国家、企业、公民采取尽可能的自主减排方式,并通过与其他国家合作实现这一目标,从而为应对全球气候变化做出贡献。

2013—2021 年,日本经济产业省主导实施运营 J-credit 制度。J-credit 制度是国家通过引入节能设备和利用可再生资源以及森林管理来获得减排信用额度的制度。通过信贷促进低碳投资,从而减排。该制度允许政府向企业办法温室气体减排信用,企业可以用获

---

〔1〕 Kemp R. Eco-Innovation: Definition, Measurement and Open Research Issues[J]. Economia Politica, 2010, 27(3): 397-420.

〔2〕 Kemp R., Never B. Green Transition, Industrial Policy, and Economic Development[J]. Oxford Review of Economic Policy, 2017, 33(1): 66-84.

〔3〕 Mendonça M., Lacey S., Hvelplund F. Stability, Participation and Transparency in Renewable Energy Policy: Lessons from Denmark and the United States[J]. Policy and Society, 2009, 27(4): 379-398.

〔4〕 Klaassen G., Miketa A., Larsen K., et al. The Impact of R&D on Innovation for Wind Energy in Denmark, Germany and the United Kingdom[J]. Ecological economics, 2005, 54(2-3): 227-240.

得的减排信用进行交易。此外,企业获得的信用还可以广泛使用于抵消碳排放。

经济产业省下的产业技术环境局还积极促进减排技术的开发,重点开发二氧化碳捕集与封存(Carbon Dioxide Capture and Storage,CCS)技术。不仅如此,产业经济省还积极促进环保企业和环保技术的商业运营帮助相关企业推广产品,使企业实现减排产品的收益。认识到日本有先进的节能减排技术,这些技术可以转移到发展中国家,帮助这些国家适应气候变化,因此日本企业有巨大的海外市场。

非政府组织方面,日本产业界以经团联为中心参与气候治理,其在日本经济发展中发挥重要指导作用,可谓日本的"财界大本营"。经团联的活动分为两个时期。20世纪50年代到80年代的"公害"时期,经团联虽然维护政府针对各种污染的法律措施,但更多考虑企业利益,尽量避免企业因环境治理蒙受损失。20世纪80年代以后,随着社会对环境问题的重视程度提升,经团联也逐渐改变了环境治理造成经济损失的观点,在1991年4月通过了《地球环境宪章》,并明确提出10个具体事项。根据经团联的指导,日本企业参与全球气候和环境治理是世界范围的典范。企业对环境相关法律高度重视,且日本引入ISO14000标准和《生态行动21》等环境管理体系。此外,外部环境也从生产端到消费端进行了环保理念升级。大多数企业采取降低成本的3R原则,即减量化(reduce)、重复性(reuse)、循环性(recycle)。

此外,日本现有约100个环境非政府组织实施国内外环境治理的推动工作,促进社会及市场的独立与主动性。

第六章　企业的气候投融资管理

第一节　企业制定气候战略的三重动力

随着应对气候变化的重要性与紧迫性日益加剧,积极将气候属性纳入公司治理对企业而言愈发显现出必然性。对于企业而言,其制定气候战略的驱动力来自三个方面:第一,在各国政府基于全球温升控制的共同愿景而制定的碳达峰、碳中和目标下,企业需应对并达成相应的履约目标和义务,这是企业所面对的底线合规性要求;第二,在利益相关方(品牌、客户和投资者等)要求下,企业有进一步完善经营策略、制定超出履约要求的目标和行动方案的驱动力;第三,企业从自身中长期战略布局出发,提前布局绿色转型或将应对气候变化作为长期价值投资新标的,创造新一轮的企业成长周期。

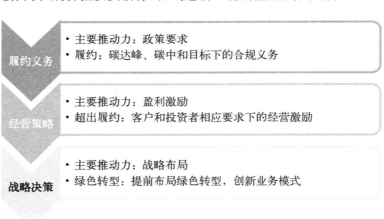

图 6-1　企业制定气候战略的驱动力

一、企业的履约义务

首先,企业应对气候变化的履约义务来自外部政策环境的变化。从国际大环境来看,零碳正在由全球政治共识具体化为各国的政策目标。2015 年,国际社会达成《巴黎协定》,提出到 21 世纪末将全球温升控制在 2℃甚至 1.5℃以内的愿景,强调全球碳排放尽快达峰的必要性,同时设定在 21 世纪下半叶实现净零碳排放的具体目标。在《巴黎协定》所制定的全球目标体系的推动下,各国碳减排行动力度不断加强,具体表现为碳减排量化目标的更新提升以持续对标零碳的全球长期目标。到 2020 年底,已经有 30 个国家通过政策宣示乃至立法提出了碳中和目标,将碳中和转化为国家战略;而国家层面的净零承诺则已经涵盖了全球近三分之二的碳排放量。由此可见,各国已经将气候问题摆放在贡献全球环境治理的重要位置,且对该问题及其落实日益展现出更密切的关注。中国一直密切关注气候问题,部署气候目标。中国在第 75 届联合国大会上向国际社会做出宣告,力争二氧化碳排放在 2030 年前达到峰值、2060 年前实现碳中和。

其次,国家和地区气候目标的制定将会推动落实进一步的分行业、分地域的分解目标和行动,成为与企业直接相关的控排、减排与转型要求。

具体来看,我国成立了国家应对气候变化和节能减排工作领导小组,也在五年规划中公布了控制温室气体排放的工作方案,将目标分解到各地区和主要行业,细化到省级、市级和县级行政单位;各减排重点对象也已经完成初步路径的规划设计。各省市积极布局"碳达峰"目标。全国已有近 20 个省、自治区、直辖市将实现"碳达峰"作为当前和未来的一项重点工作,并将其纳入政府工作报告中,另有 80 余个低碳试点城市研究提出达峰目标。各重点排放行业也积极响应。石油、化工、煤炭、钢铁、电力、汽车、环保、交通等行业,都推出指导意见、签订行业宣言或专项行动计划,宣布各自的"碳达峰""碳中和"计划和路线图。重点企业积极采取行动,国家电投、中国海油、中国石化和国家能源集团等都迅速开展顶层设计和技术攻坚,助力脱碳行动。

同时,部分企业也已被纳入碳排放交易体系中,需考虑其发放的碳配额指标。碳交易是碳定价的一个重要方式,目前,我国已经将碳排放权交易作为实现碳减排目标的重要手段。2013 年起,我国先后在深圳、上海、北京、广东、天津、湖北和重庆等 7 个区域开展碳排放交易试点。全国碳市场第一个履约周期于 2021 年 1 月 1 日正式启动,且《碳排放权交易管理办法(试行)》已经由生态环境部审议通过并自 2021 年 2 月 1 日起试行,首批发电行业 2 225 家重点排放单位将被纳入全国碳市场并开展碳排放权交易。这些试点区域和发电行业将被分配碳排放配额,这些配额可视为每家企业的"履约目标"。企业的实际排放量如果超出配额部分,将需要到交易市场采购差额部分,这是通过市场机制促进履约的一种方式。

在此现状下,我们可以预期与此相适配的控制温室气体排放工作方案和碳交易将涵盖更广泛的地域和行业,对经营主体提出更高标准、更具约束力的刚性经营红线。由此可见,为继续进行合法合规的经营活动,企业需尽快着手布局气候战略,满足各项政策规章的要求。

二、企业的经营策略

企业一直是应对气候变化变革中最为关键的力量。除强制的履约目标外,越来越多的行业和企业因其自身和利益相关方的要求加入自愿减排的行列中来,采取务实行动更加积极主动地应对气候变化。

(一)品牌要求

从企业成熟度的角度来看,各大企业已经结束片面追求市场扩张和销量增长的发展阶段,而是更加注重增强企业生命力,实现可持续化发展。同时,品牌企业在消费者和行业中的影响力不可小觑,因而也应发挥更多的引领作用和示范价值。

世界 500 强企业是推动碳中和和零碳发展的重要力量。自《巴黎协定》后,500 强企业的自愿减排承诺意愿明显增强[1],目前,苹果、微软、BP 和亚马逊等跨国企业都已提出了早于 2050 年的净零排放计划。中国企业在国家提出 2060 年碳中和目标之后,也纷纷提出将碳达峰和碳中和作为企业发展的战略目标,并制定比履约义务更富雄心的路线图和时间表。国家电力投资集团宣布到 2023 年实现碳达峰,截至目前清洁能源装机占比已经过半。国家电网积极拓展综合能源服务模式,坚持绿色发展。国家能源集团、中国国新联合发起国能新能源产业投资基金,主要投资方向为风电、光伏以及氢能、储能、综合能源等。17 家石油和化工企业、园区以及石化联合会共同发布碳达峰与碳中和宣言。互联网公司腾讯宣布启动碳中和规划,并大步推进技术在产业节能减排方面的应用。

(二)供应链一致行动

企业除了实现自身履约并且达成更高的自愿减排目标外,一些在供应链上具有话语权的核心企业对其上下游的供应商也提出了进一步的要求,设定覆盖供应链的减排目标。对于核心企业而言,需要对供应链上下游进行更多的温室气体减排行动的引领、推动和管理;而对于供应链的上下游供应商而言,因其大多数属于中小企业,有可能原来未被涵盖在政府的履约目标中,但现在通过核心企业的要求,需要其在提供产品和服务的同时,提供额外附加的减排信息和减排行动。因此,无论对核心企业还是链条上的企业,都提出更高的要求。

供应链减排逐步被重视的驱动力是其将极大程度地扩大商业领域的减排力度。从点到链,可以有效覆盖长尾效应中的大多数边际企业,使其参与到减排行动中。处于供应链上下游的中小企业,其单体减排贡献虽然无法与核心企业比拟,但其庞大的企业数量所贡献的总体减排空间是不容无视的。此外,产业链的一致行动目标,也有助于其提升减排的效率,产业间形成联动,可进一步创造降低减排成本的机会,并增加良性互动。

(三)利益相关者的推动

金融行业所扮演的"助推器"角色正在并且将持续参与到应对气候变化的行动中。金融监管者和投资者正逐步提高企业气候风险分析和可持续评估的标准,而一些企业也已经积极主动地参与到评估和信息披露过程中。企业一方面是为了回应投资者和资本提供者要求,同时也因为坚实的气候风险管理能为打造更有韧性的企业铺平道路,更能为可持续的产品和服务打开全新的市场。

首先,对于金融机构而言,气候风险已逐步成为风险评估及管理需关注的环节。根据国际清算银行的定义,"绿天鹅事件",也称为"气候黑天鹅事件",是指气候变化引发的对金融市场构成系统性威胁,造成颠覆性影响的极端事件。为此,金融监管机构、上市公司和金融机构鼓励与气候变化相关的信息披露并进行气候风险分析。气候风险主要分为物理风险和转型风险两类。物理风险是由于大气中温室气体浓度增加造成气候变化引起的。它可能会不同程度地影响企业的财务状况,并进而影响财务绩效,从而为那些融资的

---

〔1〕 https://www.carbonneutral.com/pdfs/The_CarbonNeutral_Protocol_Jan_2021.pdf.

企业或投资部门带来风险。而转型风险是社会在应对气候变化以及向低碳经济转型过程中存在的风险，可能涉及广泛的政策、法律、技术和市场变化等。并且，风险增加的确定性督促着金融机构采取行动以更好地了解这些风险如何影响他们。因此，企业需要面对来自金融机构不断增强的气候风险评估和报告要求。

同时，金融机构也正向激励着更多的企业采取更负责任、更可持续化的经营策略。全球范围内，联合国负责任投资原则组织（UN PRI）各签约方管理的资产规模在 2020 年超过 100 万亿美元，在 2015 年的基础上增加了 75％。自 2006 年起，UN PRI 提供了一种自愿式框架，指导投资者将 ESG（环境、社会和治理）因素纳入其决策和股权投资过程。大多数大型国际资产管理机构都是 UN PRI 的签约方，他们已经加大了和在中国香港以及纽约上市的高市值公司的合作力度，并提高了对 A 股市场中小市值企业的投资份额。在此过程中，他们正将 ESG 问题 纳入投资决策的考量范围。与此同时，越来越多的中国资产所有者和资产管理者正在加入 UN PRI，该组织进行了重新设计，并于 2020 年 11 月发布了新的报告框架，以更好地体现其签署者的 ESG 实践[1]。企业 ESG 指标有助于引导资本流向，帮助监管者及时决策，也能帮助客户做出科学的供应链管理决策，从而促进可持续增长。

由此可见，在履约义务的底线要求之外，企业也会面临来自自身及其经营利益相关者更高标准的减排及可持续发展的要求。

三、企业的战略决策

除了有来自履约义务和经营策略调整的驱动力外，一些企业还需从顶层战略决策出发，考虑气候变化对于行业周期规律和投资前景的影响。

在《巴黎协定》温控目标下，减少传统的化石能源尤其是煤炭的使用变得格外重要。多边金融机构和各国都在制定相关政策促进经济的低碳转型，核心是限制煤炭等化石能源的使用，鼓励可再生能源的使用，如亚投行已正式宣布不会为任何火电厂或涉煤项目提供资金。对于中国而言，煤炭消费仍占据能源消费结构的主体地位。虽然逐年下降，但煤炭在我国一次能源消费中占比还在 60％以上。大面积、短时间撤出煤炭不符合国情。但对身处传统能源行业的企业和投资机构而言，势必会影响行业的周期规律和市场规模，考虑采取渐进性、引导性和系统性的战略转型是较为务实的办法，需坚持将降碳进程与转型升级相统筹。

同时，气候变化不仅带来转型的挑战，也蕴含着广阔的投资机遇。随着零碳目标日益落到实处，零碳产业已经成为各国市场长期价值投资的新风向。对中国而言，在碳中和目标下，零碳能源转型意味着能源供给和消费方式的重大转变，更高质量的经济发展将由总量更低、结构更优化的能源体系来支撑。这将在包括再生资源利用、能效、终端消费电气化、零碳发电技术、储能、氢能和数字化在内的多个领域催生巨大的投资市场。根据国家发改委能源研究所的分析，中国为实现碳中和目标，未来三十年仅在能源相关基础设施建设领域的投资规模就将达到 100 万亿元，企业可以凭借"东风"大有可为。

---

〔1〕 https://cn.weforum.org/reports.

许多企业已经察觉到这一重大机遇,并通过上调自身气候战略重要程度来为进军这一蓝海市场布局。提前思考在零碳能源转型契机下企业在未来的发展方向,并将之体现在其后战略目标的设定上。来自履约义务、经营策略及战略决策的三重动力将有效推动企业将气候属性纳入公司的定位和战略发展中。与此同时,企业需考虑如何强化应对气候变化领域的公司治理,增强内部能力,对接构建外部资源,以落实气候战略的具体行动。

第二节　气候战略所需的公司治理

应对气候变化需要企业在其内部完善公司治理,系统性地将气候战略、管理职能以及方法路径合为一体,以便富有成效地进行气候目标的识别与制定,以及进展的跟踪与分析,达成各项应对气候变化工作。

一、组织机构和管理职能的完善

应对气候变化工作对内涉及多部门、多职能的协同合作,对外需面对政府、金融机构等多种不同利益相关方的要求。因此需要建立一套完整的组织架构,从上到下包括强有力的管理决策层的参与,以及多部门组织职能、权责的清晰划分和界定。另外,为使它能够高效运转,还需要梳理整套流程,并建立机制汇总和分析在其中流转的信息、数据及文件。

首先,管理决策层的支持是确保气候战略取得成功的首要和关键因素。无论最初的动机是来自履约、投资者期望、监管要求或是长期价值创造的愿景,管理决策层的支持都是开展应对气候变化工作的第一步。一旦将气候战略列为一项重点工作,企业领导者就必须向企业的各层各级传达他们的支持,建立高度统一的一致性行动目标,并配置相应的资源和建立相应的制度,支持报告和跟踪绩效评估。

其次,与传统环境和EHS职能不同的是,应对气候变化工作在具体执行层面需要覆盖多方面内容,其涉及政策、技术、资金等多种因素并需落实在企业日常运营管理中。这些工作在企业内部往往无法由单一部门独立完成,需要多职能部门的协同合作以及一整套完善的执行团队进行统筹管理。而贯穿其中、便于沟通的流程及机制是跨部门高效合作的前提。

优质的管理为企业制定气候战略目标和达成行动提供踏实的底气和坚实的基础,使得企业制定的愿景不是空中楼阁,而是切实可行的方案。

二、方法路径

企业依据其所处的不同发展阶段和所面向的不同驱动力,会订立不同的气候战略。这些气候战略会有目标、时间线、覆盖领域的区别,但其方法路径可主要归纳为以下三步:第一,完善底层体系建设和管理,摸清企业现状;第二,定性、定量分析气候目标;第三,制定气候战略及实施路径。下文将分别讨论这三个环节如何形成有机循环,从而推动企业的气候工作。

（一）完善底层体系建设和管理，摸清企业现状

首先，企业需要建立有效的温室气体排放数据收集、核算和披露机制，来了解自身既有的排放水平。

数据的收集是整个机制中最基础的部分，也是需要企业优先关注、完善和强化的部分。企业的数据收集基于硬件支持和软性管理两个方面。硬件支持指企业需要理清、收集哪些温室气体排放源原始数据，这些原始数据来源于哪些表计或者凭证，企业是否具备这样的硬件基础以收集、整理这些数据；软性管理指的是这些数据在企业内部进行怎样的流转、汇报以便进行定期的汇总和分析，这需要依托组织架构并明确相应的制度。

其次，获得原始数据后，需要依托相应的核算方法学，将原始数据转化成企业的温室气体排放清单，从而识别企业目前的温室气体排放水平。核算方法学已经相对成熟且规范，主要基于世界资源研究所发布的温室气体核算体系（Greenhouse Gas Protocol）。

该体系是目前国际最为通用的温室气体核算工具和方法学，是参考了全球政府、企业、非政府组织和学术机构的意见所开发的一系列标准、指南和工具。基于其方法学框架，各国政府或相关机构开发出一些区域性、行业性更为适用的标准和方法。如中国发布了《关于印发"企业温室气体排放报告核查指南（试行）"的通知》（环办气候函〔2021〕130号），进一步明确纳入碳交易的履约企业的类型、数据核算的要求等。此外，部分考虑提升经营策略的品牌和供应链核心企业也会开发软件工具供企业自身或整条供应链进行上报及核算。

最后，是披露环节，可分为自愿披露和强制披露两种。履约部分的披露主要指面向政府的强制披露内容，纳入政府履约目标的企业，都需要向其定期汇报披露温室气体排放情况。如碳交易，企业需要登录政府平台进行数据上报并接受第三方机构的审核。自愿披露则指企业为完善经营策略和战略布局而主动进行的数据披露。目前，自愿减排的数据主要经由第三方数据库和信息平台进行披露，如碳披露项目（Carbon Disclosure Project，CDP），其是非营利性质的国际组织机构平台，致力于推动企业和政府减少温室气体排放，保护水和森林资源。CDP 代表多个机构投资者和主要采购商，要求世界上各大公司提供有关气候风险和低碳机遇的信息，从治理、风险和机遇、商业策略、目标、排放数据、能源、碳定价等十四个方面衡量企业环境风险的披露、环境意识和管理的全面性，并提供相应的CDP 评分标准。品牌通过与 CDP 合作，要求供应商披露他们对环境的影响，从而进一步了解所处供应链上的环境风险、气候目标和减排节能成效，确保品牌商品采购的可持续性和弹性。

（二）定性、定量分析气候目标

基于搜集整理的数据，企业在了解自身排放水平的基础上，需要密切跟踪政策变动，以及响应其他利益相关方的要求，确保符合履约的要求或达成更好的市场预期。据此，企业设定气候目标时应考虑采用先定性、再定量的分析方法。

首先，从定性的角度，企业的目标分为强制目标和自愿目标两种。强制目标主要是应对各项履约义务，而自愿目标是从企业自身和利益相关方要求出发而设置的更为积极主动的行动要求。

对企业而言,强制目标更为明确,需关注政策所涉及的具体指标。自愿目标的设定相对灵活,需要考虑企业排放现状和发展规划,制定短期行动方案或中长期战略。目前行业先行者通常采用的是科学碳目标(SBTi)和碳中和两种气候目标。科学碳目标指根据最新的气候科学制定企业个性化的长期减排目标,以实现"将全球气温升高控制在1.5℃以内"的目标;碳中和则指企业在规定时期内二氧化碳的人为移除量抵消排入大气的二氧化碳人为排放量。两种气候目标都致力于支持经济脱碳的长远目标,且不互斥。但两种目标对企业的减排要求和时间要求有不同之处。科学碳目标致力于实现《巴黎协定》中全球气温升高限制在1.5℃及以下的目标,并未向企业提出碳中和或净零排放的强制要求。企业作为参与者只需在科学指导下尽己所能即可。碳中和则针对二氧化碳提出更严格的要求,制定了碳中和目标的企业需要积极应用有关清除技术对自身排放的二氧化碳进行清除;若仍存在实在无法清除的二氧化碳排放,则需通过碳信用购买、植树造林等形式进行等量"抵消"。此外,两者的时间框架也有不同。科学碳目标对中期(5～15年)时间框架的要求较高,参与者需要严格按照计划实施,并定期根据最新气候科学进行校正;而碳中和目标在时间上具有较大的灵活性,可以由企业自己调控步幅和步频,逐渐向碳中和靠拢。需注意的是,这两种目标实质上是兼容并包、相互促进的,企业可以同时设定其中的一个或多个目标,并随着实践推进逐渐将重心向更高的目标转化。例如,企业可以制定科学碳目标,并同时设立碳中和目标,在力所能及的范围内尝试通过碳清除来解决剩余排放问题。

在定性了解强制目标和几种自愿减排目标的区别后,企业需要明确自身的势态,研究行业以及企业的内部性、外部性情况,判断利弊趋势,进一步定量分析目标类别。企业内部定量分析的目的是帮助企业识别自身重点的排放环节和预测企业的排放趋势。企业基于有效的温室气体排放数据收集、核算和披露机制可识别自身的排放现状,内部可进一步将这些基础数据分类汇总,形成针对不同区域、不同业务等更细维度的数据分析,从而帮助企业更好地梳理其排放的重点环节,并可结合自身业务发展的规划,预测企业的未来排放走势。接下来需要进行的是差距分析,将企业自身的数据与各种外部性的强制目标或自愿目标进行对比,两者的差值即是企业控排或减排的量化目标值。

企业在设定气候战略之初,往往会进行几种减排目标和排放情景预测的对比分析。同时,也可通过行业对标、区域对标、法规对标这样一些手段和过程,从而为后续选择和制定具体的气候战略和实施路径提供参考依据和分析基础。

(三)制定气候战略及实施路径

企业在面对几种减排目标和排放情景预测时,应结合具体的实施路径,进行最终气候战略的选择和决策,从而确保其可行性与有效性。实施路径包括明确的时间表、措施及目标,以及透明的跟踪披露机制。不同的实施路径涉及不同的资源投入和能力搭建。企业需充分考虑自身内部和外部条件,制定一致性的战略、目标和行动方案。

在制定企业实施方案时,通常可借鉴自上而下以及自下而上的方法。首先,企业管理层应自上而下结合其内部定量分析的结果,优先关注其重点排放环节及可供减排的方案,继而拓展到其他排放影响相对较弱的环节。其次,针对各个环节制定的具体方案,可自下而上由各个相关职能部门挖掘自身的潜力提供行动规划和目标。最终,再由管理层进行统筹决策,确定分阶段、分环节的实施路径。

【案例分析】　苹果公司(Apple)承诺到2030年实现供应链和产品100%碳中和[1]

我们以 Apple 的气候目标设定及分解为例进行简要分析。

Apple 历来对气候环境关注度较高,且积极采取措施应对气候问题。Apple 于 2020 年公布:计划到 2030 年,为整个业务、生产供应链和产品生命周期实现碳中和。Apple 目前在全球的运营排放已实现碳中和,新承诺意味着到 2030 年,进一步售出的 Apple 设备都不会造成任何气候影响。

同时,计划在 2030 年前将碳排放减少 75%,同时为剩余 25% 综合碳足迹开发创新性碳清除解决方案,也是 Apple 制定的最终愿景。为此,Apple 绘制了自己在未来十年中的气候路线图,从生产经营的不同方面阐明其分目标,具体包括:

(1)低碳产品设计。Apple 将在产品中持续增加低碳和可再生材料的用量,在产品回收领域继续开拓创新,并尽可能地设计能效出色的产品。具体成就和在途努力包括:能够高效回收关键材料的产品回收机器人 Dave,位于德州的材料回收实验室与卡内基梅隆大学合作研发了电子产品回收创新技术及工程解决方案,过去一年中 Apple 发布的众多新产品都采用再生材料制造的组件等。通过产品设计和再生材料的创新,Apple 在 2019 年将其碳足迹降低了 430 万吨。在过去的 11 年间,Apple 将用于制造产品的平均能源需求降低了 73% 之多。

(2)提高能效。Apple 将探索新的途径,减少其工作场所的能源使用,并帮助供应链完成同样的转变。具体成就和在途努力包括:Apple 与中美绿色基金合作,预期将为加速建设的供应商能效项目投入 1 亿美元资金;截至 2019 年,参与 Apple 供应商能效项目的工厂数量已上升到 92 家,共减少供应链上年化碳排放量超 77.9 万吨。2019 年,Apple 为超过 80 万平方米的新旧建筑完成了能效升级投资,将电力需求减少了近五分之一,为公司节省 2 700 万美元开支。

(3)可再生能源。Apple 的全球运营会继续保持百分之百可再生能源的使用率,关注于打造新的项目,并推动整个供应链转向清洁能源。具体成就和在途努力包括:超过 70 家供应商向 Apple 承诺使用 100% 可再生能源制造 Apple 产品(总计近 8 千兆瓦电力,每年可减排超过 1 430 万吨二氧化碳当量);不断建设自创项目为自身场所设施和周围社群提高可再生能源的使用率。

(4)工艺和材料创新。Apple 将对制造产品所需的工艺和材料进行技术改进,以此来解决排放问题。具体成就和在途努力包括:参与投资首个无直接碳排放的冶铝工艺项

---

[1]　https://www.apple.com.cn/newsroom/2020/07/apple-commits-to-be-100-percent-carbon-neutral-for-its-supply-chain-and-products-by-2030/.

目,并计划将之用于部分产品生产;在2019年减少了24.2万吨的含氟气体排放。

(5)碳清除。Apple在全球投资各类森林及其他基于自然的解决方案,帮助清除排放到大气中的碳。具体成就和在途努力包括:成立首个碳解决方案基金,投资于全球森林和自然生态体系的恢复与保护;与保护国际基金会合作,投资开展多个生态恢复新项目;与世界自然基金会和保护国际基金会共同努力,保护森林并对自然气候解决方案进行优化管理。

第三节　气候战略所需对接的气候投融资资源

与一般投融资相比,气候投融资与气候属性联系更加紧密。根据《关于促进应对气候变化投融资的指导意见》(环气候〔2020〕57号),气候投融资是指为实现国家自主贡献目标和低碳发展目标,引导和促进更多资金投向应对气候变化领域的投资和融资活动,是绿色金融的重要组成部分。在其强化金融政策支持的部分也明确指出,需支持符合条件的气候友好型企业通过资本市场进行融资和再融资。鼓励通过市场化方式推动小微企业和社会公众参与应对气候变化行动。有效防范和化解气候投融资风险。因此,企业在开展各项应对气候变化行动时,应充分考虑对接气候投融资的途径和资源。

具体来看,气候投融资又分为投资和融资两部分。基于已经了解企业为什么,以及如何制定气候战略后,可有对应地识别、分析气候投融资具体应用的环节以及方式。

首先,针对融资部分,企业可选取有利的气候融资工具,通过更加优惠的融资条件来降低履约义务和自愿目标下的控排、减排行动所需的资金成本。一方面,气候融资工具是金融机构提供的各类绿色证券、绿色信贷业务;另一方面,政策的绿色项目申报的补贴优惠也可以降低企业的减排成本。就国内目前而言,政策的相应优惠往往融入气候融资类别中。

目前,金融机构已有并且正不断开发多种气候融资工具和产品。债券类主要包括绿色债券、可持续发展债券、可持续发展挂钩债券等,这三类债券聚焦于环境问题,企业申报项目需经第三方机构评估,符合要求后以相应名目发行。此外,信贷类的绿色信贷指银行在进行信贷评估时将环境指标纳入其中,将可持续发展与环保和授信方向挂钩,并不断进行金融创新,为可持续商业项目提供优惠贷款机会。

这些债券、信贷产品和工具,与传统融资产品比,都提供更为优惠的融资条件,实质上是利用金融杠杆来实现气候环境目标。金融机构提供优惠条件的前提是需要界定企业或项目的"绿色"实质。2021年4月,中国人民银行、发展改革委、证监会联合发布《关于印发〈绿色债券支持项目目录(2021年版)〉的通知》,在绿色项目界定标准、债券发行管理模式上实现了重点突破,进一步规范国内绿色债券市场,有助于引导更多资金支持绿色产业和绿色项目。

其次,针对气候投资部分,其往往与转型或战略决策相关联。企业可通过气候投资对冲气候风险、中和无法规避的排放并增强企业竞争力,这也是企业气候投融资的重要环节。在企业实务中,首先需要考虑是否需要进行能源结构转型的相关投资。采用燃煤、天然气和石油发电与供暖,是全球温室气体排放的最主要来源。通过转用可再生的电力来源或是直接购买电网绿电,企业可以从根本上找到减少自己生产经营活动影响气候变化的方式,变堵为疏,并在很大程度上为业务所在各个地区的空气净化做出贡献。以中国的可再生能源产业为例,目前中国多数地区的光伏和风能发电成本已经显著下降,甚至显现出低于标杆煤电电价的平价化趋势,具备与新建燃煤发电竞争的能力,因此可为企业带来经营成本的改善,项目可带来环境和经济的双重效应。

此外,绿色基金则是为绿色项目而建立的专项投资基金,目的是筹集资金定向投资绿色事业,可以由政府、国际组织或企业通过银行贷款、企业注资和资产证券化等方式募集资金建立,承担相应的偿债责任。企业可通过绿色基金或自有投资布局新的投资领域,纳入或拓展绿色版图,寻求完善企业的长期投资价值。

最后,企业还应当关注碳排放交易市场。政府所构建的碳排放权交易金融市场,其兼具履约和交易双重功能。履约义务在前文已有提及,而其交易的功能将同时催生气候融资和投资的共同实现。针对减排力度超过排放配额的企业,可通过交易售出多余的排放配额,实现气候融资;而针对预期减排力度小于排放配额的企业,则需要把握合适的投资机会,购买差额部分的配额。

可见,企业的气候投融资需充分关注其气候属性,把握各项投融资资源和红利,以期降低企业的减排成本,或为企业的绿色转型或投资提供基础。

【案例分析】　气候投融资实践

绿色债券

2020年10月9日,丰田(TOYOTA)以绿色债券的形式发行了新的无担保债券以支持企业在清洁运输领域的研发。具体科研项目包括混合动力汽车(HEV)、插电式混合动力汽车(PHEV)和燃料电池电动汽车(FCEV)。

丰田公司该项目预期将有效促进环境改善和污染减排,并且充分考虑了可能存在的负面环境影响,符合绿色债券的发行标准,故以绿色债券的形式发售。[1]

可持续发展债券

2019年3月13日,亚瑟士(ASICS)发行了无担保债券,债券收益将全部用于投资或再投资,包括亚瑟士体育研究中心的科研支出、预防性护理业务的开展和运营、亚洲儿童银座的建设以及工厂的节能改建和太阳能板铺设。

---

[1]　https://www.r-i.co.jp/en/news_release_gf/2020/10/news_release_gf_20201009_eng.pdf.

该项目中,研究中心的科研课题涉及环保材料开发和节能生产的部分以及工厂改建都符合绿色项目的核心要求;关怀残障人士和老年群体的体育生活,开展预防性护理业务以及完善儿童体育基础服务则有正向社会效益。经流程评估后,该债券符合可持续发展债券的标准,故以可持续发展债券名义发布,享受更低的筹资成本。[1]

绿色基金

联合国的绿色气候基金(Green Climate Fund, GCF)成立于 2010 年,由 194 个气候变化框架公约缔约国共同发起,旨在缓解和改善全球气候变暖。GCF 投资在低碳、气候适应和可持续发展领域有潜力的项目或计划,同时秉持公平性原则,对发展中国家给予资金倾斜。其注资项目包括斐济奥瓦劳的光电农业项目、亚美尼亚的森林恢复项目以及格鲁吉亚为应对温室效应而进行的森林部门改革项目等。[2]

第四节　对企业气候投融资的反思

气候投融资较传统投融资方式而言仍然是新生事物,因而也存在许多体系与机制的不完善之处。

在宏观市场层面,气候投融资仍然缺乏完备的、符合市场状况的制度体系。政府的刚性约束是构成企业制定气候目标,执行相应计划并应用气候投融资的主要动因之一。然而,仅通过刚性约束为企业设定经营边界的下限,但缺乏充分的制度助力,将大幅影响企业气候投融资的效率,提升其气候投融资成本,进一步降低市场效率。

在行业层面,气候投融资的行业标准尚不明确。供应链品牌往往能够直接推动企业关注气候问题,间接推动气候投融资广泛应用。但值得注意的是,目前各行业尚未有统一的行动标准或者基准线可供参考,因此使得上下游企业的气候效益难以通过一套通行标准被量化,不利于市场提质增效。另外,上下游企业为满足多个品牌的气候要求,也必然会面临更大的气候成本。为此,各行业龙头正积极加入本行业的气候关怀组织和高峰机构,参与行业气候变化应对策略和实施方案的规则制定,希望实现从气候治理的被规定者走向引领者的转变。这一趋势十分喜人,有行业龙头品牌参与的气候关怀组织制定行业规则,不仅可以令行业规章更适合本企业生产特点和发展路径,更可以为企业赢得更大的话语权和公信力。

在企业层面,气候投融资的绩效评价机制缺乏,其有效性也难以确定。绩效评价对企业气候投融资"决策—实施—改进"循环具有重要意义。然而,在企业实务中,部分已制定目标的企业缺乏对其实施路径和进展的跟踪,使得目标看似宏大,但无法验证其可行性和有效性。绩效评价机制的匮乏令企业气候投融资缺少总结、反思和反馈改进的环节,将拖

---

〔1〕　https://www.r-i.co.jp/en/news_release_gba/2019/03/news_release_gba_20190307_eng.pdf.

〔2〕　https://www.greenclimate.fund/.

慢企业气候投融资的发展脚步。

综上,在企业气候投融资领域,上至政府与行业,下至企业和部门,可以有所作为的空间都还十分广阔,发展潜力巨大,急需有关各方及时填补空白,促进企业气候投融资尽快步入正轨。

第七章　气候投融资监管与制度

第一节　气候投融资监管制度概述

一、气候投融资监管制度定义

　　气候变化在全球范围内造成了巨大影响,世界各国针对如何解决气候治理问题的讨论一直是国际热点话题。其中,资金机制一直是全球气候治理和国际气候谈判中最核心的议题。为了有效利用资金实现既定的政策目标,配套监管制度的建立必不可少。气候投融资监管制度旨在构建完善的气候投融资政策体制,高效发挥政府资金的引导作用,更广泛地动员社会资本进行减缓或适应气候变化的投资,抑制高碳投资,使资金流动符合温室气体低排放和气候适应型发展的路径。

二、气候投融资监管的实施原因

(一)气候风险

　　气候风险也称气候变化风险,指气候系统变化对自然生态系统和人类社会经济系统产生影响的可能性,尤其是造成损失、伤害、毁灭等后果的可能性。气候可能带来资产搁浅风险、物理风险、政策和法律风险、技术风险、市场风险、声誉风险、与诉讼相关的责任风险等多种风险。以上风险都可能是巨大的,存在显著不确定性,且对金融系统具有潜在破坏性,因此,央行和监管机构有责任确保金融体系能够抵御这些风险,有必要构建一个完善的监管机制,管理和控制这些气候变化衍生的风险,维持市场对金融体系和关键金融机构稳健性的信心。

(二)市场失灵和政府失灵

1. 碳消费品的外部性

　　地球是一个有机系统,地球上任何领域的温室气体排放都会影响地球整体,一国汽车工业、化学工业的大规模发展将极大地增加空气中二氧化碳的排放,从而造成本国和其他国家温度普遍升高。这就是说,二氧化碳的排放具有很强的负外部性。

　　Krogstrup 和 Oman 指出,气候变化可以看作是碳密集型产品生产和消费所产生的负外部性[1]。环境经济学认为对于存在负外部性的产品,市场往往生产过剩,存在市场失灵现象。当市场失灵时,政府介入市场成为必要。

---

〔1〕 Krogstrup, S. and Oman, W. Macroeconomic and Financial Policies for Climate Change Mitigation: A Review of the Literature[G]. IMF Working Paper. 2019.

经济学家认为直接管制及经济刺激是解决外部不经济性内部化有效方法。直接管制就是国家通过制定法律、政策、标准等形式来规定企业的外部不经济性行为。经济刺激包括市场刺激、非市场刺激两大类：市场刺激指依照科斯定理，先根据允许产生的污染物数量设定排污权，再将排污权作为市场交易的标的予以流通或消费，最终达到控制污染排放的目的；非市场刺激则是由国家通过价格、税收、信贷等手段迫使企业将其产生的外部不经济性行为纳入其经济决策中。发展低碳经济的具体政策工具如表 7-1 所示。

表 7-1　发展低碳经济的政策工具

工具类型	具体案例	理论基础
政府管制	德国、丹麦、英国等国可再生能源强调入网、优先购买义务；建筑物节能标准；欧盟强制淘汰高能耗照明设备等	市场失灵 外部性理论
碳排放税	英国大气影响税、日本环境税、德国生态税	
财政补贴	德国、丹麦等对可再生能源生产、投资补贴	
碳基金	英国节碳基金；亚洲开发银行"未来碳基金"等	
碳排放权交易	欧盟碳排放权交易；美国芝加哥碳排放权	产权理论 外部性理论

资料来源：宋德勇，卢忠宝.我国发展低碳经济的政策工具创新[J].华中科技大学学报（社会科学版），2009，23（3）：85-91.编者有改动。

2. 气候投融资的全球溢出效应

二氧化碳及其他温室气体排放具有很强的空间流动性。气候变化的治理也不仅仅影响一个区域，而是对相当广阔的一个空间产生影响，即存在溢出效应。

因此，国家和地方各级政府可能缺乏采取减缓气候变化的激励措施，因为这些措施的收益主要来自其他管辖区或国家的公民。每个地区都想做免费乘车者，最终造成的结果可能是对气候投融资的支持力度不足。国家缓解行动之间的相互依存产生了关键的全球溢出效应和国际协调问题。为解决国际协调和全球溢出效应问题，Bolton 等人提出了一个实现气候和金融稳定全球联合治理的具体方法，即建立一个新的国际机构，该机构将在两个层面发挥作用：（1）国家间在发生严重气候事件时的财政支助机制；（2）对正在实施的气候政策进行监督[1]。由此看来，或许除了国家和地区单独行动外，一个全球性的监管体制也是必不可少的。

（三）国际责任

1. 国际协议

为了应对气候变化的最终目标，1992 年一百多个国家和地区签署通过《联合国气候变化框架公约》（以下简称《公约》）。《公约》确立了气候融资"共同而区别"的原则，要求发达国家应率先采取措施，应对气候变化。但由于《公约》未对个别缔约方规定具体需承担

---

[1] Bolton, P., Huang H., Samama F. From the One Planet Summits to the "Green Planet Agency"[G]. Working Paper, 2018.

的义务,未规定实施机制,因此缺少法律上的约束力。《公约》虽然没有制定具体的减排任务,但其为未来数十年的气候变化设定了减排进程。特别是建立了一个长效机制,使政府间报告各自的温室气体排放和气候变化情况。

1996年联合国举办气候变化框架第二次缔约大会(COP2),会议呼吁各国加速谈判,缔结一项"有约束力"的法律文件,做出实质性减排。1997年一百多个国家和地区共同缔结了《京都议定书》。《京都议定书》是第一个具有法律约束力的旨在防止全球变暖而要求减少温室气体排放的条约,为全球气候治理提供了阶段性法律支持。《京都议定书》规定指定方有权审查议定书的履行情况及公约目标的进展程度。此外,《京都议定书》明确规定可以采用适当且有效的程序和机制,用以断定和处理不遵守该议定书的情势,并对后果列出清单,进一步规范各国针对气候变化的治理。

2015年底签署的《巴黎协定》是继《京都议定书》之后的第二份具有法律约束力的文本协议。与《京都议定书》仅为发达国家缔约方设定量化减排义务相比,《巴黎协定》则要求缔约方根据自身的发展阶段和具体国情,自主决定未来一个时期的贡献目标和实现方式,体现了自主性和渐进性,有利于各国广泛参与。然而,完全"自下而上"的国家自主贡献模式,难以确定各国集体行动力能否满足既定要求。另外,《巴黎协定》就国家自主贡献的提交、更新、力度和目标类型等做出了规定,对信息披露的透明度及范围做出要求。

从《公约》到《巴黎协定》,碳金融的监管法案发生了一定转变。首先,后巴黎时代针对跨国碳金融的监管逐渐转变为东道国监管模式。其次,从以往传统的事后监管模式变成更加强调投资的气候环境压力测试,即将应对气候变化的减排量与投资该项目所需资金的成本收益进行事前分析和预测,并能够反馈一个较为严格的监管指标,试图规避一些事前风险并起到预防作用。

2. 国际地位

在环境政治中外部性可以使行为体具有改变其他行为体行为的能力,比如在气候谈判中,一国能够以自身的温室气体排放的削减为条件或以不减排为威胁进行讨价还价,并迫使其他行为体做出让步或政策改变。在此情况下,负外部性构成了一种关系性权力。同时,产生负外部性较多的国家在环境政治中可以获取对整个体系更大的影响力和话语权,在国际谈判中占有更具优势的地位。由于国际社会迫切希望减少负外部性,在国际规则制定中也往往迁就这些排放大国以换取它们的合作。因此负外部性也能够间接地增加国家在环境政治中的结构性权力。

为谋求国际领导力,各国可能会积极展开气候治理行动,以期获得大国领导力。以欧盟为例,为了在全球气候治理中不断扩大自身的影响力,欧盟在气候谈判进程中一直表现出积极的立场,自身也有意愿制定较为积极的减排计划和承担较大幅度的减排责任,以换取在气候治理领域的领导权与话语权。例如针对《京都议定书》第一承诺期的目标,欧盟承诺在1990年的基础上减少8%的二氧化碳排放,减排幅度相比美国(减少7%)、加拿大(减少6%)、日本(减少6%)、澳大利亚(可增加排放8%)等其他发达国家更高。特别是在美国宣布退出《京都议定书》后,欧盟立场鲜明地承诺继续履行《京都议定书》规定的减排义务,同时积极推动其他国家批准《京都议定书》以促其早日生效。在这一阶段,欧盟无疑成为全球气候治理的实际领导者。

三、气候投融资监管的类型

一般而言气候投融资监管制度依据是否强制执行,可分为强制性约束与软法约束。强制性约束指依照法律适用、不能以个人意志予以变更和排除适用的规范。绝大多数制度都属于强制性约束,如国家有关机构规定的信息披露标准。而软法约束指的是不具有法律约束力,主要依靠舆论、自身信誉等实行。为了完善监管体制,保证双边多边碳金融项目能够有效实施,国际社会对软法约束的重视程度日益加深。赤道原则(Equator Principles,EPs)属于典型的软法约束。

赤道原则是 2002 年 10 月世界银行下属的国际金融公司和荷兰银行在伦敦召开的国际知名商业银行会议上提出的一项企业贷款准则。这项准则要求金融机构在向一个项目投资时,要对该项目可能对环境和社会的影响进行综合评估,并且利用金融杠杆促进该项目在环境保护以及周围社会和谐发展方面发挥积极作用。目前已被国际社会大多数国家作为习惯法所接受,这是一个实务上的准则。赤道原则列举了投资项目需要满足 10 个特别条款,否则就无法获得资金。例如,英国巴克莱银行于 2003 年底向冰岛的卡拉纽卡水力发电项目提供项目融资,因该项目不透明的环境和社会评估而被规制。基于赤道原则的碳金融软法规制主要依托社会环境标准,后来也被碳减排量的独立监测与报告体系(MRV制度)所广泛采用。国际社会可以增加赤道原则的参与国和金融机构,进而保障碳金融项目在实施中能够被严格控制,并逐渐建立以习惯法为约束的全球碳减排自愿履约机制。

赤道原则虽然是一种软法,但其强制性与执行力也在逐渐增强。以美国为例,尽管时任政府对碳减排方面采取消极态度,不再对银行金融机构严格监管,但国际社会针对美国等发达国家的投资项目还是要受到国际金融软法的约束。可以说,以赤道原则为例的软法约束与强制性约束相互补充,共同限制与气候相关的投融资活动,以保证其规范运行。

第二节　气候投融资流程的监管

根据气候投融资流程,接下来可将投融资过程大体分为三阶段。第一阶段是市场准入与风险评估。在该阶段,各利益主体通过建立自己的评估体系,以保证投融资过程符合气候目标。第二阶段为风险控制。在投融资过程中,各利益主体通过一系列制度的安排以规避气候变化或者气候政策变化带来的风险。第三阶段为信息披露。各国及各金融机构对气候投融资活动的监管大多集中于此。通过设定信息披露标准、内容,监管机构可以获知投融资活动的进程,进一步控制风险。接下来简述对各阶段相应的制度安排。

一、市场准入与风险评估

(一)世界银行

多边开发银行机构(Multilateral Development Banks,MDBs)长期以来既是气候投

融资活动的实施主体,也是投融资活动气候影响管理工具及其创新的引领者。以世界银行为代表的多边开发银行机构,在气候投融资的制度建设方面提出了许多建设性的意见。

2016年8月,世界银行发布了新的环境社会保障政策,即环境与社会框架(Environmental and Social Framework,ESF),并宣布从2018年10月起,该政策将应用于世界银行所有的气候投融资项目。在提供贷款之前,世界银行将对项目进行风险评估,以确定是否对该项目投资。根据世界银行颁布的环境与社会框架,世界银行在进行投融资活动时,相关项目必须满足世界银行所规定的环境与社会指标(Environmental and Social Standard,ESS)。ESS明确提出将气候变化以及其他跨界或全球风险和影响列入投融资考量范围。在进行项目可行性调查时,世界银行将综合考虑项目类型、潜在环境社会风险等多种因素,将所有项目(包括涉及金融中介机构的项目)划分为四个类别:高风险、中风险、中高风险或低风险。对不同风险等级,世界银行将有不同的处理方法与信息披露要求。另外,在进行项目评估时,世界银行将考虑引入公众或第三方机构对项目进行评估,以提高评估的准确度与客观性,充分衡量项目的影响与成效。

另外,作为全球性金融机构,世界银行及其他多边开发银行机构共同以《气候减缓融资追踪原则》(Common Principles for Climate Mitigation Finance Tracking)和《气候适应融资追踪原则》(Common Principles for Climate Adaption Finance Tracking)为原则评估、统计和考核投融资项目在减缓和适应气候变化方面的效益。

(二)欧盟

2000年,欧盟推出了"第一个欧洲气候变化计划"(ECCP Ⅰ),其中最重要的举措是建立欧盟内部温室气体排放交易体系(ETS)。2005年10月,"第二个欧洲气候变化计划"(ECCP Ⅱ)在布鲁塞尔正式启动,政策的主要内容包括从2011年起将航空业纳入欧盟排放交易体系,制定降低新车二氧化碳排放量的相关法律,审核现行欧盟排放交易体系并在2013年修订,制定安全运用碳埋存技术的立法框架等。欧盟委员会于2008年1月23日提出了"气候行动和可再生能源一揽子计划"的新立法建议,该项立法建议也被称为"欧盟气候变化扩展政策"。在"一揽子计划"中,欧盟委员会提出多种重要举措,以规范与气候相关的投融资活动,具体措施如下:一是修改欧盟排放交易体系,使欧盟排放交易机制(EU-ETS)得到进一步的扩展;二是在运输、农业和住房等非ETS部门建立具有约束力的二氧化碳排放目标;三是制定约束性可再生能源目标,推行生物燃料;四是制定关于碳捕获和封存(CCS)以及环境补贴的规章制度。"一揽子计划"提出了欧盟排放交易机制第三阶段(2013—2020年)的实施内容,大大扩展了欧盟排放交易体系,扩大了该体系的覆盖范围。可以说,欧盟温室气体排放交易体系是迄今为止世界范围内覆盖国家最多、横跨行业最多的温室气体排放交易体系。

除了建立欧盟排放交易体系外,欧盟还推出多项法规以规范气候投融资活动。欧盟于2018年颁布了有关可持续金融行动的文件。该文件中提到,欧盟将制定一项专门的气候变化压力测试,以便更好地应对气候风险。欧盟委员会将建立可持续分类体系,制定投融资标准、标签、审慎要求的绿色支持因素、可持续性基准等一系列指标。欧盟委员会将与所有利益相关者共同探讨修订《信用评级机构条例》的优点,要求信用评级机构以适当的方式将可持续性因素明确纳入其评估中,以保护小规模参与者的市场准入。同时,该文件提到,欧盟委员会在 2018 年第二季度提出一项立法提案,明确要求机构投资者和资产管理公司在投资决策过程中纳入可持续性考虑因素。委员会将评估是否可以采用更适当的资本要求,以更好地反映银行和保险公司持有的可持续资产的风险。任何根据数据和银行风险敞口审慎风险评估对资本要求进行的重新校准都需要依赖欧盟未来的可持续活动分类法,并与之保持一致。

2019 年 12 月,欧盟委员会公布了应对气候变化、推动可持续发展的《欧洲绿色协议》。欧盟在该绿色协议中,明确考虑将气候和环境风险纳入金融体系。此外,欧盟将更多地使用绿色预算工具,将公共投资、消费和税收转向绿色优先事项,与成员国合作,筛选绿色预算做法并对其进行基准测试。基准测试使得各国更容易评估年度预算和中期财政计划在多大程度上考虑到环境因素和风险,并学习最佳做法。

此外,欧盟将环境与气候变化整合政策作为所有气候投融资活动规划、评估、实施的一项基础性政策。该政策强调在投融资活动的全周期过程中关注气候相关的风险因素,并通过相应的管理政策和评估机制落实气候主流化原则。

(三) 英国绿色投资银行

英国绿色投资银行(GIB)是英国政府主导的全球首家绿色投资银行,主要投资绿色环保且具有盈利性的基础性建设项目。2017 年 8 月,英国政府宣布,将该行正式出售给私人投资机构麦格理集团(Macquarie Group)。虽然不再是国有银行,但根据出售协议,该行会继续支持低碳项目,未来三年内向绿色经济领域的投资将不少于 30 亿英镑,并且设定了"特别股份"安排以保证这一承诺得以践行。

英国绿色投资银行在撬动私人资本领域的工作十分出色,在风险评估上能够对其他投资者产生重要影响。例如,在风险被普遍高估的可再生能源领域,该行的人才储备和业绩纪录使得其投资行为对其他投资者形成带动效应。通常情况下,在其宣布参与某个投资项目后,即便尚未实现盈利,也会很快吸引到其他投资者,有时甚至出现资金相对过剩的情形,这主要是因为其尽职调查深得其他投资者信任,大大降低了后者的风险预期。

另外,英国绿色投资银行还基于投资实践为一些项目(以能效项目为主)制定评估标准,而后将其推广至整个绿色金融领域。2015 年,该行发布了《绿色投资手册》,基于自身投资经验,给出了对项目的绿色效应进行预估、跟踪和评估的标准化程序,旨在为英国和其他国家投资者的绿色投资决策提供一个参考体系。

二、风险控制

(一) 世界银行

为了控制风险,避免发生由于气候变化或气候变化规章变动导致的损失,世界银行主要以环境与社会框架为依据。值得注意的是,相比于世界银行之前的保障政策,环境与社会框架更加强调对气候变化和推动增强气候韧性的关注,在具体的标准中包含了一系列应对气候变化的考虑,涵盖减缓和适应领域。根据最新的环境与社会框架,世界银行规定:如果在项目实施过程中适用的法律、法规、规章或程序发生变化,比如说国家提高废

弃排放标准,世界银行将评估这些法规程序变化的影响,并与借款人进行讨论,以商定最后的解决办法。如果这些变化最终反映出国家体系的进一步改善,并且在借款人要求的前提下,世界银行可以同意修改适用于该业务的规章框架以反映国家政策的改进,并修改世界银行的规章框架。针对修改的相应框架,在必要时,世界银行将会解释并说明应对这些变化所做的任何更改,并提出理由以供董事会批准(通常在无异议的情况下)。如果更改国家/地区系统的方式与世界银行认同的法律框架不符,则适用世界银行的合同救济。

此外,在世界银行发布的环境与社会框架文件中规定,如果经银行风险评估后,发现借款人与银行规定的标准存在差距,借款人将与银行合作,确定解决此类差距的相应措施和行动。世界银行在获得对项目及与之相关的其他方面详细准确的信息,以及足够详细的环境和社会基准数据之后,将会着手确定风险和其影响以及相应的缓解措施,审查项目备选方案是否合理。在审查后世界银行将确定改进项目选择、选址、规划的方法,设计和实施,以便对不利的环境和社会影响应用不同的缓解等级,并寻求机会加强项目的积极影响,以达到更高的环境目标。

可以说,世界银行在风险控制方面为其他金融机构确立了一个良好的典范。它具有相当强的针对性,充分考虑了不同项目及项目实施环境变化的可能。可以说,世界银行的处理措施能够很好地应对当今这个信息高速流动、变化性强的世界。

(二)欧盟

欧盟对气候风险的控制与世界银行有所不同。如果说世界银行的措施更具有针对性、精细性,那么,欧盟所颁布的政策则更具有宏观性。这种差异实际上也与欧盟和世界银行本身不同的特性相关。

欧盟将环境与气候变化整合政策作为所有气候投融资活动规划、评估、实施的一项基础性政策。政策强调在投融资活动的全周期过程中关注气候相关的风险因素,并通过相应的管理政策和评估机制落实气候主流化原则。依据该政策的要求,在投融资项目的规划、设计、执行、评估等关键环节均应遵循相应的气候风险评估和管理程序。同时,该政策还有一系列分领域的指南来规范具体领域的投融资活动,对于在具体的行业领域如何考虑气候的风险因素做了进一步的政策层面的安排。

此外,欧盟委员会颁布了可持续金融行动方案,以推动投融资助力低碳转型或推动具有气候韧性的投融资政策与活动。欧盟委员会在可持续金融行动方案中提出,欧盟将考虑并评估是否可以采用更适当的资本要求,以更好地反映银行和保险公司持有的可持续资产的风险。此外,欧盟规定,任何根据数据和银行风险敞口审慎风险评估对资本要求进行的重新校准都需要依赖欧盟未来的可持续活动分类法,并与之保持一致。委员会还将考虑探索长期股权投资组合和股权型工具公允价值计量的潜在替代会计处理方法。

欧洲绿色协议中明确提出,与基础投资领域相比,对低碳转型至关重要的行业的敞口必须相等或更大,因为许多解决办法将来自高排放部门。

2020年欧盟"能源与气候一揽子计划"对 EU-ETS 第三阶段进行了完善和调整,以更好地应对气候变化带来的风险。具体措施如下:一是在能源密集型行业纳入除了 CO_2 排放以外的氧化亚氮(N_2O)和全氟化碳(PFCS)排放指标。二是改变前两阶段设置的排放上限,为各个成员国将目标提高到 2020 年较 2005 年排放下降 21％。三是从 2013 年起 40％的免费配额由拍卖代替,并且到 2020 年逐年增加拍卖配额比例到 100％,其间的免费配额将根据申请者前期减排表现发放。四是视气候协议谈判情况确定减排信用的现实使用,只有 2012 年前申请获批,至少 1％的最不发达或者小岛屿国家的项目可以使用其减排信用,且使用期限和使用量控制在 2014 年和低于 2005 年排放量 3％之内。在新能源发展上,欧盟国家通过一系列激励手段、推广行动和强制性措施使得新能源可持续发展之路走得相当顺利。例如,在风能、水力以及电力等再生能源的发展上,由于欧盟国家的激励,很多企业愿意投资或者收购,这对今天这些新能源的技术成熟有着重要的贡献意义;再如,绿色证书的鼓励方式和购买配额制的强制性手段等,为相关可再生能源提供了更大的利润空间和发展潜力,当然也就间接促进了可再生新能源的推广应用。

　　总体来说,欧盟对气候风险的控制更多侧重于机构和行业。考虑到欧盟内部国家的差异,各政策实际上有相当大的灵活性,且更多偏向于总体的宏观调控。

(三) 英国绿色投资银行

　　英国绿色投资银行在风险控制方面也相当出色。

　　从投资工具来看,英国绿色投资银行主要以股权投资和提供条件类似于商业银行的贷款来支持目标项目,有时也为项目提供担保。其资金来源多样,融资形式灵活,金融产品创新丰富。英国绿色投资银行不仅撬动了多种类型的社会资本参与,还赋予了其融资方案充分的灵活性和创新性。值得注意的是,英国绿色投资银行还可以根据融资方需求来设计表内或表外产品以及结构化的还款方案,这就给融资方提供了相当大的灵活性。此外,英国绿色投资银行最初由英国政府投资成立,从某种角度来说代表政府意愿和行为。因此可以说,英国绿色投资银行的做法将传递出明确的政策信号,对市场有一定的导向作用。考虑到英国绿色投资银行大多为股权融资,股权融资直接承担了项目风险,在一定意义上,降低了私人资本的风险预期,对私人投资的带动作用显然比提供优惠贷款更为显著。在气候投融资领域,由于气候风险的不确定性极大,相关投融资活动的风险往往被高估或者收益被低估,导致市场难以达到有效率的状态。英国绿色投资银行的存在可以说纠正了部分市场失效,它让投资者正确认识到绿色投资项目的风险和投资回报率,打消了投资者的怀疑和顾虑,进而刺激了私人资本的气候投融资活动。

　　考虑到英国绿色投资银行特殊的商业模式,其主要面临以下五大风险类别:项目投资风险、经营管理风险、绿色投资风险、声誉风险、流动性风险。公司内部采取“自上而下”的管理方式,涉及压力测试、控制测试、合规管理和内部审计的风险管理工具,都非常细致和详尽。与一般的投资银行不同,绿色投资风险是英国绿色投资银行最主要的风险之一,主要衡量其投资的绿色环保指标,是否符合可持续性的绿色发展原则。英国绿色投资银行通过自己的一套绿色投资风险评估体系(俗称 Green Bible)来管理上述风险。针对以上五个风险类别,英国绿色投资银行设定了不同的绿色评级标准。根据相应的绿色评级标准,每一个投资项目都必须经过银行内部严格的绿色影响评估才能得以审批通过。此外,为分散投资风险,保证整体回报率,英国绿色投资银行始终注重兼顾与平衡不同风险等级的投资项目,其投资模式与业绩对合作投资者起到了良好的示范效应。

英国绿色投资银行遵循赤道原则,明确指出每一个投资项目都需满足以下至少一项绿色目标:减少温室气体排放,促进自然资源的有效利用,有利于对自然环境的保护,有利于维护生物多样性,促进环境可持续性发展。该行内部有一套完整的体系以管理上述可能产生的风险。

2015年英国绿色投资银行对外发布了《绿色投资手册》,详细列明了英国绿色投资银行针对每一个绿色投资项目所使用的实用工具,包括不同领域的项目筛选指南、标准,尽职调查的详细步骤、风险评估计算模型和流程、后续监管措施和绿色影响的汇报等。特别对于受政策波动影响较大的能源领域,不仅包括对现有政策的梳理,还根据目前的全球形势,预测了未来相关能源政策可能的改变以及随之带来的影响力评估。同时英国绿色投资银行进行内部环境风险压力测试,从宏观和微观层面,利用多种风险缓释工具和有效的合同流程管理,预估、分担和防范可能的风险,从而保证投资的成效和收益。

三、信息披露

(一)世界银行

世界银行在环境与社会政策中指出:世界银行在对项目进行适当的风险分类时,借款方需要提供相关信息,以帮助世界银行对项目进行风险评级。这些信息包括项目的类型、位置、敏感性和规模,潜在的环境和社会风险与影响的性质和大小,借款人(包括负责项目实施的任何其他实体)以与《环境与社会标准》相一致的方式管理环境和社会风险及影响的能力和承诺,法律和体制方面的信息,拟议的缓解措施和技术的性质,治理结构和立法,有关稳定性、冲突或安全性等。在进行项目投资时,世界银行将在其网站和项目文件中披露项目的分类及其分类依据。

另外,世界银行将根据其规定的指标,进行环境效益评估,以确保气候投融资项目对环境的正向影响。可以看出,为了更好地支持气候投融资目标或相关承诺的实现,世界银行在对项目进行检测时,不仅仅关心项目实施情况,同样关注项目所带来的气候效益。其建立的一套系统的监测、报告追踪流程,使得各项目在可再生能源、绿色交通及增强气候韧性方面的投融资效益的评估在横向和纵向两个维度都拥有可比性。

世界银行遵循赤道原则,属于赤道银行行列,因而其必须遵守赤道原则所规定的信息披露义务。规定如下:"赤道原则金融机构承诺在考虑相应的保密因素的前提下,最少每年向公众报告一次其执行赤道原则的过程和经验。报告的内容至少包括各家赤道金融机构的交易数量、交易分类以及实施赤道原则的有关信息。"赤道原则信息披露制度具体要求如下:

第一,报告形式的多样化。赤道银行可以自己决定报告的格式,依据各个国家和地区以及行业的特殊情况进行披露。

第二,赤道银行所披露的项目数量要求达到赤道原则规定的最低水平,即A类项目1件,B类项目2件,C类项目3件。同时,在对各类项目信息进行资格审查和环评时,还可以根据不同行业和产业、国家或地区进行不同对待。

第三,赤道银行在报告中披露的信息内容需要详尽具体,内容应包括:赤道银行的审核机制和风险管控机制、赤道原则的执行状况、适用赤道原则的运作程序、赤道原则内部员工专门培训,以确保银行内部员工能够全面了解和运用赤道原则相关规范。

第四,报告披露地点。赤道银行可以将报告公示在年度报告、年度财报、年度社会责任报告中或本行官网和赤道原则信息公布网站上。

第五,报告宽容期限。新加入的赤道银行在第一年仅仅需要提供赤道原则完成情况如何,第二年开始才需要提供完整细致的执行报告。

由于赤道原则属于自愿性的行业自律原则,因此难以保证信息披露工作水平,在信息披露强制性方面仍有待改善。

(二)欧盟

欧盟设定的信息披露标准较为完善,值得各国学习与借鉴。欧盟委员会于2019年颁布金融服务业可持续性相关披露文件,进一步提出了一套完整的信息披露指标,大大提高了气候投融资信息披露标准。

针对具有不同程度的可持续产品,就合同前披露和定期报告披露而言,有必要区分促进环境或社会特征的金融产品和客观上对环境和社会产生积极影响的金融产品的要求。因此,对于具有环境或社会特征的金融产品,金融市场参与者应披露指定的指数、可持续性指数或主流指数是否和如何与这些特征相一致,以及没有使用基准的地方,披露关于如何满足金融产品可持续性特征的信息。金融产品作为一个客观的衡量指标,在可持续发展的市场中,参与者应该如何使用可持续的金融产品作为衡量其可持续性的基准。通过定期报告进行的披露应每年进行一次。另外,金融市场参与者应在每种金融产品的合同前信息中简明地披露定性或定量信息,对持续性影响的主要因素在报告中是如何考虑的。各实体应在其网站上公布关于这些政策的简明信息。为确保金融市场参与者和财务顾问网站上公布信息的可靠性,这些信息应保持最新,对这些信息的任何修订或更改都应做出明确解释。

欧盟建立了气候投融资活动的披露、监测和报告的机制,对投融资活动的气候影响进行持续的追踪,定期发布气候基准及环境、社会和治理(ESG)披露报告,依据相关建议和指标,对欧洲上市公司、银行和保险公司提供追踪和披露,以确保私人资本在提升气候适应性和促进低碳发展方面发挥相应的作用。可以看出,欧盟委员会对信息披露的标准进行了统一规定,大大增强了信息披露制度的可比性,为广大金融机构和投资者带来了极大便利。在2019年发布的气候基准和基准的ESG披露文件中,提出欧盟气候变化基准(EU CTB)和欧盟巴黎校准基准(EU PAB)具体ESG披露要求,并计划确立新的气候基准。新的气候基准目标致力于完成以下几点:气候基准方法具有相当大的可比性,同时使基准管理者在设计其方法时具有很好的灵活性;为投资者提供与其投资战略相一致的适当工具;提高投资者影响的透明度,特别是在气候变化和能源转型方面;抑制漂绿。

在与长期发展和可持续性方面相比,许多公司仍然过于注重短期财务业绩。因此,欧盟委员会要求公司和金融机构增加对气候和环境数据的披露,以便投资者充分了解其投资的可持续性。为此,欧盟委员会将审查非财务报告指令。欧盟委员会将统一制定投资品的标准,比如说将考虑为零售投资产品贴上明确的标签,以及制定一个以最方便的方式

促进可持续投资的欧盟绿色债券标准,来为投资者和公司提供更多的机会,使他们更容易确定可持续的投资,并确保他们是可信的。

(三)英国绿色投资银行

英国绿色投资银行制定的信息披露要求具体体现在其发布的《绿色投资手册》中。

2015年,英国绿色投资银行发布了《绿色投资手册》,基于自身投资经验,给出了对项目的绿色效应进行预估、跟踪和评估的标准化程序。首先,针对英国绿色投资银行自身信息披露,每一个审批通过的项目在运营期间具体的风险描述和控制措施都需体现在英国绿色投资银行经营年报中,供广大投资者审查与借鉴。这种做法无疑起到了良好的示范作用,为其他金融机构和投资者提供了风险控制的范本,有利于吸引私人资本进入。针对不同的项目,一旦对项目提供资金,英国绿色投资银行将对项目的绿色影响及绿色风险进行检测,其中包括项目协议的履行情况及项目环境与社会风险。此外,投资对象还应该定期对项目运营进展进行更新或出具报告,持续跟踪汇报项目预期绿色影响的实现情况以及其他环境与社会相关措施落实情况。投资对象每年必须完成一份报告,详述项目预期和实际绩效。一旦有造成实质性影响的环境与社会事故发生,投资对象应尽快向投资者报告(连同具体解决措施)。投资者应当对这些突发事件进行充分考量,并与投资对象管理层磋商,再对项目是否有相应的补救或减缓措施进行评估。此外,投资者应请独立的环境与社会专家对包括绿色风险、行动计划、预测的以及实际的绿色影响绩效、更广泛的环境与社会法律法规遵循情况开展定期监测审查。这与世界银行的做法有相近之处。

第三节　展望与建议

国际经验表明,将气候影响融入顶层设计中,并通过相关具体的政策来贯彻目标具有重要的作用。无论是世界银行、欧盟还是英国绿色投资银行均制定了一系列政策,以保障气候影响在投融资活动中得到充分的考量。我国气候投融资活动起步较晚,气候变化融入投融资实践的案例仍在试点层面,学习国外投融资制度,有利于我国投融资政策制定,加强气候风险管理。而对国外制度存在的不足之处进行研究,也可以为我国在日后政策制定时提供警醒。以下列出了部分制度监管的不足之处。

一、碳泄漏

碳泄漏(carbon leakage)是碳排放外部性的一种形式,其关注的核心问题是排放责任主体是否承担了相应的减排成本。由于国际贸易中隐含碳(embodied carbon)的产品贸易引起了国家之间的碳转移,可能导致部分碳排放量逃避国家规制形成碳泄漏。

碳泄漏的概念最初主要是由于欧盟、美国等对《京都议定书》实施效果的担心而提出的。因为《京都议定书》根据"共同但有区别责任"原则将量化强制义务赋予一些国家,而另一些国家只承担道义上的自愿减排,这样就导致部分国家采取强制减排行动的效果会被未采取减排行动的国家增加的排放所抵消。政府间气候变化委员会（IPCC）的第三次评估报告（AR3）则将碳泄漏明确定义为，缔约国家的部分减排量可能被不受约束国家的高于其基线的排放增加部分所抵消。同时，该报告还详细列举了碳泄漏的发生方式：

（1）不受约束区域的能源密集型生产的转移；

（2）由于对石油和天然气的需求下滑而引发国际油气价格下降，从而造成这些区域的化石燃料消费上升；

（3）良好的商贸环境带来的收入变化（因而能源需求发生变化）。

由于碳排放领域的"污染避难所"效应以及碳泄漏问题的存在，从世界范围来看，全球的碳排放总量并非下降了，而只是发生了转移。碳泄漏问题进一步影响到各国减排责任的计量和分担。因此，未来在气候投融资的监管方面，或将更多地考虑如何减少碳泄漏的发生，以此促进气候方面的公平。

二、信息披露差异

尽管各国及各金融机构提供了较为详尽的信息披露标准，但是各组织信息披露标准不尽相同。由于披露标准的巨大差异，这种不同的措施和做法将继续造成严重的竞争扭曲。这种分歧也可能使最终投资者感到困惑，并可能扭曲他们的投资决策。在确保遵守《巴黎协定》方面，成员国有可能采取不同的国家措施，这可能会对内部市场的顺利运作造成障碍，并对金融市场参与者和金融顾问不利。此外，由于缺乏与透明度相关的统一规则，最终投资者很难有效地比较不同成员国的不同金融产品在环境、社会和治理方面的风险和可持续投资目标。以此观之，在全球范围内各金融机构存在的信息披露差异更是难以想象，这或许会造成全球范围内气候投融资效率的损失。因此，必须解决内部市场的运作和提高金融产品的可比性，以避免未来的障碍。

第八章　气候投融资的信息披露

第一节　气候投融资信息披露的概述

一、披露内容与原则

　　气候投融资信息披露是气候投融资活动中不可或缺的关键事项。对于相关企业而言，公开、透明的气候信息对其接受直接/间接融资大有裨益，同时也显著地有益于其对其他企业（能源、技术等）的投资业务开展；同理，对于金融机构，它们的作为也能在气候投融资信息披露过程中发挥重要作用。下面，我们就对企业气候投融资披露内容，以及金融机构在信息披露过程中的行动原则进行较为细致的梳理。值得一提的是，相应披露内容不应仅仅面向政府、监管机构及企业、金融机构的宏观或中观层面，还应致力于面向社会公众，以期达到气候投融资活动充分调动公众参与的效果。具体披露内容与原则如表 8-1 至表 8-4 所示。

（一）企业气候投融资信息披露内容

表 8-1　企业气候投融资信息披露内容

建议披露内容	披露内容定义	具体披露要求
基本情况	揭露企业自身的气候属性，以及与气候相关的风险敞口和机会	● 气候属性：企业碳资产密度、温室气体排放情况等 ● 气候风险与机会：企业可能面临的转型风险与物理风险，以及与之相关的发展契机
治理	揭露企业与气候相关风险和机会的治理情况	● 董事会层面：董事会对气候相关风险和机会的监督情况 ● 管理层层面：描述管理层在评估和管理气候相关风险和机会方面的角色
策略	针对企业业务、策略和财务规划，揭露实际及潜在与气候相关的冲击	● 策略时间跨度：短、中、长期气候相关风险和机会 ● 策略内容：业务、策略、财务规划上与气候相关风险和机会的冲击 ● 策略灵活性：策略韧性（考虑不同气候情境）
风险管理	揭露企业如何鉴别、评估和管理气候相关风险	● 识别与评估：描述企业对气候相关风险的识别与评估流程 ● 管理流程：描述企业对气候相关风险的管理流程 ● 组织整合：描述识别、评估和管理流程如何整合在企业的整体风险管理制度中

（续表）

建议披露内容	披露内容定义	具 体 披 露 要 求
指标与目标	针对重大资讯,揭露用于评估和管理气候议题的指标和目标	• 气候风险评估:揭露企业依循策略和风险管理流程评估气候相关风险和机会时所使用的指标 • 温室气体排放:揭露温室气体排放的指标与目标 • 气候风险管理:描述企业管理气候相关风险和机会所使用的目标,以及落实该目标的表现,并将之纳入公开的报告、报表、决议、倡议中

（二）金融机构在信息披露过程中的行动原则

1. 银行业金融机构的行动原则

表 8-2　银行业金融机构的行动原则

原　　　则	内　　　容
原则1:一致性	确保业务战略与 SDGs、《巴黎协定》等国际、国内协定标准保持一致
原则2:影响与目标设定	提升正面影响,减少负面影响,管理风险,设定目标
原则3:客户与顾客	本着负责任的原则同客户和顾客合作,鼓励其进行可持续实践
原则4:利益相关方	主动且负责任地与利益相关方进行磋商、互动和合作,促使信息披露提质增效
原则5:公司治理与银行文化	通过有效的公司治理和负责任的银行文化来履行承诺
原则6:透明与责任	定期评估对包括但不限于上述方面的履责情况,披露正面和负面影响,并对有关影响负责

2. 证券业金融机构的行动原则——负责任投资原则

表 8-3　证券业金融机构的行动原则

原　　　则	建 议 可 行 方 案
原则1:将 ESG、气候风险管理等议题纳入投资分析和决策过程	• 在投资政策声明中提及有关议题 • 支持开发议题相关的工具、指标和分析方法 • 发起面向投资专业人士的 ESG 等议题的培训
原则2:成为积极的所有者,将有关议题整合至所有权政策与实践	• 制定和披露与负责人投资原则相符的主动所有权政策 • 提交符合长期 ESG 考量的股东决议 • 要求投资经理负责实施与议题有关的项目并汇报情况
原则3:要求投资机构披露 ESG 等资讯	• 要求提供有关议题的标准化报告 • 要求将相关议题纳入年度财务报告 • 支持促进 ESG 等事项披露的股东倡议和决议
原则4:促进投资行业接受并实施相应负责任的投资原则	• 将与投资原则相关的要求纳入请求建议书 • 向投资服务商、供应商传达关于 ESG 等议题的预期 • 支持推动相关投资原则实施的监管政策的制定

(续表)

原　　　则	建 议 可 行 方 案
原则5：建立合作机制，提升相关投资原则的实施效能	● 支持及参与网络和信息平台，共享工具、汇集资源，并利用投资者报告作为学习资源 ● 共同解决新出现的相关问题 ● 制定或支持正确的协作倡议
原则6：汇报相关投资原则实施的活动与进程	● 披露如何将 ESG 等议题融入（气候）投融资实践 ● 努力确定制定和实施负责任的投资原则的具体影响 ● 借助报告等提升更多利益相关者将 ESG 等因素纳入考虑，并积极做好投融资信息披露的意识

3.保险业金融机构的行动原则

表 8-4　保险业金融机构的行动原则

原　　　则	内　　　容
原则1	将 ESG 等相关议题融入决策过程
原则2	与客户和业务伙伴一起提升认识、管理风险、寻求解决方案
原则3	与政府、监管机构和其他主要利益相关方合作，共同推进信息披露的进程
原则4	定期披露在风险管理进程、相应保险产品设计与保险业务开展方面的进展

二、披露意义

（一）加强自身风险管理能力，发现与环境和气候相关的市场机遇

与气候相关的影响因素主要包括：一是物理因素，如气候变化导致的海平面上升和各种极端气候事件，例如台风、洪水、干旱、极端高温天气和森林火灾等产生的风险。二是转型因素，即各类经济主体为应对气候变化改变行为或偏好从而带来的风险或机遇。如低碳转型可能带来化石能源等高排放、高污染行业利润下降甚至生存风险，但对新能源和清洁能源企业来说，低碳转型则是重大的市场机会；又如，各国出台了各种环保标准和措施（如处罚、停产等）以抑制污染性产品的消费，并向节能环保的企业和产品提供财政补贴等，环境排放标准提高可能增加高排放企业财务成本，从而降低其支付能力，而对于环境和气候友好型企业，则会有利于其财务表现。要求金融机构披露上述环境相关因素对财务影响的评估信息，以及要求企业对金融机构和社会披露相关信息，有利于利益相关方了解企业及金融机构对相关市场机遇和风险的把握和管理能力，同时有利于建立基于信息披露基础上的市场发现与风险管理机制。与此同时，推进信息披露的举措能够通过向企业和金融机构等施加社会责任约束，引导其更加注重短期盈利和社会责任之间的平衡，抑制过度逐利倾向，从而有助于从源头有效识别与管理相关风险，并将其融入战略决策、财务管理等流程，进而开辟新的业务领域、寻找新的利润增长点。

（二）满足日益严格的监管要求，提升经营管理透明度

2017 年 12 月，中国证监会发布公告明确要求上市公司应在公司年度报告[1]和半年度报告[2]中披露其主要环境信息。这是落实 2016 年 8 月七部委《关于构建绿色金融体系的指导意见》[3]、2020 年 10 月五部委《关于促进应对气候变化投融资的指导意见》[4]，以及证监会关于强化环境信息披露要求的具体措施。同时，金融监管也日益重视推动金融机构气候投融资发展，2017 年人民银行将绿色金融纳入宏观审慎监管范畴，银保监会持续推进对商业银行绿色金融及气候投融资业务的自评价工作，都对金融机构气候投融资发展提出了更高要求。2019 年，香港联合交易所对《环境、社会及管治报告指引》[5]进行修订，修订后的指引增加了强制披露规定，在管制架构、汇报原则和汇报范围三方面提出强制披露要求，包括披露可能及已经会对发行人产生影响的重大气候相关事宜，修订"环境"的关键绩效指标并须披露相关目标，将所有"社会"关键绩效指标披露责任提升至"不遵守就解释"等实质性披露要求。

（三）履行社会责任，满足利益相关方及社会公众知情权和监督权

考虑到当前全球气候风险与环境问题的严峻性，以及企业和金融机构自身转型升级的迫切性，气候投融资信息披露工作体现了企业及金融机构的社会责任和担当，也是它们在经营过程中兼顾各相关方权益、维护良好行业生态的体现，如对投资者、当地政府与监管机构、社区、员工、客户、供应商的关切等。随着资源约束压力加大和污染事件频发，利益相关方对企业和金融机构已不仅关注其经营利润、成本等财务指标，还日益重视其在 ESG 等议题方面的表现。ESG 方面表现越好的企业，越能实现有效的风险管控和长期稳健发展。通过相关信息的披露，可以使利益相关方更清楚地了解企业及金融机构在碳排放、环境保护、资源利用等方面的情况，更全面地理解企业和金融机构在经营理念、战略和风险管理等方面的情况。

（四）推动资本市场转型升级，发挥金融中介作用

金融是经济的核心。近年来，在大资管时代的背景下，随着监管机构对 ESG 和气候投融资的监管力度与投资者对 ESG 理念关注度的不断提升，越来越多的金融机构开始积极抢占 ESG 和气候投融资风口。对于金融行业和资本市场而言，在投融资决策和提供金融服务的过程中，积极进行信息披露，能够使投资者充分了解金融机构的气候相关风险和整体风险管理情况，将有力促进客户持续改善其环境表现，同时将促使金融机构的投融资

〔1〕　中国证监会.中国证券监督管理委员会公告〔2017〕17 号：《公开发行证券的公司信息披露内容与格式准则第 2 号——年度报告的内容与格式(2017 年修订)》,http://www.csrc.gov.cn/pub/zjhpublic/zjh/201712/t20171229_329873.htm.

〔2〕　中国证监会.中国证券监督管理委员会公告〔2017〕18 号：《公开发行证券的公司信息披露内容与格式准则第 3 号——半年度报告的内容与格式(2017 年修订)》,http://www.csrc.gov.cn/pub/zjhpublic/zjh/201712/t20171229_329875.htm.

〔3〕　中国人民银行等七部委.关于构建绿色金融体系的指导意见,http://www.mee.gov.cn/gkml/hbb/gwy/201611/t20161124_368163.htm.

〔4〕　生态环境部等五部委.关于促进应对气候变化投融资的指导意见,http://www.mee.gov.cn/xxgk2018/xxgk/xxgk03/202010/t20201026_804792.html.

〔5〕　https://www.hkex.com.hk/News/News-Release/2011/111209news?sc_lang=zh-cn.

服务更多投向绿色行业、领域和企业,从而更好地发挥资本市场服务实体经济和支持经济转型的功能,推动行业整体向负责任投资方向转型升级。

(五)促进经济社会绿色化、可持续化发展

随着疫情防控常态化的积极推进,金融机构应肩负起经济绿色复苏的重要使命,这对于金融机构和资本市场的负责任投资行为提出了更多要求。金融机构应充分发挥资金中介作用,在确定资金、服务投向时充分考虑气候因素,综合评估客户的环境风险及其管理能力,加大环境和气候表现欠佳企业获得融资的难度,从而鼓励企业加速绿色化转型,提升我国经济发展质量,推动经济的绿色转型,实现可持续发展。

三、理论依据

有关气候投融资的信息披露属于环境信息披露的范围,其理论基础包含利益相关者理论、信息不对称理论、社会责任理论、委托代理理论以及有效市场假说等理论与学说。

(1)利益相关者理论(Stakeholder Theory)。该理论认为,企业的经营管理者为综合平衡各个利益相关者的利益要求而进行管理活动,企业追求的是利益相关者的整体利益,不是某个主体的利益。

(2)信息不对称理论(Asymmetric Information Theory)。该理论认为,在现实经济生活中,不同主体了解的信息存在一定差异。

(3)社会责任理论(Social Responsibility Theory)。该理论是企业伦理学的一个分支,它指出企业在谋求自身和股东利益最大化的同时,应当为其他利益相关者履行特定的社会义务。

(4)委托代理理论(Principal-Agent Theory)。该理论主要认为,企业经营者有责任和义务向所有者如实反映企业经营情况,投资者可以通过企业提供的财务信息了解和监督经营者履行责任的情况。

(5)有效市场假说(Efficient Markets Hypothesis, EMH)。该理论假设,在法律健全、功能良好、透明度高、竞争充分的股票市场中,一切有价值的信息已经及时、准确、充分地反映在股价走势之内,其中包括企业当前和未来的价值。

归纳来说,相关企业的经营者受到各方压力,会更加注重对绿色环境信息的披露;而企业主动披露有关环境信息的行为有助于其环境绩效、财务绩效和声誉利益的提升,进而有助于投融资活动的开展。提高透明度可将大量气候投融资活动"从棕色变为绿色",从而适应了金融机构和投资者往低碳/低气候风险领域转向,希望从这一投资市场中更多获利的需求。

第二节　气候投融资信息披露的策略与框架

一、国外的经验

英格兰央行前行长马克·卡尼(Mark Carney)在金融稳定委员会(FSB)下发起气候相

关财务信息披露工作组(Task Force on Climate-related Financial Disclosure，TCFD)[1]，该工作组于 2017 年 6 月制定了气候相关财务信息披露框架，并建议企业和金融机构按此策略披露气候相关财务信息。企业信息披露的内容亦是基于该框架拓展而成的(见图 8-1 和图 8-2)。

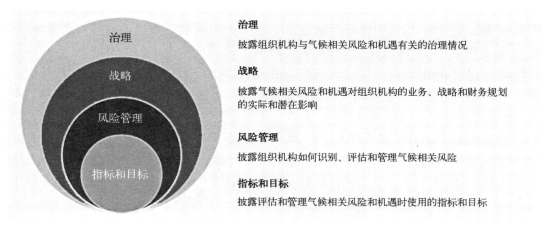

图 8-1　气候变化相关信息披露框架的核心要素

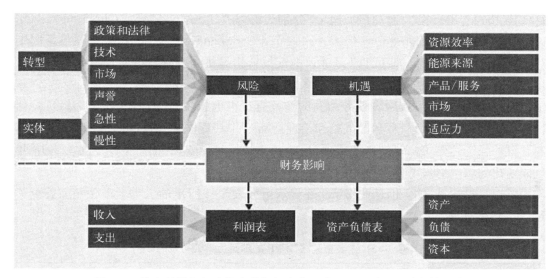

图 8-2　信息披露框架中指出的气候变化风险及机遇对公司财务的影响

　　这一框架被一些大型国际组织和发达国家的监管机构借鉴或采纳，并且已经得到全球数百家大型企业和金融机构的响应，它们都参照上述框架制订和发布 TCFD 报告。根据 TCFD 2019 年发布的最新报告，TCFD 建议的气候变化披露框架自发布以来，已有 374 家金融公司、270 家非金融公司和 114 个其他组织表示支持 TCFD 的建议，同时有管理 34 万亿美元资产的 340 名投资者要求企业按照 TCFD 的建议进行气候变化相关披露。

─────────────────

〔1〕　https：// www.fsb.org/ wp-content/ uploads/ P260918.pdf.

大型国际组织与金融监管机构都采取了一定举措。欧盟在 2019 年 11 月发布了金融机构和产品必须披露可持续发展相关信息的要求,并于 2021 年 3 月开始实施。2020 年 12 月,英国宣布要求几乎所有公司在 2025 年按照 TCFD 的建议开展信息披露。2020 年 7 月,法国金融市场管理局要求机构投资者披露环境、社会和公司治理(ESG)相关信息,并对保险公司的投资政策及风险管理信息披露作出如下要求:介绍公司的投资政策中考虑 ESG 标准的方法,以及相应的风险管理措施;介绍公司作为承保人如何考虑 ESG 标准;介绍公司遵守的有关气候变化风险管理的规章、规范或倡议,以及获得 ESG 标准认可的标识;总结并介绍公司识别与 ESG 标准相关的风险的程序,以及相关活动所面临的风险敞口。此外,许多欧洲和英国的机构还要求企业等披露投资组合的碳足迹和机构自身运行的碳排放信息。交易市场方面,2018 年 1 月,伦敦证券交易所就英国上市公司的 ESG 汇报刊发指引,其中提及并认可 TCFD 的建议。2018 年 11 月,香港证券交易所发布《如何编制环境、社会及管治报告?》,推荐上市公司参照 TCFD 的建议进行披露,并于 2019 年修订《环境、社会及管治报告指引》,新增"气候变化层面"内容,并再次重申建议上市公司采纳 TCFD 的建议。道琼斯可持续发展指数(DJSI)也相应以 TCFD 建议的标准来对气候战略部分进行评估。

2019 年,两家美国的"金融巨鳄"主动依据 TCFD 的建议开展信息披露。美国花旗银行(Citi Bank)和摩根大通(JPMorgan)分别发布题为"Finance for a Climate-Resilient Future"和"Understanding Our Climate-Related Risks and Opportunities"的报告。同年 8 月,明晟(MSCI)发布《基于 TCFD 建议的汇报》,指导机构投资者按照 TCFD 的要求管理与披露气候变化信息。

同时,一些与气候投融资业务相关的非政府组织也积极响应。2019 年 2 月,负责任投资原则(PRI)表明其气候风险战略和治理指标与 TCFD 框架一致,将成为 2020 年 PRI 签署方的强制性要求。碳信息披露项目(Carbon Disclosure Project,CDP)也在 2018 年气候变化问卷中纳入了 TCFD 的框架。

值得一提的是,这一信息披露策略还揭示出如表 8-5 所示的三类上市公司需着重关注 TCFD 的框架。

表 8-5　需着重关注 TCFD 的三类上市公司说明

受重要国际资本关注的公司	金融机构(金融类公司)	高能耗、资源消耗型公司
TCFD 及其发布的信息披露框架作为气候投融资相关信息的通行策略,已经广受国际资本市场的认可与支持。故而,按照其框架进行信息披露能够赢得国际投资者,特别是重要国际资本对公司长期稳定发展的信心	我们已经知道,气候相关的风险是金融风险(气候投融资风险)的重要来源,可能会导致一系列金融层面上的后果,比如金融震荡和突发性金融减值(具体请参考本书第九章)。因此银行等金融机构需要格外对 TCFD 及其发布的信息披露框架进行关注	高能耗、资源消耗型企业对气候变化形成的影响较大,也更易受到气候变化导致的极端天气或者市场、政策调整(即气候物理风险或转型风险)带来的冲击。例如,气候变化导致的水资源枯竭将严重影响用水量较大的企业。因而,这类公司亦需重点关注 TCFD 的信息披露框架

二、国内的探索

在欧美等部分发达国家已经形成了明确而完整的气候投融资信息披露策略之时,我国也同样在学习和吸收其先进经验,并结合我国国情展开探索。2017年12月15日,第九次中英经济财金对话活动鼓励双方金融机构参照TCFD框架开展环境与气候信息披露试点。在中国金融学会绿色金融专业委员会(以下简称绿金委)与伦敦金融城共同领导下,中国工商银行与UN PRI分别作为中方及英方试点牵头机构,组织推动试点金融机构进行气候投融资信息披露,取得了一定的进展与成效。

(1)研究制定了试点工作方案、三阶段行动计划和信息披露目标框架等一系列成果,连续多年发布《中英金融机构环境信息披露试点进展报告》[1]。最新的一期报告总结了试点项目2020—2021年的主要进展、挑战、未来展望以及试点机构环境信息披露实践案例成果,同时以专栏的形式对近年来TCFD建议的发展趋势进行了关注和分析。

(2)扩大了试点金融机构范围。截至目前,试点金融机构已由最初的10家扩展到13家。试点机构覆盖银行、资管、保险等行业,中方试点机构资产总额约为502 960.53亿元人民币。

(3)各试点机构不断探索选择合适的形式对外披露环境信息。如2019年中国工商银行正式发布第一份《绿色金融专题报告》,包括战略与治理、政策与流程、绿色产品、绿色运营、绿色研究、奖项与荣誉等内容。兴业银行、平安银行、湖州银行等也以独立报告形式进行了披露,部分金融机构在社会责任报告中对相关信息进行披露。

(4)充分发挥试点示范作用,影响力逐步扩大。中方试点牵头机构中国工商银行在绿金委指导下,开展《湖州市地方性商业银行环境信息披露》课题研究;继2019年湖州银保监局发布《湖州市金融机构环境信息披露三年规划:2019—2021》,全面启动全市范围内环境信息披露工作并加入中英试点项目后,又于2020年出台了《金融机构环境信息披露指南(试行)》。

(5)正式发布《金融机构环境信息披露指南》。2021年9月人民银行发布了《金融机构环境信息披露指南》,目前已指导百余家金融机构试编制环境信息披露报告,包括环境风险的识别、评估、管理、控制流程,经第三方专业机构核实验证的发放碳减排贷款的情况及其带动的碳减排规模等信息。

除金融机构外,国内企业层面的气候投融资信息披露探索也在持续推进,特别是在有关政策文件发出和执行之后,部分企业积极响应政策精神,按照政策要求,采取了一些有针对性的披露措施。

在此之外,高校与智库亦积极配合,采取行动,为国内气候投融资信息披露的探索助力。有代表性的是复旦大学绿色金融研究中心发布的《中国企业绿色透明度报告》[2]

---

〔1〕 https://www.efchina.org/Reports-zh/report-lceg-20201103-zh.
〔2〕 陈诗一,李志青.中国企业绿色透明度报告(2019)[R].复旦大学绿色金融研究中心研究报告.

《中国上市银行绿色透明度研究》[1]等研究报告,以及中央财经大学绿色金融国际研究院建立的一系列数据库[2]等。它们对有关金融机构与企业的信息披露行为起到了良好的社会监督作用,亦为气候投融资信息披露的探索指引了方向。

第三节　气候投融资信息披露的案例介绍

一、碳信息披露项目——非政府组织扮演信息之"桥",助力更明智气候投融资活动的国际典范[3]

碳信息披露项目(Carbon Disclosure Project,CDP)是一家总部位于伦敦的国际非营利组织,现名为"CDP 全球环境信息研究中心",它是"全球商业气候联盟"(We Mean Business Coalition)的创始成员。CDP 的主要行动是联合有关公司与利益相关者收集和披露气体排放信息,并制定一系列细则,对公司披露的数据进行系统性、科学性的评分,以此形成完整的、标准化的信息与数据体系,并且保证这一信息与数据体系能为市场、范围更广的投融资参与者及社会公众所使用,进而致力于推动企业和政府减少温室气体排放,保护水和森林资源。在伦敦、北京、香港、纽约、柏林、巴黎、圣保罗、斯德哥尔摩和东京设有办事处。2012 年,CDP 进入中国,致力于为中国企业提供一个统一的环境信息平台。截至目前,全球超过 6 000 家企业通过 CDP 进行气候投融资相关信息的披露,与之对应的是,资产高达 100 万亿美元的 800 多家机构投资者要求公司通过 CDP 披露有关信息。

以中国为例,2017 年,CDP 根据市值及环境影响筛选企业,代表投资者要求这些中国企业通过问卷披露相关信息,这些企业覆盖上海、深圳等 4 个上市地点及全球行业分类标准(GICS)的 9 个行业。几个重要的披露调查结果是:在它们之中,80% 已经将气候变化纳入企业战略,76% 的企业披露了范围一排放数据,88% 的企业采取了减排行动。除上述内容外,CDP 对企业披露的各个方面的信息与数据进行了细致的统计、处理、分析和评分,进一步提升了企业信息披露的透明度与可利用性。部分披露结果如图 8-3、图 8-4、图 8-5、图 8-6 及图 8-7 所示。

那么,通过 CDP 披露以及 CDP 通过评分等方式二次处理形成的重要信息与数据怎样能更好地为投资者在气候投融资实践中使用,进而助力其更为明智的气候投融资决策呢? CDP 同样对有关的应用案例进行了展示:以美国最大的公共退休基金——美国加州公务员退休基金(CalPERS)为例,该基金资产总额高达 3 000 亿美元,因此具有较强的投资需求与投资能力。该基金利用通过 CDP 披露的标准化信息进行投资组合分析,而这一

———————————

〔1〕 陈诗一,李志青.中国上市银行绿色透明度研究(2019)[R].复旦大学绿色金融研究中心研究报告.

〔2〕 中央财经大学绿色金融国际研究院(IIGF)建立的 ESG 数据库。

〔3〕 https://china.cdp.net/research.

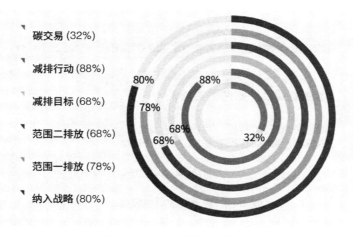

碳交易 (32%)

减排行动 (88%)

减排目标 (68%)

范围二排放 (68%)

范围一排放 (78%)

纳入战略 (80%)

图 8-3 企业关键数据披露率概览

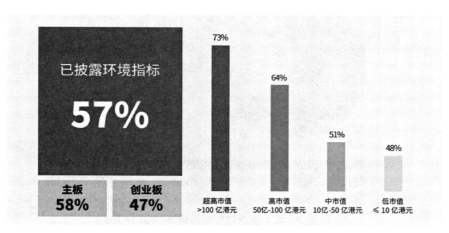

图 8-4 香港联交所上市公司气候投融资相关信息披露情况统计

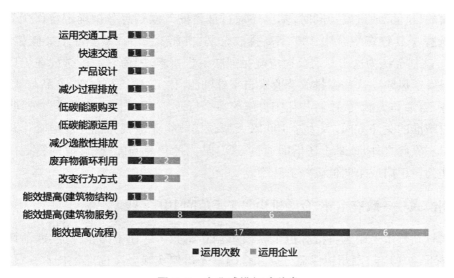

图 8-5 企业减排行动种类

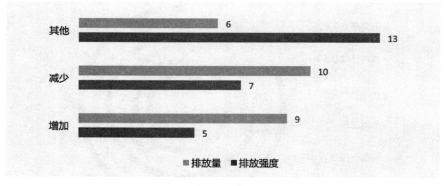

图 8-6　重点企业排放绩效

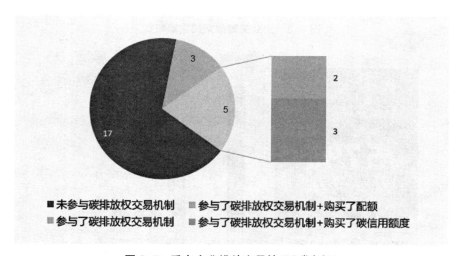

图 8-7　重点企业排放交易情况(碳市场)

分析中日益重要的一个环节便是描绘一个公司的碳足迹和其产生的碳排放量,并评估其在这方面的目标完成进度。同时,基金还通过披露的气候信息分析确定合作优先级——该基金选择了其投资组合中 100 家高排放公司,并将其归为"系统性重要碳排放公司"(SICE)。该基金认为这 100 家公司应遵循强制报告要求,因为它们的排放在更广的经济层面上引发了风险。这些高排放企业来自基础资源、化工、建筑与材料、食品与饮料、工业品和服务、石油与天然气、旅游与休闲设施等多个行业。"系统性重要碳排放公司"让该基金有了更精准的关注方向,因为这 100 家大型碳排放企业被视为优先沟通合作减少碳排放的公司。除此之外,该基金还借助通过 CDP 披露的信息与 CDP 形成的行业研究报告了解哪些公司正向或未向低碳经济转型。

二、湖州模式——政府主导,金融机构率先垂范的中国实践

浙江省湖州市是中国首批绿色金融改革创新试验区。在中国银保监会、浙江银保监局的指导下,2019 年,湖州银保监分局在全国率先落地实施金融标准化技术委员会《金融机构环境信息披露指南(试行)》新国家标准,发布全国首个新国标区域性环境信息披露报

告,包含 1 份环境信息披露区域报告、19 家(资产规模在 100 亿元以上的)湖州市主要银行业金融机构环境信息披露报告,有效发挥绿色金融改革"窗口"展示作用。

湖州市银保监分局于 2020 年 7 月 1 日整合发布的《湖州市银行业金融机构环境信息披露报告(2019 年度)》[1]提供了生动、系统的案例。

该报告第一部分为"整体绿色金融治理框架"。该部分系统性地披露了 2019 年湖州市银行业金融机构在治理结构、政策体系、风险管理流程三个维度的作为。

该报告第二部分为"机构经营活动对环境产生的影响"。这一部分详尽地披露了截至 2019 年末,湖州 19 家主要银行机构按照公允/通行的计算标准营业、办公活动对气候造成的影响数据(如表 8-6 所示)。

表 8-6 湖州主要银行机构经营活动对气候产生的影响

指 标 名 称	披 露 细 项	总 量
经营活动直接产生的温室气体排放和自然资源消耗	机构自有交通运输工具所消耗的燃油(单位:万升)	210.55
	自有采暖和制冷设备所消耗的燃料(单位:升)	0
	营业、办公活动所消耗的水量(单位:万吨)	49.29
采购的产品或服务所产生的间接温室气体排放和间接自然资源消耗	营业、办公活动所消耗的电量(单位:万千瓦时)	6 076.47
	营业、办公活动所消耗的纸张重量(单位:吨)	245.1
	购买采暖和制冷设备所消耗的燃料(单位:升)	0
金融机构环保措施所产生的效果	为提升员工与社会大众的环保意识,关于气候投融资的培训活动或公益活动的覆盖面(单位:人次)	43 621

该报告第三部分是我们需要关注的重点,其主题为"机构投融资活动对环境产生的影响"。这一部分详尽地披露了截至 2019 年末湖州 19 家主要银行机构投融资金额,并对其投融资活动所产生的气候贡献进行了具体的量化(如表 8-7 所示)。

表 8-7 湖州主要银行机构投融资活动对气候产生的影响

指 标 名 称	披 露 细 项	总 量
绿色信贷余额及其占比	绿色信贷余额(单位:亿元)	549.67
	各项信贷余额(单位:亿元)	4 319.39
	绿色信贷占比(单位:%)	12.73

[1] https://www.zjabank.com/Index/info?article_id=82984.

（续表）

指 标 名 称	披 露 细 项	总　　量
绿色信贷金额变动折合减排情况	折合减排标准煤量（单位：万吨）	172.52
	折合减排二氧化碳气体当量（单位：万吨）	266.52
	折合减排化学需氧量[1]（单位：万吨）	3.96
	折合减排氨氮化物气体当量（单位：万吨）	0.21
	折合减排二氧化硫气体当量（单位：万吨）	1.21
	折合减排氮氧化物气体当量（单位：万吨）	1.07
	折合节水量（单位：万吨）	259.91

　　该报告第四部分为"绿色金融创新实践展示"。该部分披露了2019年湖州19家主要银行机构面向气候变化等议题的具有代表性的绿色金融产品，如支持减排的信贷业务和产品等。

　　湖州模式具有极强的示范作用。如果与湖州银行业金融机构的气候投融资信息披露实践相类似的行动能在全国范围内铺开，则可以形成自下而上的信息流，对我国气候投融资及其信息披露活动大有裨益：一方面，各上市金融公司（金融机构）能知晓并向国际国内提供自身更为详尽的气候排放与气候贡献信息，为其经营和投融资业绩以及国际认可度带来积极的作用；另一方面，各省市都能对所辖范围内的气候投融资实践形成更加清晰的认识，从而对监管和政策制定起到正面的影响，同时也能极大地促进社会公众对于气候投融资活动的参与热情。

第四节　气候投融资信息披露的挑战与展望

一、现阶段存在的问题与挑战

（一）不同企业、金融机构的信息披露基础差异较大

　　从企业层面看，不同类型的企业气候投融资信息披露情况差异显著。目前，根据现有规定，发行公开证券的公司中，仅重点排污行业企业需要履行强制性环境与气候信息披露义务，而其他行业企业与非上市企业主要采用鼓励自愿公布的方式。以浙江省为例，根据中央财经大学建立的数据库显示，在2018年近1000家上市公司和发债主体中，仅有不到

---

　　[1]　化学需氧量（Chemical Oxygen Demand, COD）是以化学方法测量水样中需要被氧化的还原性物质的量。在河流污染和工业废水性质的研究以及废水处理厂的运行管理中，它是一个重要的而且能较快测定的有机物污染参数。

一半的企业披露了环境定性或定量信息,说明对于没有强制披露规定的公司,其相关信息披露意愿不强,与2020年3月印发的《关于构建现代环境治理体系的指导意见》[1]中建立完善上市公司和发债企业强制性环境治理信息披露制度的要求尚有一定差距。

从金融机构情况看,银行类金融机构具有较好的绿色金融实践和数据基础,特别是自2013年起纳入银保监会绿色信贷统计报告制度的21家主要商业银行,均已建立起绿色信贷制度及统计评价机制,进而能够实现良好的气候投融资信息披露;而保险、基金、信托类金融机构在绿色金融方面则起步较晚,气候投融资信息披露程度还亟待提升。

(二)信息披露质量不高

根据复旦大学绿色金融研究中心发布的《中国企业绿色透明度报告》《中国上市银行绿色透明度研究》等研究报告对于特定行业上市企业和上市银行绿色透明度的评分,除强制披露指标外,其他内容披露情况不容乐观,而上市银行中,城商行与农商行的整体信息披露水平也远低于国有银行。

具体以浙江省内的企业为例来看,根据中央财经大学建立的数据库2018年的统计显示,省内公开披露环境信息的企业大多披露的是定性数据,公开定量环境信息的企业少于40%。且企业在其年报或社会责任报告中存在"报喜不报忧"的选择性披露倾向,极少主动披露相关环境风险和环保负面信息,浙江省67家受环境处罚的上市企业无一家主动进行相关信息披露。此外,当前大部分企业环境信息披露的频率为一年披露一次,存在严重的滞后性,信息供给频率远无法满足当前市场发展对信息时效性的迫切需求。这些环境信息质量的问题导致现有的环境信息可供参考性不强,变相提高了市场识别和评估环境信息的成本,不利于进行市场选择。

(三)信息披露主体与披露渠道分散

由于环保直接责任人制度的存在,集团下属各子公司单独披露法人环境相关信息的情况时常发生,集团企业年报中未披露下属各子公司当年环境表现的情况同样屡见不鲜,上述问题导致了社会无法及时获取与集团企业存在关联利益的气候投融资信息。此外,当前企业环境与气候相关信息存在主动披露和被动披露两种模式,大部分企业与气候投融资相关的负面信息需要通过主管部门门户网站、公益性环境信息披露平台、公众媒体等被动披露渠道方可获得,这提高了市场信息获取成本,增加了信息遗漏的可能性,进而容易致使投资者做出错误决策。

(四)信息披露工作的形式不规范、机制不完善

目前企业披露的气候投融资质量不高、可读性差。具体表现在相关披露信息主观性强,披露形式不规范、不丰富,披露的数据也仍然较为原始。尤其是对非专业环境领域的金融机构来说,现有的部分环境指标存在一定的专业壁垒,无法直接为其所用,进而导致社会公众尤其是此类非专业机构对此类企业认可度的降低。与此同时,部分试点企业与机构尚未建立完善的气候投融资风险识别、管理、披露和反馈的政策流程与组织保障等,这一问题也是导致信息披露工作形式不规范的重要原因之一。

---

〔1〕　http://www.gov.cn/zhengce/2020-03/03/content_5486380.htm.

二、未来的做法与展望

(一) 不断完善顶层设计,出台强制性气候投融资信息披露规范与指引

中国证监会于2018年9月修订并发布的《上市公司治理准则》[1]明确了我国上市公司社会责任报告披露的基本框架,证券业自律组织也制定了一系列行业指引文件,引导上市公司自愿披露社会责任信息。未来,我国相关监管部门仍需要继续加快完善顶层设计,出台详细的覆盖 ESG 等议题的气候投融资信息披露指标政策,比如制定《上市公司和发债主体环境信息披露指南》等此类规定,交易所等也应当出台上市公司强制信息披露标准的实施细则,为上市公司信息披露提供准确指导,从根本上解决信息披露难以获得、可读性差、指标各异、口径不一、数据无法横向和纵向对比等有关问题,进而保障相应数据的可得性、准确性和可对比性。有关规定同样也应适用于除上市公司外的其他类型企业,形成充分的"他律",进而转化为相关信息披露的行业"自律"和全方位的公众参与。

(二) 持续优化环境与社会风险管理能力,制定行业特色指标

根据 TCFD 框架的指引,企业与金融机构需要通过情景分析和压力测试等方法测算环境或气候因素带来的影响,持续优化环境与社会风险管理能力。未来,我国应在有关监管部门的指导之下,企业与金融机构,以及其他科研机构继续研究开发兼具科学性与实用性的气候投融资风险评估和气候绩效测算方法学,同时创新统计工具与数据平台的建设,用于支持收集绿色金融业务在前中后端运营及信息披露过程中涉及的定量数据。此外,由于不同类型的企业、金融机构所面对的风险类型也存在一定程度的差别,因此企业、货币金融服务业、资本市场服务业和保险业机构可以根据自身业务经营特性,设定不同的风险识别与监测工具,制定行业特色指标,使得它们关于 ESG 等议题的气候投融资的信息披露更加系统、完整、丰富。

(三) 进一步开展国际交流合作,深度参与国际气候投融资信息披露准则建设

近年来,我国积极参与了国际环境信息披露工作,尤其值得指出的是,在2019年4月,中国绿色金融委员会发布了"一带一路"绿色投资七大原则(BRI-GIP),披露环境相关信息是这七大原则之一。在未来,随着经济全球化的持续深度推进,除响应国内监管要求外,我国的企业和金融机构需要更加主动地借鉴参考国际气候投融资信息披露相关标准,与国际接轨,提升气候投融资信息披露的广度和深度,为国际组织、负责任投资者以及其他相关企业提供更多投资、融资决策的参考依据。同时,我们也需要进一步在气候投融资实践与风险管理体系建设方面加强国际交流合作,参与国际可持续金融发展与信息披露准则建设,共同迎接气候变化带来的一系列机遇与挑战。

---

〔1〕 http://www.csrc.gov.cn/pub/zjhpublic/zjh/201809/t20180930_344906.htm.

第九章　气候投融资风险管理

第一节　气候投融资风险管理的概述

一、气候投融资风险管理的特点

气候投融资风险的管理是一个动态的、长期的过程,需要根据风险引发的不同因素、不同情景进行分析,进而采取比较有针对性的管理措施。因此,有必要把握气候投融资风险的特点。

气候物理风险主要包括气候变化导致的海平面上升和各种极端气候事件,例如台风、洪水、干旱、极端高温天气和森林火灾等对经济的不利影响。这类风险是气候变化所引发的一系列自然因素变化给经济带来的损害,在投融资活动中主要预防这些外界的自然因素演变。

针对气候转型风险,即各类经济主体为应对气候变化改变行为或偏好从而给经济带来的风险。转型风险的来源主要是政策变化、技术进步、消费者和投资者观念等人为因素发生的转变。例如,为了落实联合国可持续发展目标,各国出台促进可再生能源发展、抑制过度碳排放的政策,包括提高资源税、对内燃机汽车限售以及发展碳排放、排污权等交易市场;同时,各国出台了各种环保政策法规和措施(如处罚、停产等)以抑制污染性产品的消费,并向节能环保的企业和产品提供财政补贴等。又如,清洁能源、节能、清洁运输、绿色建筑等领域的技术创新,这些是金融活动普遍存在的风险特征,需要在金融活动过程中加以注意。

气候物理风险是应对气候变化失败的成本,而气候转型风险则是成功应对气候变化的代价。基于此,气候投融资的风险管理需要在"应对风险"和"适应风险"两方面开展工作,而不是一味拒绝风险的产生。

二、气候投融资风险管理的内涵

对气候投融资风险进行管理的过程实际上是识别并解决上述有关问题的过程。最根本的是要推动气候风险内生化,并成为影响金融定价的重要因素。而金融工具和服务手段的创新是解决气候投融资面临的资金供给不足、期限错配、投融资成本居高不下、资产定价手段缺失等问题的有效途径,也是规避气候变化对投融资领域带来的潜在风险的重要方式。因此,气候投融资风险管理就是将这种不确定性和不稳定性降低,这种风险管理

的模式实质也是金融创新的手段。

一是创新气候信贷、气候债券、气候基金、气候保险、气候信托等气候金融工具,鼓励采用混合融资、资产证券化等模式,推动典型案例的复制推广。

二是充分运用PPP模式,投向更多的气候投融资项目,同时要注意合作的有效性和规范性,提高收益能力,保障社会资本获得合理投资回报。

三是开发气候风险模型、建立气候项目库、开展气候信用评价,推动金融机构和企业主体提高认知和判断气候风险,以及辨识气候项目的能力。

四是加强气候投融资的"引进来"和"走出去",进一步探索与多边开发性金融机构和国外金融机构在气候投融资领域的合作模式,这些机构在气候投融资风险防控、机制设置、产品创新等方面具有丰富的经验。

同时,我国应逐步建立系统性的法律法规体系、目标责任评价考核体系以及统计体系,研究出台产业、投资、财税、价格、金融、信贷等绿色激励扶持政策,通过财政补贴、税收减免、担保增信等手段,降低气候投融资成本和风险。

推动以自下而上创新为特色、法律法规和投资政策为引导、金融支持为重点的中国特色气候投融资体系建设,通过地方先行先试,建成一批不同类型、不同特色的气候投融资试点,催生一批气候金融和第三方综合服务的新兴业态,培育一批有竞争力的、气候友好型的新兴市场主体,探索一批以点带面的、可持续、可推广的气候投融资发展模式,是下一阶段可行的发展路径,亦是气候投融资风险管理的重要手段。

三、气候投融资风险管理的两个层面

由于风险的传递是从自然物理层面逐步传递至企业、行业,甚至整个经济系统,因此在风险管理方面需要从宏观和微观两个层面进行分析。

在宏观层面,气候相关风险对经济增长、生产率、通胀及其预期等经济和金融变量产生持久影响,进而同样可能形成系统性金融风险,对监管机构维护金融稳定也带来重大挑战,影响到气候投融资的不断推进。从另一个角度来看,现阶段我国气候资金的主要来源并非上述传统金融市场,而是公共财政资金。因此,气候投融资相关资金供给的缺乏程度显而易见。这一巨大的资金缺口规模也意味着我们在风险管理中,应该注重的是如何更好地管理资金的使用范围,以及如何用有限的财政资金撬动更多的社会资本投入。

微观层面,气候相关风险首先会对有关企业造成形成一定的风险:企业运营成本、费用升高,进而对企业营收产生不良影响,从而会波及企业利润率、负债率、收益率等财务指标。以煤电产业为例,具体表现为:对煤电需求的下降(降低营业收入);由于新能源成本下降,煤电价格被迫下降(降低营业收入);炭价上升,使得煤电企业用更高的价格购买配额(提高成本);由于煤电企业财务状况恶化,评级下降,融资成本上升(提高成本);金融监管部门可能会提高棕色资产的风险权重,从而提高融资成本(提高成本)。

标的企业的财务指标发生变化之后会影响金融机构有关金融风险的指标,主要体现在贷款违约率、违约损失率的提高,保险定价、保险准备金的变动与相关估值(股价)的降

低,从而构成了对银行、保险公司、股权投资者的风险。同时,金融市场对气候投融资项目提供资金的动力不足。主要是由于气候投融资项目具有正的外部性且并未实现内部化,气候投融资项目普遍存在资产定价手段缺乏、前期投资规模大、投资收益率不高和资金回收期长等几个特点。例如,资金回收期长使得贷款层面存在较大的“期限错配”风险。银行的平均负债期限只有 6 个月,负债端主要是来自民众和企业的存款,大部分是短期的。以短期的存款作为资金来源,贷款方就不能时间太长,否则会出现期限错配。我国银行平均的贷款期限只有 2 年,但很多环保项目都是中长期的。此外,由于借款人或被投资对象在气候问题和社会责任方面的负面行为或负面社会影响,金融机构可能面临承担连带责任以及声誉受损的风险。

对于金融机构而言,单个金融机构风险指标的变化会传导转化成系统性监管指标的变化,可能导致系统性金融风险。相应监管指标包括银行业的核心资本充足率、保险行业的偿付能力充足率和养老金的备付金比率等,是监管机构衡量金融子行业以及金融业整体稳健程度的重要参考。

第二节　气候投融资风险管理的机制与挑战

一、当前气候投融资风险管理的关键内容

根据相关定义,气候投融资(气候金融)是应对气候变化相关风险(物理风险与转型风险)的全部金融性业务的总称,气候投融资风险管理主要关注的是气候变化相关风险带来的不确定性。

首先,碳排放会带来气候变化,气候变化会产生特定的自然灾害,这些自然灾害会带来实体性损失,如财产损失、作物歉收和业务中断等;同时,现如今快速增长的资产价值、快速提升的资产集中度以及快速变化的土地使用模式(快速的城市化)使得资产的灾害暴露程度急剧提升,放大了有关实体性损失。进而,在宏观层面影响了经济增长、生产率、杠杆率、通货膨胀等一系列国民经济重要指标,也会在微观层面影响相关企业和家庭的杠杆率。将相关因素引入银行贷款的违约率模型,或是支持投资决策的企业估值模型或保险精算模型,得出的结果包括调整后的违约率(以及预期损失率)、企业估值(股价)和保险定价或保险准备金要求,即相应的气候投融资风险。

其次,为削减碳强度,从而减轻气候变化带来的挑战,我们势必会调整产业和能源结构、发展新兴技术、改变投资和消费偏好。这样的转型风险对传统企业(行业),特别是高排放、高污染企业(行业)影响巨大。以煤电企业为例,未来市场需求下降会导致煤电企业营业额减少;新能源价格竞争会导致煤电企业被迫降价和收入减少;炭价上涨和融资成本升高会增加企业的成本。企业营业收入的下降以及成本的增加会导致企业重要财务指标(如负债比率、利息保障率和资产收益率)的恶化,这些财务指标一旦恶化就会导致违约率上升、企业估值下降,给金融机构带来一系列金融风险。并且,由于在转型过程中的一系

列问题,包括资产定价手段缺乏、前期投资规模大、投资收益率不高和资金回收期长等,相关金融机构投融资动机进一步下降。缺乏金融机构的支持,公共财政资金显然独木难支,气候投融资资金缺口不断扩大,加重了气候投融资风险。

基于上述风险描述,由于气候变化问题引发的政策、经济、产业等转型可能最终导致系统性金融风险的形成,这是风险管理当前最为需要考虑的内容。

二、气候投融资风险管理中的关键因子及传导机制

在气候投融资风险管理过程中,主要是把控一系列对风险造成影响的关键因素,可以划分为三类:风险源头层面的影响因子、风险传导渠道层面的影响因子、风险终端影响层面的影响因子。

源头层面的关键影响因子主要包括灾害的频率与强度、企业本身的性质及原有落后产业所占的比重、资产的灾害暴露程度等。传导渠道层面的关键影响因子主要包括宏观视角下的总体经济状况(包括价格、生产力、国际贸易、利率、汇率等)、微观视角下的企业经营状况等。终端层面的关键影响因子主要包括金融机构对相关风险的重视程度与应对能力、投融资资金供应充裕程度、相关法律法规制定与执行情况等。

由于在传导过程中会涉及多个层面多种类型的关键影响因子,且不同终端主体(包括金融机构和监管机构)对于风险的接受形式、承受能力各不相同,对气候投融资风险的认识会存在一定不确定性,同时,也为相应测度工具的开发带来了精确性与适用性的双重难题,这也解释了全球范围内对该领域研究尚未充分、进展并不迅速的原因。

建立关键风险指标(Key Risk Indicators,KRI)和相关统计数据库,在鼓励市场主体和学术机构研究与气候相关的关键风险指标的同时,央行与监管机构绿色金融网络(Central Banks and Supervisors Network for Greening the Financial System,NGFS)及相关国际组织自身也可开展相关研究。明确关键风险指标将有助于金融机构和监管部门识别、评估与管理气候相关投融资风险,并提升数据的可比性。

同时,建立绿色和棕色经济活动的分类体系,驱使有关产业加快绿色转型。政策制定者们应组织利益相关者和专家,共同建立和推广对经济金融活动的分类体系,将"绿色"和"棕色"的经济金融活动加以区分,使得金融机构可以更清楚地了解和评估不同类型经济金融活动所带来的机遇和风险。

在把控基本因子后,就是针对传导机制分环节进行管理,如图9-1所示。

三、气候投融资风险管理面临的挑战

根据近年来关于气候投融资管理的相关实践,主要存在一系列问题,包括法律法规、制度条例、激励机制较为不足;金融业尚未充分了解气候风险和意识到其与投融资风险的相关性,对风险分析的投入和能力不足;现有的环境风险分析方法与工具仍不完善,所使用的已经公开的可用于评估气候风险的数据和方法普遍缺失、质量较低;在与气候金融相关的风险分析领域和新兴经济体中环境风险分析的应用十分有限。

因此,不论金融机构还是项目融资方,都要提高环境风险分析意识,特别是中国人民

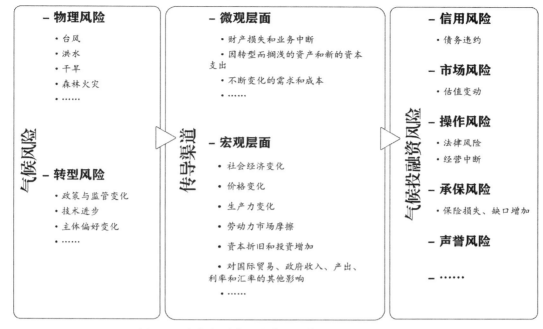

图 9-1　气候投融资风险来源因素及传导机制示意图

银行和其他金融监管机构应带头开展宏观层面的环境风险分析；同时应该向金融机构释放清晰的政策信号，明确推广气候风险分析的决心；行业协会、中国人民银行及其他监管机构、国际组织、非政府性机构和学术机构等组织可以通过组织研讨会、培训会等交流活动，将气候投融资风险分析方法作为公共产品，向金融业进行推广。

政府部门应加强支持示范项目、推进金融创新。NGFS、国际组织、中国人民银行和其他监管机构可以考虑对重点行业或重点地区的示范研究项目进行扶持，这些项目可针对银行业、资管业和保险业金融机构，并覆盖对气候因素有重大风险敞口的产业及对应地区。例如，试点碳市场为气候投融资活动提供了交易标的，在营造了良好投融资环境的同时培养了一批有气候投融资意识的市场参与主体。由碳市场衍生的碳金融本身就是气候金融的重要组成部分。碳市场的健康运行是碳金融得以发展的基础，有一些试点进行了碳衍生品交易和碳相关融资工具方面的尝试，包括配额回购融资、碳资产质押、碳债券、碳掉期、碳远期等，这些都是对气候投融资的重要推动。

第三节　气候投融资风险管理策略与框架

一、自上而下的管理策略

国际经验表明，将气候影响融入顶层设计中，并通过相关具体的政策来贯彻目标具有重要的作用。无论是世界银行、欧盟还是英国绿色投资银行，其对气候影响的关注都通过政策工具的方式实现了主流化和纲领化。通过政策的制定，可以在投融资活动的全流程

中贯穿对于气候影响因素的考量,并通过自上而下的执行和自下而上的反馈,实现对既定气候投融资目标的监测、报告和评估。

多边开发银行机构长期以来既是气候投融资活动的实施主体,也是投融资活动气候影响管理工具及其创新的引领者。无论是在政策工具层面,还是技术工具层面,世界银行、亚洲开发银行、欧洲复兴银行等机构都已在投融资活动气候风险和效益管理方面积累了一定的经验。

以世界银行为代表的多边银行机构,将气候风险和效益的评估管理融入了其规划、投融资活动实施及统计监测的不同环节。在气候风险管理方面,2016 年 8 月,世界银行发布了新的环境社会保障政策,即《环境与社会框架》,并宣布从 2018 年 10 月起,该政策将应用于世界银行所有的气候投融资项目。相比于世界银行之前的保障政策,ESF 更加强调对气候变化和推动增强气候韧性的关注,在具体的标准中包含了一系列应对气候变化的考虑,涵盖减缓和适应领域,同时要求:(1)在一些情况下,借款人评估总的温室气体排放量;(2)项目层级对资源利用效率的监测,应同时提供对气候效益的评估。

在投融资项目气候风险管理的同时,世界银行还关注投融资项目的气候效益,建立了一套系统的监测、报告的追踪流程,以确保其在可再生能源、绿色交通及增强气候韧性方面的投融资效益的评估在横向和纵向两个维度都拥有可比性,以支持气候投融资目标或相关承诺的实现,监测气候相关的投资活动。

在气候投融资活动的风险管理方面,欧盟将《环境与气候变化整合政策》作为所有气候投融资活动规划、评估、实施的一项基础性政策。该政策强调在投融资活动的全周期过程中关注气候相关的风险因素,并通过相应的管理政策和评估机制落实气候主流化原则。依据该政策的要求,在投融资项目的规划、设计、执行、评估四个关键环节均应遵循相应的气候风险评估和管理程序。同时,该政策还有一系列分领域的指南来规范具体领域的投融资活动,对于在具体的行业领域,如何考虑气候的风险因素做了进一步的政策层面的安排。

同时,欧盟在投融资活动中也越来越关注资产所能产生的减缓或适应气候变化的效益。欧盟持续推动可持续金融的发展,2018 年 1 月,欧盟发布开创性的《欧盟经济体可持续融资》,并制定了《可持续金融行动方案》(2018 年 3 月发布),这两份政策文件已成为欧盟新监管框架的制定基准。作为欧盟推动可持续金融的政策工具,《欧盟经济体可持续融资》及《可持续金融行动方案》均将推动投融资助力低碳转型或推动具有气候韧性的投融资政策与活动作为主要目标,以撬动更多的私营资本支持低碳转型或提升应对气候变化的能力。在实施层面,欧盟也建立了气候投融资活动的披露、监测和报告的机制,对投融资活动的气候影响进行持续的追踪,定期发布《气候基准及环境、社会和治理(ESG)披露》报告,依据相关建议和指标,对欧洲上市公司、银行和保险公司提供追踪和披露,以确保私人资本在提升气候适应性和促进低碳发展方面发挥相应的作用。

再如英国绿色投资银行,在具体的实施过程中,以气候风险和效益为主要内容的绿色影响评估是英国绿色投资银行投融资决策和监管过程中必不可少的组成部分,同时在评估的基础上,对于投融资项目,英国投资银行还要求项目采用相应的减缓和适应措施来应对可能的气候风险,并要求在项目的执行过程中进行动态的监测和反馈,发布气候投融资的绿色影响报告。

二、内部管控的策略

目前,我国在气候投融资的评估过程中还没有形成对气候相关风险或效益的强制评价要求,仅在极少类别项目的可行性研究或环评中要求关注气候风险,且并没有给出明确的评价指标和评价方法。因此,建议以相关政策法规、技术标准或导则的形式,将气候影响因素纳入投融资评估的考量范围,设计相应的评估指标,从而确保气候变化因素在决策过程中能够得到充分考虑。将气候变化的影响融入投融资的决策过程中,既要包括负面的气候风险的考量,也要包括正面的绩效的考量,同时对于两个方面的评估和管理,应有与发展阶段相适应的机制。既要将气候风险的管理融入相关机制或流程中,同时也要正面引导投融资活动更加关注气候效益,将减缓和适应气候变化的行动纳入投融资的各个层面。

对于金融机构,首先统筹推进标准体系建设,充分发挥标准对气候投融资活动的预期引导和倒逼促进作用,加快构建需求引领、创新驱动、统筹协调、注重实效的气候投融资标准体系。气候投融资标准与绿色金融标准要协调一致,便于标准的使用与推广,并推动气候投融资标准国际化。

其次,机构自身要善于制订气候项目标准,以应对气候变化效益为衡量指标,与现有相关技术标准体系和《绿色产业指导目录(2019 年版)》等相衔接,研究探索通过制订气候项目技术标准、发布重点支持气候项目目录等方式支持气候项目投融资。推动建立气候项目界定的第三方认证体系,鼓励对相关金融产品和服务开展第三方认证。

三、开发技术标准和信息披露模式

由于没有相关技术标准或评价规范作为指引,同时缺乏实践经验,管理气候风险或进行具有气候效益的投融资活动,对于投融资活动主体具有一定的挑战。为了更好地将气候变化因素纳入投融资活动的考量中,建议在对现有实践经验分析研究的基础上,开展将气候变化因素纳入投融资决策分析的相关研究,制定针对投融资项目层级的气候风险和效益评估的导则和指南,完善气候投融资风险管理的技术标准与工具包。

另外,还要完善气候信息披露标准,包括加快制订气候投融资项目、主体和资金的信息披露标准,推动建立企业公开承诺、信息依法公示、社会广泛监督的气候信息披露制度。明确气候投融资相关政策边界,推动气候投融资统计指标研究,鼓励建立气候投融资统计监测平台,集中管理和使用相关信息。

四、利益相关者参与和绩效评估策略

将对气候变化影响的考量融入投融资决策在国内和国际尚属于较新的理念,需要投融资主体的广泛参与。一方面,需要将气候风险的管理和气候效益的投融资理念充分宣传给相关主体,培育致力于为应对气候变化贡献力量的投资者;另一方面,则需要进行相关主体在气候投融资方面的能力建设,为其提供相关的技术支撑,以确保其可借助气候、

金融领域技术工具,将政策倡议嵌入投资活动中,进而获得长期可持续的投融资能力。建立气候绩效评价标准,鼓励信用评级机构将环境、社会和治理等因素纳入评级方法,以引导资本流向应对气候变化等可持续发展领域。鼓励对金融机构、企业和各地区的应对气候变化表现进行科学评价和社会监督。

第四节　气候投融资风险管理的案例介绍

一、气候投融资风险的综合评估案例

为限制全球变暖而可能经历的转型将考验商业模式的弹性,同时也将创造巨大的价值潜力。对转型潜在影响认识的提高,正促使监管机构、监管机构和利益相关者更加关注气候投融资风险,金融机构普遍应用综合评估模式来进行风险应对。

首先进行的是情景分析。当历史趋势和数据集无法再用于准确预测未来(例如,在气候变化加速或破坏性变化的情况下),且影响可能在中长期发挥作用时,可选择此分析方法。情景分析是一个强大的工具,使用户能够直接了解气候变化对部门、特定公司甚至整个投资组合的影响。在每个场景中,它允许对各种影响进行建模,这些影响可以相互关联,并且可以相互积极或消极地相互影响。例如,它不仅将汽车行业的石油需求变化(由于引入更多的电动汽车)与对油价和炼油厂业绩的影响联系在一起,同时也会影响可再生能源发电的需求,以及替代燃料的潜力,以提升其他行业的财务表现。

由于这些特点,情景分析可以为任何有兴趣了解气候相关风险和机遇对其自身业绩的潜在影响的用户提供有价值的见解,从对气候变化假设下投资组合的表现感到好奇的投资者到保险公司努力了解气候相关风险对其政策和业务的影响。情景分析为风险管理提供了信息,并与即将到来的监管压力测试有很好的关联。

情景分析可以通过回答以下问题来支持现有的风险、融资、投资或承销流程:

(1)气候相关风险的重要性如何? 即它们对投资、产品、公司、部门和国家的财务业绩有多大影响?

(2)是什么驱动了与气候相关的风险和机遇? 即不断变化的能源价格、具有竞争力的新技术、不断变化的需求模式有哪些?

(3)需要相信什么才能让这些风险和机会得以实现? 石油取暖会被禁止吗? 合成燃料会以合理的价格进入市场,还是会进行可再生能源建设?

(4)考虑到战略上的适应能力(技术投资、产品或价值链的变化),投资组合和公司的业务线和项目的弹性有多大?

其次,基于情景分析再评估产业链上下游风险,如汽车电气化对电力需求、住房基础设施、石油市场、化学工业投入价格等的影响。比如人们普遍认为,气候变化的风险和机遇在很大程度上可以通过炭价格来描述。然而,这并不能反映经济的根本变化,这种变化将以相互依存的方式影响需求、技术成本曲线、资源可用性等。我们可以归纳出如下基于风险应对的情景分析流程。

（1）找出关键的风险驱动因素，将情景转化为叙述。首先，通过使用一致的转换驱动因素扩展场景数据，开发一个整体的过渡叙述。这可以包括根据情景数据，按地区和国家细分特定国家的技术途径；或根据当前和已宣布的监管制度、气候目标、设想的技术途径，按地区和情景得出监管干预措施（如配额和补贴）的信息。

（2）建立一个资产级数据库，其中包含地理区域内各个经济活动的财务信息。分析的基础是企业资产的数据，如发电厂（如风力涡轮机）或钢铁厂和水泥厂，以及每个实体的技术、效率、生产成本。

（3）对风险缓解措施进行技术经济评估（适应能力）。气候风险的财务建模必须考虑公司预测转型风险和制定缓解策略的能力。这些措施的潜在效力包含在适应能力下。分析风险缓解措施时必须考虑多个方面，如应用的情景（如 2.0℃）、公司当前的技术基础，如技术类型、位置和年限、投资和资本支出以及市场的风险回报情况。措施包括成本转嫁、技术升级和转移等。

（4）合并公司的三个假设，即资产开发三种可能的途径构成了分析的一部分：随着时间的推移，冻结流动资产组合。这一假设被用来确定在气候情景下不采取行动的代价。主流假设公司根据情景下的整体市场趋势改变或调整其资产组合。在预测市场盈利的基础上，公司采取财务调整的手段。

（5）根据需求和供给的发展，开发一个基本市场模型，以得出情景中的价格和资产特定利润。以资产为中心的行业为例，步骤（1）到（4）考虑到随着时间的推移，在不同情况下每个资产和公司的生产成本，形成一个价值顺序。价值顺序与场景给出的需求的交集表示商品价格。此价格与生产成本之间的差额表明了财务影响。

（6）对公司产生财务影响。将由此产生的绝对利润变化汇总在公司层面上对利润产生影响。

气候相关金融风险和机遇的情景分析可以顺利地融入现有流程和实践。以投资为例，可以根据投资者自身的宏观经济前景（就国际能源机构而言）绘制气候情景图，以人口增长和经济增长为例。部门特定情景的发展可与机构自身的部门特定前景相匹配，从而进行差值分析，以帮助了解风险和机遇驱动因素在何处以及如何发生变化，或可能出现新的驱动因素，并允许内部专家根据其经验审查数量级影响。

二、气候投融资风险融入公司战略

2021 年 12 月，中国平安保险（集团）股份有限公司（以下简称"中国平安"）发布了《中国平安 2020 气候风险管理报告》（以下简称"报告"），依据金融稳定理事会气候相关财务信息披露工作组（TCFD）的框架建议，从治理、战略、风险管理、指标和目标四个方面入手，披露了平安绿色金融战略布局。报告中首次披露了企业碳中和目标，宣布将于 2030 年之前实现运营碳中和。

在应对气候投融资风险方面，中国平安持续性地将气候治理融入公司战略，创新和规范了气候风险的治理模式，并将其融入集团的可持续发展战略之中，建立起专业科学、可

实践的 ESG 治理架构,充分发挥董事会和高层管理的监督管理作用,明确了目标制定、规划执行和考核等责任分工,并严格按照定期汇报、季度检视、半年度会议和年度考评的工作机制推进执行。此外,平安集团还要求各专业公司每月在 AI-ESG 平台上传绿色金融数据,总结相关工作的阶段性情况,进一步强化了内部的 ESG 能力建设。

中国平安认为气候变化带来的风险是多方面的,且具有一定的不确定性。中国平安不断调整自身的发展战略和资源配置,制定了可持续的保险战略、责任投资战略、绿色金融发展战略和近零发展战略,以此来应对气候变化可能带来的各类风险。在应对气候变化带来的风险中,核心环节是风险的识别和管理。平安基于自身业务运营的特点,从物理风险和转型风险两个维度出发,建立了平安风险识别矩阵,与企业原有的"251"风险管理体系进行了深度的融合,进一步提升了平安的风险治理能力。中国平安还在 2020 年 12 月和中国经济信息社共同推出了"CN-ESG"评价体系,为 ESG 风控、模型构建、投资组合管理的整合应用提供了中国特色、智慧化、实时性的工具和数据支持,旨在帮助更多企业、机构和人参与进来,共同应对气候变化带来的风险。

从该案例的表现中我们可以发现,对于公司而言,应对气候变化既是全人类面临的长期问题,也可助力打赢低碳转型硬仗,是企业的共同使命。不论是应对还是适应气候变化,作为机构可以发挥自身研发优势,深化"金融+科技""金融+生态"战略,真实融入公司战略中,以自身行动积极践行可持续发展理念,实现降低风险和稳定获益的目标。

第十章 气候保险

第一节 气候变化风险

气候变化是指气候平均状态随时间的变化,即气候平均状态和离差两者中的某一个或者两个一起出现统计意义上的显著变化。气候变化风险一般理解为极端气候事件、未来不利气候事件发生的可能性、气候变化的可能损失、可能损失的概率等,是由于气候变化影响超过某一阈值所引起的社会经济或资源环境的可能损失[1]。

气候变化风险是全球都在面临的不可逆转的巨大风险之一。随着经济发展和社会生产模式的不断变迁,气候变化对自然灾害发生的频率和强度都造成了一定的影响。气候变化包含全球变暖、海平面上升、降水异常变化、海洋酸化、极端天气(热浪、野火等)等,这些变化均对居民消费、收入和财富分配、经济增长、人口迁移、人类健康和寿命、幸福感以及政治稳定等方方面面带来广泛而深刻的影响。气候变化和全球变暖的效应已经显现,并且正在大幅度改变全球风险格局,具体表现为平均温度升高、冰盖融化、热浪持续时间和频率上升、降雨模式变得难以预测、极端天气增多等。随着人们对气候变化和环境保护意识的不断提高,社会日益关注如何管理气候变化带来的短期和长期风险。

一、气候变化风险分类

气候变化风险中与气候相关的财务风险可以划分为两类:一类是气候转型风险,一类是气候物理风险。

气候转型风险包括政策与法律风险、技术风险、市场风险和商誉风险。气候转型风险主要指社会在向低碳经济转型的过程中,为了缓解和适应长期气候变化,所面临的政策、法律、技术和市场相关风险的综合,以及由此可能为保险机构及其客户带来的财务和声誉风险。

气候物理风险主要源自短期型气候事件与长期型气候模式转变。短期气候物理风险是指气候相关的突发灾害性事件导致的风险,包括台风、飓风或洪水等极端天气事件本身及其严重性加剧带来的风险。长期气候物理风险是较为长期的全球气候模式变化所带来的风险,例如全球气候变暖、海平面上升、海水酸化等。气候物理风险可能对保险机构及其客户产生不利影响,例如直接损害资产的经济价值、中断供应链而产生的间接影响。影

---

[1] 吴绍洪,潘韬,贺山峰.气候变化风险研究的初步探讨[J].气候变化研究进展,2011,7(5):363-368.

响因素包括危及保险机构及客户住所、运营、供应链及员工安全的外部环境要素(如水资源供应、极端温度变化等内容)。物理风险依照风险的缓急程度,也可以分为急性风险(如干旱、飓风等极端天气)与慢性风险(如温度、海平面上升等)。

二、气候变化风险特点

总体来看,气候变化风险具有不确定性、严重性、全球性、渐进性(萌发性)、长期性、政治性等特点[1]。

(一)风险发生的不确定性

气候变化风险的不确定性体现在两个方面,一个方面是客观维度,另一个方面是主观维度。客观上的不确定性主要由于气候变化本身的成因、趋势等方面的不确定性引起。主观上的不确定性主要由于人类目前对气候变化风险的认知水平、认知维度等方面有限,有效预测灾害的发生时间点、发生位置以及灾害所造成的各种后果。

(二)影响后果的严重性

随着碳排放的增加,全球气候发生了较为显著的变化,海平面上升、冰雪覆盖面降低、海水酸化等气候变化造成的影响逐步显现,除此之外,台风、暴雨等极端气候事件的发生也变得愈加频繁,气候灾害发生的频率和强度都有所上升。气候变化所造成的灾害不仅会对社会造成巨大的经济损失,阻碍社会经济稳健发展,还威胁着人类的健康与生命安全。此外,气候变化所带来的长尾风险也在潜移默化中改变了大自然的生态环境,致使自然界动植物的生存环境发生巨大变化,进而影响农作物等物种的生长与生存,不利于维持良好的生态平衡。特别是在现代社会经济与物质生产高度发达的时代,人口、资源和社会经济活动日益集中,碳排放的不断增加,全球气候变暖变得逐渐密集。

(三)波及范围的全球性

气候风险是典型的全球性、系统性的风险,在空间上是全球性的,超越地理边界和社会文化边界,其影响是具有延展性的。应对气候变化风险不仅需要各国运用经济手段,而且需要国际社会从政治意愿层面在全球范围内形成共同的价值判断并积极行动[2]。因此,全球气候变化问题无论在问题产生的原因、事态发展变化的过程、造成的影响、所波及范围以及解决问题的途径上,都不再局限于某一个地区或国家,也不再局限于特定的时间范围内,而是呈现出很强的跨地域扩散传播的全球性。气候由于受到大气层、海洋、陆地等具有关联性的影响制约,一旦某地的气候发生变化,就会不可避免对另一处的气候产生影响。罗马俱乐部在 1972 年发表的著名研究报告《增长的极限》中提出,"虽然格陵兰岛距离任何大气铅污染源都很远,但是在格陵兰冰块中沉淀的铅的数量,自 1940 年以来,每年增加 300%"[3]。

〔1〕 薛澜.应对气候变化的风险治理[M].科学出版社,2014.

〔2〕 朱炳成.全球气候治理面临的挑战及其法制应对[J].中州学刊,2020(4):56-62.

〔3〕 丹尼斯·米都斯.增长的极限——罗马俱乐部关于人类困境的报告[M].李宝慎,译.吉林人民出版社,1997.

从经济学角度来看,大气、海洋等气候环境由全人类共同所有,因此气候资源具有非常典型的公共物品属性,并且表现出了明显的非排他性和非竞争性。同理,气候变化所带来的各方面的影响和后果也就不可能仅由某个个体或某个单独群体承担,气候变化的影响是遍及全人类的,任何人以及任何生物都无法脱离地球环境生存。因此,气候变化是典型的全球公共问题或称全球性问题[1]。

当前,全球气候变化正在对世界各国、各地区产生一定的冲击与影响,某些环境问题在起初会表现出区域性,但其最终后果仍然与国际社会整体紧密相连。气候变化会对人类造成难以估计的损失,其后果的严重性也决定了气候变化风险已经超越了国家与地域限制,应当由全人类共同面对,就全球气候变化治理问题达成共识,迎接挑战。

(四)风险发展的萌发性

根据事件发生的特点,各种风险可以分成突发性危机和萌发性危机两类。突发性危机的发生是无法预料、突如其来的,决策者事先无法预料到危机的发生,该危机在爆发初期就表现出较为严重的后果;萌发性危机则具有逐步发展变化的特点,危机在爆发的开始可能不会表现出较大异常甚至与平常状态无异,事态不明显,各种征兆不明确。

气候变化风险具有典型的萌发性特点。在事件发生的初始阶段,由于人类观测和预测的信息不全面、不及时等信息的不对称现象,风险的后果难以被准确预测和估计,决策者无法对事态发展过程和后果作出准确的认识,因此难以对该风险采取及时的应对措施。人类密集的社会生存活动导致碳排放逐年上升,与洪水、海啸、地震等传统自然灾害不同,气候变化导致的自然灾害和生态破坏问题并不会迅速显现,生态系统对气候变化的反应往往较为迟缓,在相当长的时间内不易被察觉。由于气候变化造成损害的隐蔽性,国际上在应对气候变化问题上可能会采取较为消极的态度,使得风险治理效果不够理想。随着量变逐步转化为质变,极端天气等威胁自然界和人类的气候变化问题不断凸显,此时气候变化风险已然转变为全球性的亟待解决的系统性风险。

(五)时间跨度的长期性

由于气候变化风险具有萌发性特点,危机的各种征兆和信息随着事件的发展变化而逐步显现,这一过程可能需要较长的事件才能显现,而在这一阶段,风险潜在的巨大影响和产生的长期后果可能会被严重低估,气候变化风险所造成的影响会随着时间和空间的推移不断累积和加剧,由量变逐步发展为质变,导致气候变化灾难最终爆发。因此,气候变化风险所带来的危机事件自显现起到灾害的各种征兆爆发阶段是需要经过一定时间演变的,而其所造成的影响在时间上也具有一定的延展性,即气候变化风险不仅会影响当代人的生存与发展,对当下自然界的生态平衡造成不可忽视的影响,甚至还将对后代人的生存与发展产生影响,具有世代延续的特点。

(六)事件性质的政治性

20世纪90年代以来,以全球变暖为主要表现的气候变化问题日益突出,如何有效应对气候变化问题已经超出了一般意义上的环境问题,气候治理成为国际社会开展环境治

---

〔1〕 许琳,陈迎.全球气候治理与中国的战略选择[J].世界经济与政治,2013(1):116-134+159.

理的重要议题。由于气候变化影响后果的严重性、波及范围的全球性等特征,世界各国将环境问题作为讨论内容,就能源、安全和气候变化直接的关系进行公开的讨论,"气候外交"的开展证明气候变化已经从一个社会科学问题转变为长期性的重大国际政治、外交和经济话题。

气候变化问题转变为全球性的政治问题,除了反映出各国对气候变化所造成的影响及后果的关切,还进一步反映了各国希望通过相互合作、协同治理,针对气候变化下的可持续发展问题达成一致,在应对全球气候变化问题上共同思考是否发展创新型、环保型经济,该政治问题背后体现的是全球各国的利益问题。气候变化所带来的后果及影响无法由某一个或几个国际独自承担,寻求国际社会帮助,用关联性思维看待气候变化问题之间的紧密联系,共同探寻气候变化问题的应对方式,才是解决气候变化问题的根本出路。

三、气候变化风险的可保性

保险是有效分散风险的手段之一,保险业兼具了风险管理和资金融通的功能,该机制同样适用于减缓气候变化所造成的各种风险。就像人们为自己的身体健康和财产安全投保一样,地球同样需要"可持续保险"。利用保险机制分散和转移各种灾害损失已经成为国际社会应对气候变化风险的重要手段。气候变化是一种系统性风险,会影响经济的各个方面。因此,保险业对气候风险进行全面和长期的分析至关重要。

气候变化及其风险曾经一度被保险业以及整个金融业所忽视。2015年,时任英格兰银行行长的Carney认为:"气候变化的战略挑战是金融业的天际线悲剧(tragedy of the horizon),如果等到气候变化成为金融稳定的决定性问题时再行动,那就太晚了。"[1]此后,英格兰银行又多次发布关于气候变化与金融稳定的报告和声明。2016年1月,20国集团(G20)绿色金融研究工作组(Green Finance Study Group, GFSG)成立,表明此时气候变化已经引起了各国金融管理部门的高度重视。2017年6月,金融稳定理事会气候相关财务信息披露工作组(Task Force on Climate-related Financial Disclosures, TCFD)发布了一个关于气候变化带来的风险和机遇的信息披露框架,以提供清晰、可比和一致的信息。这表明,关于气候变化问题的全球标准正在形成[2]。

保险业与气候变化直接的关系值得关注。一方面,保险业直接承保包括气候变化在内的各类风险事件的损失。一些学者早在十多年前便已经提出,气候变化是保险业面对的最大风险,它将影响保险业未来的发展[3][4][5]。联合国环境规划署(United Nations Environment Programme, UNEP)预测,到2040年,气候变化导致的保险赔付金

---

〔1〕 Carney, M., Breaking the Tragedy of the Horizon-Climate Change and Financial Stability, Governor of the Bank of England and Chairman of the Financial Stability Board[R], 2015.

〔2〕 王向楠.气候变化与保险业:影响、适应与减缓[J].金融监管研究,2020,(11):46-61.

〔3〕 Mills, E., Insurance in a Climate of Change[J], Science, 2005, Vol.309, 1040-1041.

〔4〕 Mills, E., The Greening of Insurance[J], Climate Change, 2012, Vol.338, 1424-1425.

〔5〕 Hecht, S., Climate Change and the Transformation of Risk: Insurance Matters[J], UCLA Law Review, 2008(55):1559-1620.

额将达到每年1万亿美元;气候变化的责任认定与保险,将成为气候政策和谈判方面的最大问题之一。另一方面,近几个世纪以来,保险业积累了大量关于气象灾害造成的损失(可视为气候变化的短期剧烈影响)的数据资料,形成了一些模型与方法。因此,保险业可以赋能其他部门,提升全社会对气候变化的韧性。

　碳排放是造成气候变化的主要原因之一,碳排放不仅会造成气候变化,还会造成风暴潮、洪水、干旱和森林火灾等特定自然灾害。这些自然灾害会带来实体性损失,如财产损失、作物歉收和业务中断等,最终会转化为保险索赔。随着保险这种有效分散风险的工具的日益成熟,各国越来越多地采用保险承保气候环境等风险造成的损失,气候变化保险逐步成为世界各国用以实现损失补偿和资金融通的有效工具。

四、气候变化风险的特殊性

　由于气候变化风险具有萌发性,气候变化的征兆和信息需要较长的时间才能被观测,因此相对于地震、洪水等突发性灾害危机,气候变化风险的发生、发展及其结果都更加难以预测和判断,从而使得气候变化风险的承保难度增加。总的来说,气候变化风险承保的特殊性包括气候变化预测的不确定性、气候变化影响的差异性、气候变化后果的复杂性和气候变化存在的长期性等。

(一)气候变化预测的不确定性

　气候变化风险最显著的特征就是其不确定性。气候变化的预测具有一定的不确定性,不仅由于气候变化这一事件的发生本身难以准确预测,而且受到当前科学技术研究水平的局限,在现有的观测数据和统计结果的基础上,人们很难对未来一段时间内气候的变化趋势和影响数值作出精确的判断,这对气候变化保险的开展而言是关键性的难题。

(二)气候变化影响的差异性

　气候变化的影响范围是全球性的,但由于各国各地区的自然禀赋不同,气候变化的影响在短期内可能又会呈现出明显的区域性特点。对保险业而言,保险承保端也应将气候变化风险的区域差异性充分考虑在内,对风险进行合理定价。由于气候变化风险具有渐进性的特点,保险业在评估风险的同时也要长远考虑风险在未来较长时间段内的演变和发展,建立适当模型进行估计和预测,及时对未来风险的演变进行干预,以防止风险的恶化与扩大。

(三)气候变化后果的复杂性

　气候变化对保险市场的影响机制十分复杂,主要包括两个方面:第一,气候相关的生物物理过程十分复杂,因此导致其具有不确定性;第二,从温室气体排放、温度上升、全球和地区气候变化,到极端气候灾害和巨灾损失形成,再到保险索赔的因果链传导过程中,存在非常复杂的影响因素,影响因素之间的复杂性也在一定程度上增加了承保的难度。

　许多自然灾害,特别是等级高、强度大的自然灾害发生以后,常常会诱发一连串的其他灾害,这种现象叫作灾害链。灾害链中最早发生的起作用的灾害称为原生灾害;而由原生灾害所诱导出来的灾害则称为次生灾害。当前全球平均气温上升、冰山持续融化、热浪持续时间和频率上升、极端天气增多,气候变化所造成的各种效应逐渐显现,这些效应对

次生灾害损失的影响最为显著。而保险业更关注台风等原生灾害（相对于次生灾害而言）。据统计，2018年自然灾害的承保损失中，超过60%是由次生灾害造成的。因此，保险业在承保气候变化风险的同时，应当紧密贴合气候变化风险的典型特征，在关注原生灾害的同时也同样重视气候因素引发的众多次生灾害的变化趋势。

（四）气候变化存在的长期性

气候的变迁主要由两种原因造成，一种是自然变迁，另一种是人为干预。但无论是哪一种因素所导致的气候变化都不会在短期内显现，也不会在近期内消失。例如人类工业生产活动所造成的碳排放，进而导致的全球气候变暖现象，尽管人类对自然环境保护的重视程度日益加深，全球气温上升的速度有所放缓，但全球气候变暖的总体趋势在短期内仍然无法改变。

由于气候变化风险具有时间跨度的长期性，保险业在承保时应当充分考虑气候变化的长尾风险。充分考虑气候变化风险的时间尺度有助于保险业了解气候已经发生的变化，并且对未来潜在变化作出相应预测。缓慢平稳的变化会为适应变化和采取措施赢得更多的反应时间，从而提高系统韧性与承保效率。另一方面，由于气候变化风险的发生频率较低，而已发生风险的影响又具有波及范围的全球性，这在一定程度上增加了归纳总结（严重且罕见的气候灾害）变化规律的难度。若想从统计上证明其变化趋势，可能需要至少几十年的数据积累。长期预测的不确定性，会增加保险业承保的难度、降低保险业承保的意愿，也会使得政府出台相应气候政策和采取气候适应性措施的意愿。

第二节　气候变化风险的保险转移与风险管理

保险已成为一项公认的与气候变化损害风险转移和损害相联系的制度工具。从风险管理的视角来看，从气候风险评估、防损减损、信息服务、风险管理教育到气候保险，乃至保险资金参与气候投融资，都是气候保险应对气候变化风险的有机组成部分。

一、气候风险评估

气候风险评估是对气候变化影响的定性和对风险的量化。在识别气候风险的基础上，对所搜集到的大量数据进行分析，估计和预测风险发生的可能性及其后果的严重性，从而确定风险管理方法和预防办法。科学评估气候变化风险，开展有针对性的风险管理行动，是应对气候变化的有效途径。

虽然目前我国的地震、洪水等巨灾保险初具成效，但气候变化所带来的长尾风险（如全球气候变暖、海平面上升等）由于其影响持续时间长、涉及范围广，一些现有的巨灾风险模型难以准确估计损失。由碳排放引起气候变化，再由气候变化导致保险风险发生这一过程中存在众多不确定因素，各个因子之间的反应链关系也十分错综复杂，构成人们利用保险转移与分散气候变化风险时的一大难点。

气候风险评估过程一般包含两个方面,分别是风险分析和风险评价。

(一)气候风险分析

风险分析是结合风险本身的特点、受灾地区风险承受能力、风险管理者的风险控制能力等因素,分析风险发生的可能性以及后果的严重性,从而确定风险级别。在这一环节中,需要关注的主要有三个重要因素:气候风险发生的可能性及破坏性、受灾地区的承受能力(或脆弱性)以及气候风险管理者的风险控制能力[1]。

由于气候变化风险本身的特殊性及投保人的意愿不同,气候保险往往难以满足大数法则的问题,这就会导致保险公司对气候保险费率的厘定不准确,进而有发生亏损的可能。尽管目前科学界对碳排放问题及各种极端气候灾害的评估和预测的认知仍不成熟,气候风险建模依然具有较高的难度,但保险业已经开始积极探索对气候及灾害建立更加准确评估预测模型的新方法。随着人们对气候变化风险的认知水平不断上升,保险业在试图评估气候风险的未来影响时,会引入气候变化的时间尺度和置信度,并且基于风险的不确定性采用不同的定性和定量情景假设。由于极端灾害较为罕见,历史数据中仅有极少量实际观察记录,为了模拟现实状况,巨灾模型会生成大量模拟出来的灾害事件填补历史记录的空缺[2]。

对受灾体承受能力的分析也是风险分析的重要一环。风险是通过作用于客体而产生影响与后果的,客体对风险的承受能力不同,风险发生的可能性及其可能造成的后果均可能发生变化。风险承受能力(脆弱性)分析就是分析受风险影响对象对风险的承受、抵抗能力,包括系统自身承受能力和社会心理承受能力等。在进行风险承受能力(脆弱性)分析时,首先要明确受风险影响的对象,包括可能受到风险影响的人群、设施、建筑、环境等,分析各个不同的受灾对象的物理属性、心理属性等特点,例如对受灾人群的心理素质、防灾防损知识、经济能力等方面进行分析;对受灾建筑群体的安全设施、防御等级等进行分析,进而判断其承受风险的能力。

风险控制能力分析是对所有为避免或减少风险发生的可能性及潜在损失的措施及手段进行分析和评估的过程。可以通过预测预警能力、应急预案、应急组织体系、应急处置能力、恢复重建能力、政策保障等方面综合考量系统的风险控制能力,及时为风险制定有效的预防措施与应急准备,同时分析措施的有效性及合理性,这不仅是评估风险的重要一环,也是有效应对风险的重要举措。

(二)气候风险评价

风险评价是将风险等级和预先设定的风险评估标准进行比较,对各种风险进行综合排序,确定管理优先级,从而在此基础上选取恰当的风险管理措施,达到有效控制风险的目的。

在实施风险评价之前,首先应充分考虑组织的成本与效益问题,明确成本的支出与对

---

〔1〕 薛澜.应对气候变化的风险治理[M].科学出版社,2014.

〔2〕 托马斯·霍周,麦克·格洛,库里·谭姆.保险业面临的气候风险及其评估[J].清华金融评论,2020(9):48-52.

应的收益之间的关系。例如,若工业活动对一处环境造成了污染,那么势必会导致该地区的居民为了提升生活质量而提高一定的生活成本;再者,若人类的某些生产活动导致一处环境遭受破坏,生态平衡被打破,一定会对该地区造成真实的损失,日后对该地区的修复和复原都会产生一定的成本支出。但若是强制要求排污企业停止运作,社会正常生产被迫中止,也会对该产业链、行业乃至全社会的经济造成损失。因此,气候风险管理的成本与收益问题是一把"双刃剑",需要管理者权衡利弊,重点是可以探寻一条科技创新型、资源保护型的可持续发展道路。

在充分考虑了成本与效益权衡问题的基础上,需要评估风险能被接受的程度。任何情况下,风险管理都无法实现真正的"零风险",管理者所能做到的就是使风险减少到"合理可能尽量低"(as low as reasonably achievable,ALARA)的程度。

人们对风险的管理还需要人群对风险的必要感知。一个风险是否能被管理者所接受,要基于利益相关者的需求和关注。这些需求和关注来源于一个个体和组织最基本的目的与价值,以及他们所处的环境。管理者应当明确系统的整体发展目标,在充分评估风险的基础上对风险所造成的可能后果进行把控,使风险管理目标紧密结合整体发展目标,在实现风险"合理可能尽量低"的基础上实现效益与成本的平衡。

二、防损减损

气候保险可以为遭受气候风险的资产、生计和生命损失提供支持与保障机制,保险可以通过在一个比较大的空间和时间范围内,由投保者定期支付确定的小额保费来应对未来不确定的气候风险损失,确保遭遇气候风险损失的投保者能够获得有效和及时的资金补偿。总的来说,气候保险在气候变化风险管理方面的防损减损功能是不可忽视的,保险的防损减损功能可以分成两个方面:损失发生前的损失预防以及损失发生后的损失减少[1]。

(一) 损失预防

保险业是经济社会及其转型的"助推器",在应对气候变化风险方面,保险可以起到支持节能减排、倡导资源保护的作用。

保险业正在积极开发可再生能源、绿色交通、绿色农业等方面的保险,并且在这些领域积极投资。为实现《巴黎协定》的全球气温控制目标,到2050年实现温室气体"净零"排放,在2035年之前,全球在能源、交通运输、农业和工业系统上需要的投资是1万亿~2.4万亿美元/年[2]。因此,在这些新能源、绿色环保行业的可保资源是巨大的,通过保险业的投资与助推作用,全球各国可以更加灵活地运用资金开展各项绿色节能科技的开发与环境保护活动。在2020年9月实施的车险综合改革中,保险公司被鼓励推出新能源汽车专属产品,以支持能源转型。保险的费率机制作用也可以起到鼓励被保险人采取低碳行

〔1〕 许光清,陈晓玉,刘海博,等.气候保险的概念、理论及在中国的发展建议[J].气候变化研究进展,2020,16(3):373-382.

〔2〕 IPCC. Global Warming of 1.5℃. Geneva, 2018.

为的作用,例如 PAPG 车险(pay-as-you-go)中,保险公司对减少使用私家车的车辆降低保费支出。PAPG 车险可以鼓励驾驶员平均少驾驶 8％的里程[1]。

显而易见的是,气候保险在为投保人提供保障服务的同时,绿色保险产品的不断推陈出新也使得全社会的应对气候变化风险意识不断提高,推动了经济社会向节能减排与绿色新能源模式转变,促使更多的组织采取绿色低碳方式从事各项生产模式,间接放缓了碳排放的增速,从而使得气候变化风险的演变更趋平缓,降低了风险发生的可能性,在一定程度上起到了风险与损失的预防作用。

(二)减少损失

气候风险的管理目标除了起到风险预防的目的,还需要思考如何在风险发生时,尽量降低风险造成的损失程度。与保险业传统的人身、财产等可保风险不同,气候变化风险所造成的后果往往波及范围更广、损失更为严重,因此在制定风险管理计划时,需要对风险发生的后果及影响进行合理的估计和预测,做好应急应对措施,在损失发生时采用合理的手段及时应对。保险业在承保时可以对被保险人所在环境进行评估,避免被保险人处于灾害频发的环境中,如避免被保险人在洪泛区建房等。国内外正在加强生态城市建设,而建筑业是温室气体减排潜力最大的领域,所以保险业积极为生态城市提供"一揽子保险服务"。针对绿色经济发展过程中的知识产权、网络平台、用户数据等无形资产占比逐渐增加,保险业的投保对象也逐渐从有形资产向无形资产过渡,确保被保险人可以获得更全面的保障。

三、信息服务[2]

保险业在气候变化风险管理中除了可以起到防损减损的作用外,商业保险公司也可以充分利用丰富的客户资源、历史数据资料等条件,更好地为气候风险管理提供有效的信息服务。

(一)输出知识技术

气候变化风险是财产险经营活动的核心内容之一,因此财产保险和再保险企业都积累了大量的有关气候变化风险的数据资料、模型方法等知识,可以为其他部门进行技术赋能。由于财产保险和再保险公司擅长气候变化风险的防损减损,保险公司可以长期参与土地利用规划、建筑规范条款制定、防洪措施设计等工作。例如,2020 年 9 月中国成立农业再保险公司,通过汇总行业信息,与相关部门协调配合,加快农业气候灾害发生和损失的数据积累,服务保险业和"三农"领域的气候变化应对。

保险业积累了极端天气事件发生、强度、影响范围等方面的数据资料,其在空间颗粒度[3]和预测平稳性[4]上,能够进一步优化联合国政府间气候变化专门委员会(IPCC)

〔1〕 Mills, E., The Greening of Insurance[J], Climate Change, 2012, Vol.338, 1424-1425.

〔2〕 王向楠.气候变化与保险业:影响、适应与减缓[J].金融监管研究,2020(11):46-61.

〔3〕 Botzen, W., J. Aerts and J. van den Bergh, Willingness of Homeowners to Mitigate Climate Risk through Insurance[J], Ecological Economics, 2009, Vol.68, 2265-2277.

〔4〕 Henderson-Sellers, A., H. Zhang and G. Berz, Tropical Cyclones and Global Climate Change: A Post IPCC Assessment[J], Bulletin of the American Meteorological Society, 1998, Vol.79, 19-38.

的工作。此外,保险公司投入了大量精力开发有关气候变化风险的灾害模型,为气候保险费率的准确定价和合理的准备金评估提供了帮助。

（二）提升帮扶效率

气候变化对低收入者的损害更大,而政府可以借助保险工具提升对脆弱群体的帮扶效率。首先,保险赔付可以直接为因气候变化而受损的当事人提供保险赔付,减少财政资金在拨付和使用过程中的损耗,提高了帮扶精准度和效率,减轻了政府在气候灾害救助问题上的负担。其次,由于保险业可以采用共同保险、再保险等方式分散风险,对于一些国家地理区域较小,人口、经济总量不大的较小国家,可以借助国际保险业的合作方式,通过跨国风险共担组织实现更大范围的气候灾害风险的分散,极大提升个体承保气候变化风险的能力和分散风险的效率。最后,由于气候灾害事件在时间上的分布差异较大,而保险机制擅长在长期中配置资源,所以采用保险机制有助于平滑财政资金运行。我国商业保险业在扶贫和普惠领域探索了多种模式,正逐步成为气候及其他灾害治理中的得力帮手。

四、风险管理教育

气候变化风险是危害全球经济增长、人类生命财产安全的重大风险之一,提升全社会对气候变化风险的意识至关重要。保险公司、政府等相关部门的决策者应加大风险管理教育方面的投入,鼓励承受气候变化风险的群体积极投保气候保险,树立公众气候保护意识,提升长期气候风险韧性。

风险管理应重视企业治理机制建设方面的教育,强调董事会的核心作用,设立气候风险委员会、环境保护委员会、新型风险委员会等,明确治理主体的责任,划分企业在风险管理、投资管理、企业社会责任管理等职能之间的职责分工,设定气候变化风险监控指标,以提升自身应对气候变化风险的能力。

风险管理教育也应当重视相关部门对公共政策的制定,通过政策实现对更广大人群的气候风险管理意识的提升。我国保险业的宏观审慎监管和微观审慎监管都没有较为清晰地考虑气候变化风险。国际保险业以及其他金融业的监管资本要求,目前也没有较为清晰地纳入气候风险因子,对此,国际相关组织已经开始研究这项问题。通过制定明确的政策目标和内容,相关部门可以更加有效率地开展风险管理教育工作,积极倡导企业及组织在开展生产活动的过程中全面考虑气候变化风险因素,使节能减排意识深入人心。

五、气候保险

气候保险是由保险公司依据天气和自然灾害对历史数据及对未来一段时间内的预测,通过精算方法为投保人因某类气候变化将要遭受的损失进行定价、设计并与投保人签订合同,投保人通过定期支付保费,将某类气候风险可能造成的损失转嫁给保险公司的保险产品[1]。保险公司将所有投保人缴纳的保费汇聚在一起,当气候风险发生时,保险公

〔1〕 许光清,陈晓玉,刘海博,等.气候保险的概念、理论及在中国的发展建议[J].气候变化研究进展,2020,16(3):373-382.

司将所收取保费的一部分用于赔偿遭受气候风险损失的投保人,起到了转移风险和损失补偿的作用。

六、保险资金参与气候投融资[1]

《巴黎协定》和控制温升在 2℃ 以内的目标是大多数国际在应对气候变化的共识。联合国预测应对气候变化所需资金在 2020 年前每年增加 1 000 亿美元,发展中国家的资金缺口很大,预计在 2025 年会上升到每年 1 500 亿美元[2]。中国作为一个发展中国家,自身仍然有经济发展的需求,需要大规模能源设施建设和商业建筑等。国务院发展研究中心预计中国每年将需要 2.9 亿元来应对环境和气候变化问题[3]。传统型资金来源并不能满足这一巨额的资金需求,气候投融资是引导和促进更多资金投向应对气候变化领域的投资和融资活动,填补资金缺口,而这将会给银行保险业带来全新的机遇与挑战。从挑战方面来看,保险业对气候变化风险的敏感性更强,目前保险对于准确预测气候事件的能力尚不成熟,而气候灾害所造成的损失会增加保险业的资金负担。此外,受到气候物理风险和气候转型风险的影响,保险机构还可能因投资相关行业失误而面临投资风险、流动性风险和声誉风险等。从机遇角度来看,应对气候变化风险是银行保险业进行战略挑战、优化资产结果、开展业务创新、提升风控能力、探索新技术和培育利润增长点的契机,为银行保险机构优化风控模型、改进资产或产品定价、丰富风险损失分担方式提供了新的试验场。

保险公司不同于银行等金融机构,其资金来源主要为保费,具有长期稳定、资源优质的特征,与气候改善过程的长期性适配。因此,引导保险资金投向有效应对气候变化领域是积极改善气候变化的有效方式。保险业通过为保护气候环境、降低气候风险的产业(如新能源、光伏产业等)提供资金,或通过直接投资碳补偿和碳交易项目等为气候保护提供资金,以应对气候风险。一些著名保险机构以不同形式提供应对气候变化的相关资金,如比利时 KBC 保险集团通过其"绿色能源贷款"为业主提供用于提高能源效率的优惠贷款;德国安联保险公司旗下的德利佳华公司通过欧盟碳基金在欧洲市场上进行贸易与碳补偿的投资等。

第三节 气候风险保险的主要应用领域

一、天气保险

天气保险是承保被保险人所举办的各种户外活动因天气变化所致损失的特殊保险。

---

〔1〕 丁辉.中国气候投融资政策体系建设的要素研究[D].中国科学技术大学,2020.

〔2〕 Olhoff, A. The Adaptation Finance Gap Report 2016. Chapter 5: The adaptation finance gap and prospects for bridging it. UNEP Environment Programme(UNEP), Nairobi. 2016.

〔3〕 Reed Smith LLP. Navigating the Green Bonds Markets in China. Los Angeles, USA: Reed Smith LLP. 2016.

在规划特殊活动时,天气保险能有效地消除了投保人的财务风险,保障活动筹办方在恶劣天气下,被保险人仍能得到应有的收益。当某组织筹办嘉年华、博览会、音乐会或任何其他类型的活动时,天气可能会成为阻止此活动发生或导致出席人数减少的重要因素,例如高温、暴雨等情况,均会令户外互动量减少。如果没有天气保险的保护,在筹办活动时就需冒着失去全部资金的风险,例如已经投放在策划、营销和运营活动上的投资。[1]

天气保险必须于举办活动前投保,一般情况下保险合同成立后不得解除。而购买天气保险的保险金额,取决于主办户外活动者对因天气变化而使预期参加人数及最后利润所受实际影响的估计。天气保险的保险费率,则是保险根据各地区不同、各月份的个体情况不同,活动举行时间的长短不同,进行分别定价,其费率各不一致,因此保险公司需具备对气象变化的精确预测。天气保险的承保对象可以为天气温度、降雨量、降雪量或大风等级等各种天气情况,投保人可以根据活动或商业项目所需的特定天气向保险公司申请进行投保,而当天气情况超过规定标准时,由保险公司按约定的条款,例如保险金额和超过的实际天数补偿投保人或被保险人。

天气保险有多种承保形式:对于游园会、农贸展销、体育比赛等不超过一日的户外活动,多采用定值保险的形式,例如在投保降雨险的情况下,只要在规定的几个小时内雨量超过一定标准,保险公司即须按约定保额全面赔付,定值保险的费率较高,只适合保额不太高的场合;如果是保额较高的大型户外活动,可采用收入差额补偿的保险形式,通常以预期最低收入的85%～90%作为保险金额,当雨量超过规定数值而实际收入不足保额时由保险公司补到保险金额;对于海滩商亭、游艇出租、游泳池等一年里经营数月但收益与天气密切相关的行业,则多采用超过一定下雨天数给予补偿的保险形式,其费率较低。当下雨天数和雨量超过规定标准时,由保险公司按约定的金额和超过的实际天数补偿被保险人。在差额补偿形式下,保险公司还需注意可能出现的道德风险问题,因为户外活动一般为现金交易,在达到理赔标准后,投保人较容易瞒报真实的收入情况,令保险公司在核查投保人损失时需要付出较高的理赔成本。

除了上述的针对商户因天气蒙受损失的营业利润损失险外,天气保险的承保对象还可以是游客,以美国夏威夷旅游观光业为例,每年到访夏威夷观光的日本游客有超过100万人,但若遇到连阴雨天气,困在酒店无法出去,享受夏威夷的阳光。这既打击了游客的出游兴致,也增加了他们的旅行费用。因此,美国的保险公司就与日本的旅行社合作,以日本到夏威夷观光的游客为对象,开发了一种"观光天气保险"。该保险的保险责任是:根据当地气象局的记录,如果从10时到17时连续下雨、影响到游客观光时,保险公司每天向投保人退还1.5万日元;若在夏威夷停留期间全部都是雨天的话,则赔偿全部旅行费用。

目前,我国迫切需要开发专门针对天气的保险产品来满足企业和居民转嫁风险的需求。加上极端天气涉及的领域较多,可以说天气保险商机无限。

---

〔1〕 李伟民.金融大辞典[M].黑龙江人民出版社,2002.

二、天气指数保险

天气指数保险是将气候条件对受保对象损害程度指数化,每个指数都有对应的受保对象损益,然后保险合同以这种指数作为基础,当指数达到一定水平并对受保对象造成了一定影响的时候,投保人就可以获得相应标准的赔偿。

指数的设计需要有多重考量:首先,应选取由中立的第三方如政府机构公布的数据,以此规避道德风险;其次,还应选用向大众公开的数据,减少合同双方对赔案金额的争议;再者,为了保证精算计价的准确性,指数至少需要有 20—30 年的历史数据累积,但对于不同的灾害,观测期长度的要求差异很大,要根据实际经验而定,最后数据的测量口径不应发生变化,确保相关指数的有效性。[1]

天气指数保险,其实属于财产险中的费用补偿险。当签订了天气指数保险的合同之后,只要在保险期间,合同规定的触发条件出现,比如说风速、降雨量、温度达到一定指数,那么无论受保者是否受灾,保险公司都需要根据气象要素指数来向受保者支付保险金。可以说天气指数保险所依据的气象学指数完全可以量化,而且个人天气指数保险的可保利益也不是指巨大的财产损失,而是天气变化必然造成的个人开支。

天气指数保险在财产险和农业险的巨灾领域有着广泛应用,触发机制多种多样,下面以强风天气指数保险为例,介绍天气指数保险产品的触发形态。强风天气指数保险有两种常见的触发形式。一种是实测风速触发,即触发参数为距离被保险标的较近的地面气象站实测风速。这类产品在水产养殖业多有应用,近年来一些风电企业也对这类保险产生了浓厚的兴趣。在日本,日本气象厅建立了由人工观测站和自动观测站组成的“自动气象数据采集系统”,遍布日本各地,所有检测数据以 1 小时为间隔实时向公众开放,为风速指数产品的设计、定价和理赔提供了良好的数据基础。另一种是报告风速触发,是指触发参数采用国家气象机构(比如中国气象局或者美国的国家飓风中心)所公布的台风(或飓风)路径和近中心最大风速。当台风的路径点进入事先约定的区域,并且风速达到一定的阈值即可触发,这是国际市场上非常常见的指数产品形式。该产品形式见于墨西哥灾害救助基金(Fonden)的再保险安排与巨灾债券,此外,还有在 2016 年起保的广东省财政风险巨灾指数保险项目。

天气指数保险产品设计标准、透明且较为灵活,可以规避市场失灵且无须实地核损,因此天气指数保险为气候风险的转移提供了另外一种可行的选择。在理赔方面,天气指数保险的设计中设定了一旦相关指数达到合同中设定的触发点,保险公司即进行赔付,灾后无须针对单个保险人进行逐一定损工作,降低了对机构理赔网点的要求。

天气指数保险的设计中存在基差风险。基差风险是指由于指数保险并不是根据其实际遭受的损失来赔付的,所以即使没有发生损失,根据保险条款也需要赔付;或者是农户遭受了损失,但根据条款未赔付或不能得到足额的赔付。基差风险亦并非只存在于天气指数保险中,对于传统的保险产品,被保险人的经济损失与保险产品的赔付金额也不能做

〔1〕 张楚莹.指数保险的原理及应用[J].金融博览,2017(6):58-59.

到100％的匹配,其中既受到保单条件(限额、免赔)影响,又受到实际操作因素的影响,例如不足额投保、定损人员因数据资料不足做出假设等。对于大宗的赔案,赔款金额最终由被保险人和保险公司通过协商而达成一致。因此基差风险无法完全规避,但仍可以通过精算定价尽量减少。

此外,随着科技的不断进步,近年来互联网、大数据在我国飞速发展,新技术、新工具不断产生,也为天气指数保险市场营造了良好的信息环境及开拓了更广阔的应用前景。例如在设计地震指数产品时,除了震级和实测烈度外,也开始有包括瑞士再保险在内的一些公司尝试采用USGS公布的地震烈度图(Shake Map)作为触发依据。在监测洪水淹没面积时,除了采用卫星遥感技术,也可采用机载激光雷达(LIDAR)获得分辨率更高的空间信息,目前限于成本原因,在天气指数保险产品上的应用仍处于探索阶段。

三、巨灾保险

巨灾保险是指突发的、无法预料的、无法避免的而且严重的灾害事故,诸如飓风、海啸、洪水、冰雪等所引发的大面积灾难性事故造成的财产损失和人身伤亡,给予保障的保险方式。目前而言,巨灾保险是国际上绿色保险产品中的代表性产品,其中世界各地对当地面临的巨灾有不同保险保障,例如日本地震保险、美国加州地震保险、土耳其地震保险、新西兰地震保险、美国佛罗里达飓风保险、美国国家洪水保险、英国洪水保险、法国自然灾害保险、日本农业灾害保险和加勒比地区巨灾保险共保体等。综合世界各国实施巨灾保险的具体情形,总结而言,有三种巨灾保险模式,分别是市场主导型、政府主导型和协作型,三种模式各有其优劣势,也都有使用的代表性国家[1]。

(一)市场主导型

市场主导型巨灾保险是指利用市场进行巨灾保险交易,政府不干预,商业保险公司是保障主体。这种方式中政府不对巨灾保险的提供进行任何强制性规定,而且不进行经营管理,不承担保险责任,不提供再保险支持。这种形式的巨灾保险可以分担政府救灾责任,减轻财政负担,更好地利用商业保险公司优势,为客户提供优质服务。但保险公司可能会为了控制风险不进入巨灾保险市场,抑制巨灾保险市场发展,或者保险公司基于利润和损失估计的可能性,倾向制定较高费率,抑制客户投保积极性。

(二)政府主导型

政府主导型巨灾保险是指由政府筹集资金投保,并采取强制性或者半强制直接提供巨灾保险的模式。采取这种形式巨灾保险的国家政府会通过颁布法律强制居民购买保险,或者通过费率补贴的形式半强制购买巨灾保险,并且由政府通过再保险分担风险。在这种模式下,政府通过在全国范围内强制推行巨灾保险,可以有效地提高保险密度,加强保障力度。由于政府可以提供补贴,亦能增加投保人积极性。政府还可以通过规范巨灾保险的产品品种和保单费率,对整个市场进行规范管理。但由政府主导、提供补贴的方式会为政府带来较高的财政压力,此外由于政府制定规范化保单,容易造成巨灾保险产品单

---

〔1〕 许飞琼.巨灾、巨灾保险与中国模式[J].统计研究.2012(6):82-88.

一,不能与特定地区的特定需求完全契合的情况。

（三）政府与市场协作型

政府与市场协作型巨灾保险是指由政府和市场共同参与,由商业保险公司进行商业化运作,政府提供政策支持和制度保障,并对巨灾风险进行分担的保险方式。在这种方式下,政府和商业保险公司可以发挥比较优势,相互协作,共同建立和保障巨灾保险市场的有效运行。但由于政府和保险公司的诉求可能并不完全一致,导致协作过程中会出现一些问题,比如可能政府会过度干预,保险公司亦可能因为利润考虑,会进行"政府套利"行为。

四、再保险

再保险作为保险业的"助推器"和"稳定器",在气候保险体系中发挥着不可替代的重要作用。通过设计气候保险体系并开发相关产品、提供承保能力分散气候风险、研究气候保险理论与创新举措、提供专业平台与资源方式,为气候保险事业提供整体风险解决方案。

以低频高损的巨灾保险为例[1],再保险公司通常具有成熟的巨灾风险管理平台和技术。通过持续积累建立丰富的行业数据,再保险公司与政府部门、监管机构、行业组织等密切联系与合作,从巨灾产品设计与开发、提供承保能力、提供专业平台与资源、开展创新巨灾理论研究等多个角度提供整套的风险解决方案。

（一）巨灾保险体系设计与产品开发

从国际来看,再保险公司利用其全球丰富的数据积累与实践经验,通过与政府部门、监管机构、行业组织等开展多层次的联系与合作,从巨灾保险形式、损失建模、赔付结构等多个角度提供整套的风险转移方案,开发相关巨灾产品,设计巨灾保险体系。如瑞士再保险、慕尼黑再保险公司为加勒比灾害风险保险基金（CCRIF）等巨灾体系提供风险解决方案。

（二）提供承保能力分散巨灾风险

巨灾风险分担机制是巨灾保险制度的核心和关键,需综合各种金融创新安排,建立政府、直保公司、再保险公司和资本市场的多层次风险分担机制。由于巨灾保险承保的保险责任较高,风险波动性较大,因此对直保公司的承保能力要求较高,需要再保险承保能力支持,分散风险。在巨灾风险分担机制中,再保险公司扮演着不可或缺的角色,可通过在国际市场乃至资本市场分散巨灾风险,增强保险公司的经营稳定性,扩大保险公司可保风险的范围,使得巨灾风险存在较好的可保性。

（三）巨灾保险体系的创新理论研究

再保险公司拥有丰富的行业数据和专业的风险模型,可充分发挥专业力量,积极参与国家防灾减灾体系建设,为巨灾保险的制度体系、保障产品、风险评估、风险转移等方面提供专业研究与建议。同时,再保险公司通过自身创新理论研究与专业优势,绘制巨灾风险地图、发布巨灾相关研究报告、形成定期出版物等方式,筑牢巨灾保险发展理论根基,推动

---

〔1〕　李志锋,孙华.再保险在我国巨灾保险中的作用与机遇[J].中国保险,2019(12):37-40.

全社会提升风险管理意识。

（四）提供再保专业平台与资源

由于巨灾损失的低频、高损特性，普通精算模型无法对巨灾风险进行有效分析，唯有集科学家、工程师、精算师为一体的商业巨灾模型才被业界所认可。巨灾模型作为一种特定的巨灾风险管理和精算评估工具，已经被越来越多的巨灾风险管理人员所熟悉。巨灾模型系统地整合了巨灾机理信息、地理信息（GIS）、建筑工程信息与精算技术，再保险公司利用这类巨灾模型对巨灾风险进行精确数量化评估分析，提高对高风险区域的识别，开发标准化巨灾保险产品，从而对巨灾风险进行有效管理。

除了利用公共的第三方巨灾模型外，大型再保险公司通过多年的承保工作积累了大量数据，对风险本质具有深刻洞见，因此成熟再保险公司均设有专门的巨灾风险部门，建立自有的独特巨灾风险数据库和模型。无论是在传统再保险业务还是创新型巨灾保险开发上，巨灾风险部门都能够提供坚实的技术支持。基于全球灾害历史损失数据而开发的巨灾模型，使得再保险公司拥有专业核心技术，能针对全球巨灾风险建模和分析评估，在提升自身巨灾风险管理的同时，为全行业提供一揽子风险解决方案。

五、非传统风险转移

非传统风险转移（Alternative Risk Transfer，ART）产品首先在欧美保险市场兴起并发展，它的开发很大程度上是为了克服传统（再）保险在进行风险转移方面的局限性，其一般跟其他金融衍生工具相融合，巨灾风险转移中应用较多。以下介绍两种较常见的 ART 产品。

（一）巨灾债券

巨灾债券属于保险连接型证券（Insurance-Linked Securities，ILS）中交易活跃、流动性高的一种。ILS 是指与保险或再保险风险相关的金融产品，这些产品能帮助保险或再保险公司等发行方对冲风险。与一般债券类似，巨灾债券提供利息或收益率回报，但是这个回报以及满期时本金的给付是有条件的，与债券发行协议里约定的某一个巨灾是否发生以及发生的程度挂钩。例如某公司的巨灾债券发行时约定的满期收益率为 LIBOR＋8％，但是同时约定如果美国西岸发生了烈度为 7 级以上的地震时，并且对发行机构（一般是再保险公司）直接造成 10 亿美元以上的索赔，发行机构可以不支付利息及不返回全部或部分本金。

在现实生活中，再保险公司一般不会直接发行巨灾债券，较常见的方法是它们会在百慕大地区、开曼群岛等地成立一家 SPV 公司进行债券发行，操作方法与 ABS 类似。依靠单一事故为触发条件的巨灾债券评级通常为垃圾级。但是此类巨灾债券非常受资本市场欢迎，除了因为收益率比一般债券要高外，这些发行机构的幕后实际控制人一般为各大著名再保险公司，这也给资本市场提供了一定的信心保证；因为这种巨灾债券与金融市场其他投资品的关联性很小，只与天灾有关，金融机构买入这种东西后可以降低持仓组合的贝塔系数，降低风险的要求。

另外，目前再保险公司等专业机构根据需要还对巨灾债券开发出了更多的操作模式，比如从单一事件触发发展到二次甚至多次事件触发的巨灾,这个甚至还能提升债券评级,因为多次事件触发导致违约的概率变小。除了自然灾害,巨灾甚至可以挂钩人为灾难,比如病患对药厂某个药品副作用的集体诉讼、会计师事务所审计错误造成投资者损失被索赔等。

目前除了再保险公司外,保险公司、跨国金融组织乃至政府向资本市场或者中介也会发行巨灾保险这种事实小概率但是潜在赔款巨大的风险。例如在 2006 年和 2009 年墨西哥政府发行的巨灾债券触发条件为当地的飓风和地震风险。

(二)再保险边车

再保险边车(Reinsurance Sidecars)可以理解为再保险公司提前锁定了最大可能损失,并进行一定利润共享的再保险合同。再保险公司把巨灾保险或传统再保险业务装入这个边车后,投资者承诺当发生保险事故时会支付相应特定目标机构(SPV)所承保保险业务对应发生的损失,SPV 会向投资者支付保费作为回报。

由于投资者可能来自保险市场以外,投资边车业务和投资巨灾债券一样,和投资者持有的投资品关联性不高,保险公司可以向再保险公司购买参与此业务,而且为达到获取更高利润同时降低投资组合贝塔系数的目的,不少专业投资者愿意支付更高的价格投资于再保险边车业务中。

边车业务在 2005 年美国卡特里娜飓风之后的一段时间发展特别蓬勃。卡特里娜飓风对美国保险业造成巨大损失,灾后市场对巨灾保障需求特别大,巨灾保费有较大的提高。在此情况下,再保险公司希望通过边车形式以比较稳定的价格承保尽可能多的巨灾风险。在边车模式下这些承保风险已经切割到作为边车的 SPV 里面,如果真的发生重大灾害引致巨额赔付,影响亦只限于 SPV,对再保险公司整体的偿付能力影响有限,以此达到扩大承保能力的目的。

除了巨灾债券和边车这两种 ART 外,非传统风险转移其实还有很多种类,比如天气衍生品(Weather Options)、保险关联票据(Insurance-linked Notes)等,种类及操作手法繁杂,但整体上 ART 产品的思路是通过这些产品将承接的巨大气候风险责任以资本方式将风险分散至全球的资本市场,又或是将保险公司的损失限定在一个最大范围,其余风险由资本市场的投资者承担,减少对保险公司的影响,其最主要目的是用于保险公司或者再保险公司增强自己的承保和风险承受能力。

第四节　发达国家的气候保险与风险管理

气候保险作为新型绿色保险近年来日益受到重视。在气候保险方面,发达国家的探索起源较早,如英国、日本等发达国家在保险在天气和巨灾方面的探索与应用可以追溯到上百年前。由目前发达国家气候保险的发展现状来看,有些保险产品依靠市场机制,其风险分散和转移的方式主要是再保险机制和开发保险衍生品,有些保险产品需要政府的干预,其风险分散和转移的方式除了市场机制,还有法律强制投保、保费补贴和政府紧急贷款等,以下介绍发达国家在气候保险方面的探索。

一、美国

首先，在天气保险方面，美国有专业公司提供天气保险服务，任何人都可以在特定的区域购买一份天气保险。投保人可以通过谷歌地图选择天气状况，然后选择想要支付的天气，比如晴天、阴天、雨天或者干旱。此外，投保人还可以设定预想的温度、雨雪量等具体指标。具体的做法是，投保人给出在某个特定时间段里不希望遇到的温度或雨量范围。该公司的系统能迅速查询出投保人指定地区的天气预报，以及美国国家气象局记载的该地区以往30年的天气数据。根据气候变化做出精细的调整后，以承保人的身份给出保单的价格，满足投保人不同的天气保障需要。

此外，美国发展天气指数保险较早，主要通过政府制定相关法律并采取财政补贴机制来支持农业天气指数保险的发展。美国的农业天气指数保险主要考量的指数有：某地的平均产量、卫星图像中草场和牧场的颜色、卫星云图检测的湿度数据以及降水量和气温，其对应的保险分别为地区产量指数保险、植被绿色指数保险、卫星云图湿度保险和气温保险等。此外，美国还采用了政府进行再保险的模式进一步分散气候风险，农业天气指数保险的推广在很大程度上降低了农业领域的气候风险。

美国还是世界上巨灾保险项目最多的国家，巨灾保险制度相对比较完善，有联邦与州层面的巨灾保险项目，其中，最具代表性的是国家洪水保险计划（NFIP）。NFIP构建了多层次的风险分担机制，由联邦和地方的财政、税收、再保险、政府紧急贷款等共同构成[1]。若遭遇重大灾情，赔付费用超过商业保险公司的保费收入，政府便作为最后兜底人对商业保险公司进行补助[2]，NFIP是一种半强制模式，因此其参保率较高，推出至今规模急速扩大。NFIP以联邦紧急事务管理局（FEMA）编制的洪水风险地图为依据，对不同地区制定不同的费率，能够保证科学性且兼顾特殊性。此外，NFIP的法律体系随着应对的风险变化而不断进行修改与补充，不断完善的法律体系保障了该计划的有效实施。

此外，在州巨灾保险计划方面，美国加州还根据其实际情况推行了地震保险，美国加州地震保险是典型的政府主导的巨灾保险。1994年1月北岭地震后，保险公司支付了高达150亿美元的巨额保险金，所以很多保险公司纷纷撤出地震保险，住宅地震保险市场逐渐萎缩，为此加利福尼亚州政府于1996年设立了地震保险，运营主体为加州地震局（The California Earthquake Authority，CEA）。CEA属地方性保险，加州政府参与部分支付，联邦政府不参与。CEA提供地震保险和发行债券，发行和接受面向住宅市场的地震保险债券。由商业保险公司直接承担的保险赔偿金额不超过10亿美元。如果保险公司一次支付保险金额过大，可以采取分期支付的方式。CEA提供的地震保险占加州地震保险业务的70%。

同时，美国积极推动巨灾风险证券化，推出巨灾期权、巨灾债券、巨灾期货等保险衍生

〔1〕 许光清,陈晓玉,刘海博,等.气候保险的概念、理论及在中国的发展建议[J].气候变化研究进展,2020,16(3)：373-382.
〔2〕 金满涛.天气保险的国际经验比较对我国的借鉴与启示[J].上海保险,2018(9)：49-51.

品,将巨灾风险由保险市场进一步分散至全球资本市场,实现更大的风险共担及风险承受能力。

虽然政府干预有效地满足了大数法则,但易产生道德风险问题,并加重了财政负担。例如美国 NFIP 的灾后赔付使得沿海地区人民低估灾难风险,并且受政府补贴的保险激励,人们的居住区进一步扩大至脆弱的沿海地区;其次,NFIP 对被洪水反复破坏的财产的重复补贴造成反向激励,导致重复损失财产;再次,投保人支付的保费远低于市场化保费,加重了政府的财政负担。

二、英国

英国天气保险最早的险种为降雨保险。英国保险公司通过与气象部门合作,对英国各地的降雨进行分析,绘制成英国全国年和月平均雨量图,作为制定保险费率的依据,并将全国划分为不同等级的保险费率区。如今,天气保险已经进入英国人生活中的各个领域,凡是与气候有关的户外活动,诸如高尔夫球赛、高空特技表演、花卉展览、瓜果节、外出旅游等,预先购买天气保险是英国民众较常见的选择。

此外,英国洪水保险是典型的市场为主导的巨灾保险。在英国的洪水保险中,英国的洪水保险最早可以追溯到 1961 年的"绅士协议",主要利用市场进行气候保险交易,政府不进行直接干预,只需要履行一些公共职能,英国政府不参与承担风险。而商业保险公司作为保障主体,自愿地将洪水风险纳入标准家庭及小企业财产保单的责任范围之内,业主可以自愿在市场上选择保险公司投保,通过其分销网络完成保险的销售和服务,一切风险由商业保险公司承担。为了减轻巨灾事故的赔付责任,保险公司常采用再保险的方式进行风险分散[1]。

在整个巨灾风险保障过程中,均由保险市场主导所提供的保障及风险分担的处理,但单纯依靠市场机制也存在一些问题,如英国的洪水保险没有充分考虑到气候变化导致的洪水风险上升的问题;也未提供降低洪水风险的激励或提高房地产的抗洪能力;如果在金融业不够发达的国家和地区或者在金融业不够稳定的年份,商业公司可能会为了控制自身风险而避免进入气候保险市场,则不利于气候保险市场的进一步发展。

三、日本

在天气保险方面,由于每年观赏樱花是日本人极为重视的活动之一,日本的保险业者针对此开发出了樱花险。其具体操作方法是:保险公司请气象专家参考近几十年来日本列岛的樱花开放规律,对当年的气温、日照时间等气象问题进行预测,并研究和分析这些气象数据对樱花开放期的影响,然后再预测各地樱花开放的具体日期。投保的旅行社、休闲娱乐场所以及其他客户可以根据保险公司的预测安排相关日程,如果樱花开放日期与保险公司的预测不一致,保险公司将向被保险人支付赔偿金。

---

[1] Surminski S. Fit for Purpose and Fit for the Future? An Evaluation of the UK's New Flood Reinsurance Pool[J]. Risk Management and Insurance Review, 2018(21): 33-72.

此外,日本的农业天气指数保险则是在政府给予一定财政补贴来分担商业保险机构运营成本的基础上,引入了再保险机制,实行共济制农业保险制度,降低气候风险。日本早在1923年《小作保险法》的制定中就体现了对农业领域保险制度的初步探索。在那之后,在1938年就制定了《农业保险法》,尝试农业保险制度。

日本的农业保险是一种政府支持下的相互社模式,有着较强的互助性。一些有关国家民生的农作物如小麦、水稻等实行法定的强制保险。在应对农业风险上,日本构建了多重风险保障机制。日本的农业保险组织由低向高分为三级,第一级为农业共济合作社;第二级为农业共济联合会;第三级为农业共济再保险特别会计处[1]。农业共济合作社设置在市、镇、村,其作为基层组织向本地区的所有成员承保,同时向农业共济联合会进行分保。若农业共济联合会赔付款项的资金不足时可向农业共济基金申请为其提供再保险,农业共济基金是1952年由农业共济联合会与政府共同出资设立的,起到了稳定收支平衡的作用。日本构建的多重风险保障机制,将农业生产的风险在全国范围内进行分散,为农业生产和农民生活的稳定提供了保障,日本政府与农业保险机构共同提供的农业再保险模式成为日本农业保险的重要内容。

再者,在巨灾保险方面,由于日本经常遭受台风,20世纪六七十年代开始,在住宅综合保险中加入台风保险。此外,日本位于环太平洋火山地震带,据统计,全世界超过里氏6级的地震,有超过两成都发生在日本。因为地震多发,所以早在1966年日本就建立了地震灾害保险体系。

日本地震保险由商业保险公司承接保单,然后再由保险公司通过日本再保险公司(JERC)向政府和商业保险公司再保险。所以,日本的巨灾保险是典型的市场和政府协作类型,是以政府的再保险为前提的高公共性保险。

具体来说,日本商业保险公司收到地震险保费,将其全部注入JERC,JERC再将其中的超额部分分给日本政府,由日本政府承担超额风险。根据日本地震保险制度规定,如果日本商业保险公司因地震导致的赔付金额在1 150亿日元以下,这部分由商业保险公司承担100%的赔付责任;如果在1 150亿至19 250亿日元之间,则由商业保险公司与政府各承担50%;如果在19 250亿日元以上,则由政府承担95%赔付责任,商业保险公司只承担5%。

除了上述的国家在气候保险中所具有比较典型和较全面的气候保险体系外,国际上还有澳大利亚依靠市场的力量推行农业天气指数保险[2],在这个过程当中政府不会提供财政补贴。在风险分担方式中还有加拿大、韩国的政府再保险基金模式[3]、西班牙的农业再保险公司承担再保险业务模式[4]以及墨西哥灾害救助基金,采用再保险与巨灾债券的形式来转移地震风险等。这些均是基于国情所采取的一套行之有效的方法,例如

〔1〕 刘晓丹.日本农业保险财政补贴机制研究[J].中国保险,2018(9):57-61.

〔2〕 邱波,朱一鸿.政府干预与市场边界:澳大利亚农业保险制度实践及其启示[J].金融理论与实践,2019(3):79-85.

〔3〕 高岑.国外典型农业再保险发展模式分析及其启示[J].农村经济与科技,2019(2):212-214.

〔4〕 方伶俐,徐锦晋.国际农业保险巨灾风险分散的有效方式及启示[J].山东农业工程学院学报,2018(9):1-6.

加拿大的再保险基金模式就是因为 1921 年第一次展开商业性质农作物保险,最终以高赔付率宣布失败告终后,根据加拿大的《农作物保险法》规定,联邦政府为举办农业保险的省提供农业再保险。这些改革中的经验均可为我国发展气候保险提供借鉴。

第五节　我国的气候保险

一、我国气候保险的发展

我国气候条件复杂,生态环境整体脆弱,总体上来讲,中国是一个易受到气候变化影响的国家。每年因为极端气候事件带来的财产损失都是巨大的。气候保险在我国应对气候变化灾害造成损失的事件中发挥着不可估量的作用。

1979 年,国务院决定逐步恢复国内保险业务,我国许多财险保险的保障范围起初包含了各类气候灾害风险,这在一定程度上促进了农业保险的发展,气候灾害保险体系初步形成。随后,由于政策限制,并且气候灾害风险难以满足大数法则的要求,洪水、台风、低温、雨雪、冰冻等不可抗性质的气候灾害事件列入免责条款。2007 年 4 月,原中国保监会下发通知要求各个保险公司和保监局重视气候变化风险所造成的负面影响,充分发挥保险职能,提高应对极端天气气候风险的能力[1]。我国最早的天气指数保险是 2007 年由安信农业保险公司推出的西甜瓜梅雨强度指数保险。2013 年 3 月 1 日《农业保险条例》正式实施,农业保险市场发展,承保部分农作物因为暴雨、冻害、冰雹等极端气候的损失。随着极端气候灾害不断显现,气候保险的发展逐渐被人们所重视,一方面,部分保险公司承保的家庭财产险、意外伤害险已将部分气候风险造成的损失列入理赔范围;另一方面,我国的巨灾保险在试点城市开始运行,农业保险在各地开展,一定程度上分散了气候风险以及对农业领域造成的损失,这些对气候灾害保险的发展无疑具有巨大的推动作用[2]。

二、我国气候保险保险类型

(一) 天气保险

目前我国的天气保险主要集中在容易遭受极端气候风险影响的农业领域,由于农民普遍收入较低,承受风险能力较弱,而传统的农业保险存在交易成本较高等一系列问题,因此天气指数保险逐渐成为我国农业风险管理的重要手段。

(二) 天气指数保险

天气指数保险是指把一个或几个气候条件(如气温、降水、风速等)对农作物损害程度指数化,每个指数都有对应的农作物产量和损益,保险合同以这种指数为基础,当指数达到一定水平并对农产品造成一定影响时,投保人就可以获得相应标准的赔偿。天气指数

〔1〕 许光清,陈晓玉,刘海博,黄丹泽,张友谊.气候保险的概念、理论及在中国的发展建议[J].气候变化研究进展,2020,16(3):373-382.
〔2〕 何志扬,庞亚威.中国气候灾害保险的发展及其风险控制[J].金融与经济,2015(6):73-76+44.

保险是指数保险在特定领域的应用发展,主要运用于巨灾风险管理和农业生产之中,天气指数保险就是指数保险在农业运用中较为成功的创新产品[1]。

2007—2013年,中国天气指数保险处于试点初期阶段,发展较为缓慢,从2014年开始进入快速发展阶段,各地区纷纷推出天气指数保险,承保范围从初期的以降水和低温为主,逐渐扩大到台风、降雪以及多种气候风险的组合,保障对象也在逐步增加,包括粮食作物、经济作物、牲畜和水产品等。目前,市场上的气候指数保险已经有几十种,包括农作物种植雹灾保险、羊群天气指数保险、烟草气象指数保险、蜜橘气象指数保险、台风巨灾保险、小麦种植天气指数保险、水稻种植天气指数保险等,涵盖了众多农业领域以及气候灾害。

(三) 巨灾保险

目前中国的巨灾保险正处于初期试点阶段,基本都是由政府推动建立,并使用财政资金向保险公司购买巨灾保险,一旦灾害发生并且灾害程度超过设定阈值后,保险公司便将合同预先约定的赔款支付给政府,作为灾后救助资金使用。

自2014年5月深圳开展巨灾保险试点工作以来,深圳、宁波、广东、黑龙江、上海等地相继开展的巨灾保险试点工作中,巨灾保险风险管理内容包括了暴雨等与极端天气有关的自然灾害事件,积极探索运用保险机制参与当地的巨灾风险管理。2016年,在广东创新推出巨灾指数保险,包括台风、强降雨、地震三类重大自然灾害。台风来袭后,承保机构1天内立即赔付。2018年,在相关部门的支持下,福建在全国率先探索堤防保险模式。探索运用保险机制,参与堤防安全隐患排查,提升修复资金的精准投放及资金到位速度,加强对江海堤防的修复工作,减少因台风、暴雨发生导致堤坝损毁造成的各类损失[2]。

三、我国气候保险现存问题

中国气候保险的现存问题主要归因于未能满足大数法则。从保险自身角度而言,气候保险产品在时间和空间上分布较窄,风险较大;从保险的推广条件来看,民众对保险购买意愿较弱,且气象观测站密度不足以提供精确的气象数据。因此,气候风险无法满足大量独立同分布的风险单位的要求,难以满足大数法则。此外,中国保险尚处于发展阶段,可能会出现相对应的道德风险。

(一) 气候灾害保险已开发险种较少

气候灾害保险的频率和强度相对于其他风险而言难以预测,气候风险的分散需要特定的地域条件和市场环境,这些气候灾害保险的盈亏具有明显的不确定性,政府部门、保险公司对气候保险的开发采取较为审慎的态度,在险种开发上明显不足[3]。我国新实施的《农业保险条例》明确将农民在农业生产过程中因极端气候事件等自然灾害发生造成的财产损失纳入保险范围,规定了税收优惠、保险费补贴、大灾风险分散等政策支持,为保

〔1〕 汪丽萍.天气指数保险及创新产品的比较研究[J].保险研究,2016(10):81-88.

〔2〕 蔡宇.进一步发挥绿色保险在气候及环境风险管理中的作用[J].清华金融评论,2020(11):77-80.

〔3〕 何志扬,庞亚威.中国气候灾害保险的发展及其风险控制[J].金融与经济,2015(6):73-76＋44.

险公司开展涉农气候灾害保险提供了政策依据。但由于农民有效需求的不足以及保险公司涉足该领域保险业务的意愿不够强烈,保险公司开展涉农气候灾害保险依然受到限制,农业保险的供给仍然不足。目前,家庭财产险、意外伤害险中对台风等部分极端气候事件造成的保险标的损失进行赔付,除洪水保险外,并没有专门针对某一种气候灾害或全部气候灾害的保险险种。这些原因客观上造成了气候灾害保险覆盖面小、投保率低的状况。

(二)气候保险产品覆盖面窄

尽管中国天气指数保险发展迅速,但仍然处于试点阶段,地区差异较为明显,部分地区尚未根据地区风险特征研发出相应的保险产品。一方面,中国气象站的分布密度远小于农田的密度,气象数据的准确性和针对性不高,影响了保险模型的准确性,也影响了保险的覆盖面积;另一方面,由于中国天气指数保险试点区域少,覆盖面小,保险市场运营的相关标准、统计口径、监督要求尚未明确。目前,我国试点城市在空间上的分布较为集中,一旦极端气候发生,将会造成大面积的损失和巨额赔付,因此天气指数保险目前无法较好地对空间维度上的风险进行有效分散。其次,天气指数保险是新型保险品种,发展年限较短,因此暂时也无法实现时间维度上的风险分散。

巨灾保险面临的风险额赔付率更高,并且由于中国的巨灾保险起步较晚,且基本由政府推动建立,市场发展极度不完善,缺乏保险衍生品和再保险等机制以实现风险分散;此外,由于巨灾发生的地区更加集中,难以满足各种巨灾风险之间的独立性,大大增加了保险公司的经营风险。

(三)公众的投保意愿较弱

公众适应气候变化的意识薄弱导致其投保意识弱[1]。由于气候变化风险在时间维度上的萌发性,使得一部分人无法准确意识到气候变化在未来将会造成的损失,对风险的认知仍然处于相对较低的水平。对于农业保险、天气指数保险等,农民相对较低的受教育水平也在一定程度上影响了投保意愿;对于巨灾保险来说,公众的保险意识较弱,除农业外的其他气候敏感行业如能源、交通和电力行业亦缺乏保险意识,导致巨灾保险的投保率处于较低水平。

四、我国气候保险发展建议

(一)给予气候保险合适的政策定位

对气候灾害保险的定位是发展此类险种的出发点,不同的定位意味着不同的责任分担机制,也会产生不同的责任分担风险。目前我国灾害保险整体上处于探索阶段,已经开展的包括气候风险在内的农业保险采取委托保险公司运作、政府予以补贴的形式进行,从长远上看并不利于新的责任分担机制的形成。根据我国的实际情况,我国应当给予气候保险合适的政策定位[2],建立政府、保险公司、再保险公司、投保人之间的合理责任分担

〔1〕　许光清,陈晓玉,刘海博,黄丹泽,张友谊.气候保险的概念、理论及在中国的发展建议[J].气候变化研究进展,2020,16(3):373-382.
〔2〕　何志扬,庞亚威.中国气候灾害保险的发展及其风险控制[J].金融与经济,2015(6):73-76+44.

机制,政府提供政策引导与支持,承担保底责任,弥补巨灾风险造成的损失;保险公司通过保险业务的开展,承担基本风险控制和损失补偿责任,再保险公司辅助再分散相关风险;投保人通过履行缴纳保险费的义务,享有在特定事件发生时获得赔付的权利。与此同时,政府应制定保险费补贴政策,加大保险宣传力度,提高居民投保积极性。

(二)完善气象站基础设施、测量技术和数据系统

气象站基础设施、测量技术和数据系统是气候保险发展完善的首要先决条件,政府应增加气候观测站的数量与检测频率,完善气候风险测量的技术基础,对于新型气候风险测量技术和气象预测技术等研发提供资金支持。同时促进无人机、卫星遥感等科技手段和大数据的应用,可以与第三方机构合作共同完成气候数据的收集、维护和存档系统,能够及时准确地提供与气候保险相关的数据,以利于保险公司设计出更加精准的保险产品。

(三)制定细分区域的自然灾害风险地图

中国在"十二五"期间和"十三五"规划中,均提出编制自然灾害风险地图。美国联邦应急管理局提供了地震、洪水、飓风的风险与损失图;斯坦福大学、京都大学、巨灾风险管理公司等一些科研机构和公司也组织编制了相关专题灾害风险图,主要应用于保险、农业估产等领域[1]。中国政府应该进一步完善相关法律法规,尝试与第三方机构合作制定更加细分区域的自然灾害风险地图,以促进保险公司设计分区域、多层次、不同费率的气候保险产品。如果出现逆向风险,投保区域将会被明显地划分,气候保险分散气候风险的功能也被大大削弱。因此,保险公司在研发保险产品时,应当根据实际情况合理厘定保险费率,根据当地自然条件、历史受灾频率及潜在的自然生态风险等因素,因地制宜地涉及保险产品。这种地区区分式的保险产品设计可以部分抵消逆向选择带来的负面作用,发挥气候保险分散风险的作用。

(四)采取多种引导行动提升投保意愿

公众对气候保险的购买意愿一方面受到其收入水平、对气候风险认知等因素的影响,另一方面也受到政府灾后援助程度、未来发生灾害的可能性以及保险销售渠道等外在因素的影响。因此,政府和社会组织应当加强对公众气候变化风险的普及教育,使其全面了解风险的不确定性和灾害发生的可能后果,进而了解气候保险的风险保障能力以及投保气候保险的必要性。政府应当将工作重点转移至灾害发生前的风险预防管理,提高公众对气候保险的投保意愿。进一步提高气候敏感行业主体的市场参与意识,除农业对气候保险有较大需求之外,能源、交通、电力等受到气候风险直接影响的行业同样对气候保险有着巨大的需求,应当积极培养这些经济主体规避气候风险的意识,扩大投保人群,提高人们的投保意愿。

(五)适时发展再保险机制和气候保险衍生品市场

结合中国国情,改进和完善相关法律法规、政策体系和监管体系,大力发展资本市场,适时发展气候保险再保险机制和气候保险衍生品市场,以进一步分散气候保险的风险,减

---

〔1〕 潘东华,贾慧聪,贺原惠子.自然灾害风险制图研究进展与展望[J].地理空间信息,2019,17(7):6-10.

轻财政负担。首先积极学习借鉴国外气候保险和再保险机制,重视我国再保险业务,并完善风险再分散机制。再保险业务是保险人将自己承保的一部分危险和责任转嫁给其他保险人的市场行为,是再保险机制的重要组成部分。然而,目前我国再保险市场和金融市场的发展均不成熟,针对保险风险分散的业务和产品较少,不利于降低气候灾害保险的再保险风险,也不利于保险市场的成熟和完善。应鼓励和引导各保险公司建立合作关系,共同分担气候灾害风险,并积极向国外再保险公司投保,利用国际市场的巨大空间,借鉴经验,提高抗风险能力。政府也应承担保底责任,通过财政拨款,弥补保险公司和再保险公司的不足,分担最后的市场风险。最后,加大对国外气候保险衍生品市场的学习和借鉴,增强保险公司的气候保险衍生品研发能力。努力开发气候灾害金融创新产品,引导银行为气候灾害保险的赔付提供贷款优惠,支持灾害期货和证券化的发展,更好地分散市场风险。

第十一章 气候债券

第一节 气候债券概述

一、气候债券的内涵

气候债券(也称为绿色债券)是具有积极环境或气候效益的固定收益金融工具[1]。其遵循国际资本市场协会(ICMA)的绿色债券原则[2],且发行所得将用于预定类型的项目。与可持续债券不同的是,可持续债券除了对环境产生积极影响外,还需要产生积极的社会结果[3]。大部分绿色债券都是资产支持证券,或者实行围栏措施,以保证集资所得全数只会用于和减缓气候改变相关的项目或资产,例如可再生能源发电设施[4]。

在绿色债券的定义方面,通常认为绿色债券的概念由世界银行和欧洲投资银行最早提出。随着其不断发展,不同的组织机构对它进行过不同的定义。世界银行认为它为投资者提供了参与投资绿色项目的机会,将绿色债券定义为一种固定收益型普通债券。经济合作与发展组织(OECD)将绿色债券定义为一种由政府、跨国银行或企业发行的,为促进低碳经济和适应气候变化的项目筹集必要资金的固定收益证券。气候债券倡议组织(CBI)认为,绿色债券是为环境发展或环保项目募集资金的固定收益金融工具。截至目前,国际上对绿色债券的定义已基本达成共识。国际资本市场协会(ICMA)于2015年3月27日,联合了130多家金融机构联合出版了《绿色债券原则》(GBP),其中规定,绿色债券指的是任何将所获得资金专门用于资助符合规定条件的绿色项目,或为这些项目进行再融资的债券工具[5]。这里的绿色项目是指可以促进环境可持续发展,并且通过发

---

〔1〕 Jaeger J., Banaji F., Calnek-Sugin T. By The Numbers: How Business Benefits from The Sustainable Development Goals[EB/OL]. World Resources Institute, 2017. https://www.wri.org/insights/numbers-how-business-benefits-sustainable-development-goals.

〔2〕 Tolliver C., Keeley A. R., Managi S. Green Bonds for The Paris Agreement and Sustainable Development Goals[J]. Environmental Research Letters, 2019, 14(6): 064009.

〔3〕 Puig D., Olhoff A., Bee S., et al. The Adaptation Finance Gap Report[R]. UNEP Environmental Programme(UNEP). Nairobi, Kenya. 2016.

〔4〕 Mackenzie C., Ascui F. Investor Leadership on Climate Change: An Analysis of the Investment Community's Role on Climate Change, and Snapshot of Recent Investor Activity[R]. Principles for Responsible Investment. London, UK. 2009.

〔5〕 ICMA. The Green Bond Principles 2017[R]. Paris, France. 2017.

行主体和相关机构评估和选择的项目和计划。

克雷格·麦肯齐(C. Mackenzie)和佛朗西斯科·阿斯奎(F. Ascui)在联合国环境署发表的报告中对气候债券和绿色债券进行了区分,指出"气候债券是绿色债券概念的延伸。绿色债券是为环境保护项目集资而发行;气候债券则是为了减少温室气体排放和应对气候变化项目而发行的"[1]。总部在伦敦的"气候债券标准局"(Climate Bond Standards Board)作为气候债券的认证机构为其提供认证计划。

气候债券最初提出的设想是为了鼓励发展中国家投资清洁能源项目(CDM)。《联合国气候变化框架公约》(UNFCCC)秘书处执行秘书伊沃·德博埃尔曾指出,气候债券将主要在非洲、亚洲和拉丁美洲的发展中国家向投资者发行,旨在减少温室气体排放量,属于融资债券到期后能用来换取一定的温室气体碳排放的交易额度的安全性金融项目[2]。

气候债券除具备普通债券的属性之外,还拥有自身的特殊性。从发行准备到发行后募集资金的使用,最后再到企业发行债的存续期间的披露等方面都可以得到体现。首先,在发行的基本要求上,气候债券发行人在绿色债券发行人的基础上附加了气候属性。其次,在募集资金的使用和管理上,和一般债券相比,发行气候债券募集的资金在使用方面有诸多限制,其募集而来的资金只能用于气候项目的投资或用于减排技术的更新改造,且针对资金使用是否落在相关气候项目上需要进行确认;对于募集资金的管理相较于传统债券也更为严格,大部分都要求设立专门的账户对资金进行监管。最后,在发行债券后的持续披露方面,发行人需要对募集资金的使用情况进行持续披露,以便投资者清楚了解资金确实按规定用于气候项目,还应当对其减排效应等进行评估,并予以披露[3]。

综上,气候债券满足了环境保护、发行者和债券持有者的各方面需求。因此,未来推出气候融资债券将成为低碳经济融资以实现应对气候变化的资金缺口目标的重要发展方向之一。

二、气候债券的分类

气候相关债券还可以分为贴标气候债券和未贴标气候相关债券。贴标气候债券是指所募集资金指定用于新建或现有环境受益项目融资的债券。气候债券标签对投资者来说提供了一种信号或识别方式。它可以帮助投资者在使用有限资源开展尽职调查的情况下,也可识别出气候相关投资。这样一来,气候债券的标签可以在市场中减少投资障碍,从而促进气候相关投资的增长。未贴标气候相关债券是指那些收益用于气候项目,但是没有像贴标气候债券那样进行推广,也没有可以让投资者追踪收益用途的报告机制的债券。

根据募集资金用途分类,不同领域资产和项目有不同的专业标准,可分为太阳能、风

〔1〕 Iggo, C. Climate Bonds: A Major New Asset Class Brewing. [EB/OL]. AXA Investment Managers. 2010. http://www.axa-im.com/index.cfm?pagepath=research/ri_inside_research/green_initiative&CFNoCache=TRUE&servedoc=82A0C89C-1708-7D7E-1BEE7FCB1BA8F25F 2011-03-05.
〔2〕 李敏.气候债券可实现低成本融资和低碳发展[J].环境经济,2017(14):52-57.
〔3〕 王政杰.我国企业发行绿色债券融资问题研究[D].首都经济贸易大学,2018.

能、快速公交系统、低碳建筑、低碳运输、生物质能、水资源、农林、地热能、基础设施环境适应力、废弃物管理、工业能效和其他可再生能源等。气候债券倡议组织标准(CBI标准)分类基于最新的气候科学,包括政府间气候变化专门委员会(IPCC)和国际能源署(IEA)的研究的分类,主要包括能源、建筑、工业、废物污染控制和封存、交通、农业与林业、信息技术和通信、气候变化适应等。

市场需要独立的、以科学为导向的指导方针来确定哪些资产和活动有助于低碳经济的快速转型,而合理的气候债券分类有助于识别实现低碳和气候适应性经济所需的资产、项目和质量等,有助于气候债券更好地发挥对于减缓和适应气候变化的积极作用。

三、气候债券的发行

气候债券主要通过发行方、投资者、第三方机构和运营者几个主体共同运作。首先,由企业选择气候项目,根据项目类别确定是否符合官方发布的气候项目要求。然后,企业通过专业的第三方认证机构对项目进行评估是否募集资金投向属于气候项目,并出具"第二方意见"。经评估满足相关条件的项目,发行主体根据拟投资项目的方案和自身情况选择适合自己的融资方式,最后投资者选择满意的产品进行认购。

就气候债券发行标准的现实情况而言,2019 年 12 月 11 日,气候债券倡议组织(Climate Bonds Initiative,CBI)发布气候债券标准(Climate Bonds Standard,CBS)的第 3.0 版(以下简称"V3.0")。V3.0 版本的开发基于国际资本市场协会(ICMA)的《绿色债券原则》(GBP)和《绿色信贷原则》(GLP)的版本更新、欧盟《绿色债券标准(草案)》的发布、世界各地的绿色债券指南和分类法的出台,以及投资者的要求的共同作用。V3.0 要求在发行前阶段披露绿色债券框架文件,并鼓励发行人在发行前阶段披露拟投项目和资产的清单和相关信息。此外,更新报告在存续期内至少每年准备一次,必须向公众公开披露[1]。

四、气候债券的参与主体

按照发行主体分类,国际上气候债券可分为四类:多边国际金融组织发行的气候债券、地方政府或市政气候债券、国家政策性金融机构与商业银行发行的气候债券、跨国企业或大型公司发行的气候债券,具体情况如表 11-1 所示:

表 11-1　国际气候债券种类区分

债 券 类 型	首 次 发 行	主 要 发 行 人
多边国际金融组织发行的气候债券	2007 年 6 月,欧洲投资银行发行的气候意识债券	欧洲投资银行(EIB)、世界银行(World Bank)、国际金融公司(IFC)、欧洲复兴开发银行(EBRD)、北欧投资银行(NIB)、非洲开发银行(AfDB)、亚洲开发银行(ADB)等

---

〔1〕 Climate Bonds Initiative. Climate Bonds Standard V3.0〔EB／OL〕. 2019. https：／／www. climatebonds.net／climate-bonds-standard-v3.

（续表）

债 券 类 型	首 次 发 行	主 要 发 行 人
国家政策性金融机构与商业银行发行的气候债券	2012年4月,南非工业发展公司(IDC),5年期、52亿南非兰特	南非工业发展公司(IDC)、荷兰发展金融公司(FMO)、德国复兴信贷银行(KfW)、印度进出口银行(EXIM)等
地方政府或市政气候债券	2013年6月,美国马萨诸塞州,20年期、1亿美元	美国马萨诸塞(Massachusetts)、美国加利福尼亚州(California State)、瑞典哥德堡(Gothenburg)、加拿大安大略省(Ontario)等
跨国企业或大型公司发行的气候债券	2013年11月,法国电力公司(EDF),8年期、14亿欧元	法国电力公司(EDF)、联合利华集团(Unilever plc)、丰田金融服务公司(Toyota Financial Services)、法国燃气苏伊士集团(GDF Suez)、西班牙可再生能源服务公司等

其中,多边开发银行引领市场实践。2007年,欧洲投资银行(EIB)发行6亿欧元气候意识债券(Climate Awareness Bond,CAB),作为全球首单绿色债券,初步探索了绿债发行流程及规范。该债券将票息与FTSE4良好环保欧洲40指数挂钩,通过创新型付息机制提升全球投资者对于气候投资理念的重视。2008年,世界银行发行了其首只绿色债券,不仅得到了政府和投资者的支持,也引起了社会公众的极大兴趣。随后,世界银行逐步探索建立了包括绿色项目选择标准、项目选择流程、募集资金分配、监测和报告在内的一整套发行流程,成为绿色债券发行框架的重要探索,为推动绿色债券的规范化发展,促进绿色债券环境效益实现发挥了重要作用[1]。

以亚投行为例进一步展示气候变化近年投资框架。传统多边开发银行持续推动气候金融向前发展,但由于其发展理念主要是由发达国家制定,涉及经济、政治、法律、民族文化等多个领域,一定程度上弱化了发展中国家在气候融资方面的关键作用,降低了发展中国家合作参与的积极性,资源配置效率有待提高[2]。亚投行作为一个政府间性质的亚洲区域新型多边开发银行,尊重发展中国家的发展道路选择,是对传统多边开发银行的补充。在推动亚洲区域的气候投融资发展中,亚投行自成立初期已开始不断探索。根据2019年多边开发银行的气候融资联合报告,亚投行于2019年提供约17亿美元气候融资,对应总项目投资额的39%[3]。但以固定收益产品为例,尽管发行量不断增加,贴标的可持续固定收益类工具仍然面临挑战。气候债券一直是债务资本市场的主要气候融资解决方案,从发行人整个资产负债表的角度来看,其没有考虑承受气候投资风险和机会[4]。投资

〔1〕　廖子怡,云祉婷.2019年中资主体境外发行绿色债券情况分析[EB/OL].中央财经大学绿色金融国际研究院.2020.http://caifuhao.eastmoney.com/news/20200806092358212712270.

〔2〕　黄宾.亚投行与已有多边开发银行的差别[EB/OL].第一财经.2016.https://www.yicai.com/news/5091154.html.

〔3〕　WRI. Multilateral Development Bank Climate Finance in 2019:The Good, the Bad and the Urgent[R]. Washington DC, USA. 2020.

〔4〕　黄利军.亚投行和阿蒙迪启动气候变化投资框架以推动亚洲的绿色复苏和转型[EB/OL].2020.https://www.seetao.com/details/38509/zh.html.

者对气候变化意识的增强可以导致可持续固定收益工具的增长,同时也需要从发行人和发行层面进行衡量,制定出积极投资方法以应对气候变化的潜在风险和机遇。

基于上述背景,2020 年 9 月 9 日,亚投行联合欧洲最大资产管理公司阿蒙迪(Amundi)发布《气候变化投资框架》(Climate Change Investment Framework)。该框架旨在为投资者提供一个基准工具,在发行层面评估投资与气候变化相关的金融风险和机遇。在这个框架中,创新地将《巴黎协定》的三个目标转化成与投资决策相关的指标,投资者可以通过使用这些指标来评估投资项目是否达到减缓气候变化、适应气候变化、低碳转型的效果。通过对规定指标的计量,建立投资组合的战略。其中,基于是否完全达到上述三个指标,可以将发行人分为 A 类(在所有三个指标上均表现良好)、B 类(未全面达到 A 类发行人要求,在改进中)、不合格三种评估等级。实施这些指标具体可分为两个步骤:(1)确定数据提供商的标准,并量化这些指标,以此来选择高绩效适应气候变化的发行者;(2)设计适当的投资策略。

通过该框架的建立,亚投行期望协助促进 B 类发行人向 A 类发行人的转化,以提高应对气候变化的风险管理能力。同时,在为未来的气候变化风险和机遇形成定价机制,引导全球应对气候变化行动进一步发展,凭借加强市场容量和推动亚洲绿色议程而达到在气候变化中发挥重要作用的承诺。

第二节　国际气候债券的发展

一、国际气候债券发展的历程

近年来,全球气候债券发行稳步增长。根据气候债券组织的报告,自 2007 年开始,全球共发行了 5 210 亿美元的气候债券,债券市场的供应方以多边开发银行和其他一些公共机构为主。其中,美国、中国和法国在资金规模上分列前三位,分别发行 1 186 亿美元、775 亿美元和 567 亿美元。直到 2013 年,私营部门公司和金融机构逐步开始进入气候债券市场,市场规模进一步扩大。2016 年,全球绿色债券发行规模达 970 亿美元。

2008 年,世界银行(World Bank)和北欧斯安银行(SEB),与主流金融机构、愿意参与气候融资和提高气候风险意识的瑞典投资者们一起,推出了首只贴有绿色标签的绿色债券。这只绿色债券是第一个与气候相关的固定收益工具,它将固定收益类产品要素与缓解和适应气候变化的意识相结合,为主流投资者提供了与气候变化相关的投资机会,从而吸引了众多的主流投资者[1]。

回顾各国在气候债券方面的探索,在气候基金支持路径下,欧洲投资银行"清洁能源基金"、世界银行托管的"气候投资基金"、联合国框架公约下的"全球环境基金"和"气候基

---

〔1〕　World Bank. Why Did Multilateral Development Banks (MDBs) Issue the First Green Bonds? [EB/OL]. 2016. http://treasury.worldbank.org/cmd/htm/Chapter-2-MDBs-and-Green-Bonds.html.

金"等都在实践着对企业控制温室气体排放的激励[1]。其他 SSA 的发行人,在支持绿色债券市场的发展、推广发行流程和信息披露等实践方面,也发挥了重要作用。

二、国际气候债券发展现状

(一)总体特征

气候相关债券的发行货币分布广泛。2016 年,中国以 2 460 亿美元的气候相关债券发行存量成为最大的发行国家,人民币是最主要的气候相关债券的发行货币单位,其后为美元和欧元。这主要是由于中国的气候债券发行方包含了如中国铁路总公司这样的大型中国企业。中国铁路总公司是未贴标气候相关债券最大的发行人,美国的气候相关债券存量位居第二。伯灵顿北方圣太菲铁路运输公司(BNFS)是美国最大的气候相关债券发行人,发行量约占市场的 17%。其次为英国和法国。

从发行期限来看,各国主权气候债券受益于国家信用背书,期限普遍较长,多数主权气候债券期限在 10 年以上,更有长达 20 年、30 年的主权气候债券,可更好满足气候产业项目回报周期较长的实际需要。从募集资金投向来看,各国主权气候债券具体投向依据当地发展情况和资源禀赋各有不同。法国、比利时、德国等国家更为注重对于能效提升、可再生能源、清洁交通的投入;而如塞舌尔、斐济等沿海岛国,发行主权气候债券主要用于当地污染治理以及应对气候变化。从投资者构成来看,各国主权气候债券多由中央银行或主权金融机构、商业银行、基金、养老金、保险等机构持有。多数主权气候债券在发行时获得了超额认购,体现了国际机构对于主权气候债券的青睐与认可。

此外,《债券与气候变化:市场现状报告 2016》[2]分析了来自 780 个发行人的 3 950 只气候相关债券,覆盖的行业范围包括运输、能源、建筑与工业、水、废弃物与污染和农林业。其中,低碳运输是气候相关债券发行存量最大的行业,清洁能源位居其次。还有 970 亿美元(14%)来自建筑与工业、农林、废弃物与污染、水和其他领域。绝大多数气候相关债券为投资级债券(BBB—及以上),且部分(37%)为 AA 级。

(二)认证体系

国外主流认证体系包括《气候债券原则》(Green Bond Principles,GBP)和《气候债券标准》(Climate Bonds Standard,CBS),其中 GBP 建议发行人使用外部认证,以确保发行人发行的债券符合气候债券的定义和要求,鼓励认证的类型和层次包括从顾问机构取得专业辅助,以审查或帮助建立项目评估和选择体系;由独立第三方进行独立审计;由第三方机构依据第二方标准进行的独立审核出具"第二意见"。CBS 则要求在发行前和发行后都必须任命一个第三方审核者,让审核者就该债券是否满足气候债券标准提供一份保证报告。另一方面,对于债券气候属性的认证不仅限于对项目的分类,还进一步揭示其所投

〔1〕 马爱民,田丹宇,丁辉.气候投融资问题初探[J].中国能源,2017,39(1):11-14.

〔2〕 气候债券倡议组织,汇丰银行.债券与气候变化:市场现状报告 2016[R/OL].汇丰银行气候变化卓越中心.2016. https://cn.climatebonds.net/files/files/-CBI-HSBC%20%E5%B8%82%E5%9C%BA%E7%8E%B0%E7%8A%B6%E6%8A%A5%E5%91%8A2016.pdf.

向项目的预计或实际环境效益,以避免"漂绿"的嫌疑。

(三) 发展趋势

目前,全球气候债券发展呈现两大趋势:一是国际气候债券标准深化,如气候债券组织在 2018 年 7 月发布了新的《气候债券分类方案》,该分类方案的最大特点就是识别了实现低碳和气候适应性所需的资产和项目,符合巴黎协议所设定的全球变暖 2 摄氏度目标;二是多个经济体制定并出台气候标准,如东盟、印度、日本等发布了气候债券指引,中国在原来气候债券指引的基础上,正在加快更新制定统一的气候债券标准。

第三节　国内气候债券的发展

一、国内气候债券发展历程

全球气候债券市场发端于 2007 年,相比于国际市场,我国气候债券自 2015 年中国人民银行和发改委分别发布了《气候债券支持项目目录》和《气候债券发行指引》后才开启发展历程,但是得益于政府部门的高度重视和监管机构的有力推动,我国气候债券市场呈现了快速发展并追赶国际市场的势头。

目前,中国气候债券市场规模在全球排名居首位,作为贴标气候债券市场的领导者,中国也是全球气候债券政策体系最完善、发行品种最多元、发行规模最庞大的国家之一。

自 2015 年中共中央、国务院提出构建气候金融体系以来,我国气候金融体系迅速发展并不断深化,气候债券市场作为气候金融体系的重要组成部分近年来得到了快速的发展,配套市场制度和监管体系已经逐步确立和完善,气候标准统一进程持续推进,政策红利不断释放。

2016 年 1 月,国家发展和改革委员会发布相关指引,2017 年 3 月,中国证券监督管理委员会发布指导意见。两者对气候债券发行的管理不同。例如,适用国有企业的项目分类与适用银行企业的分类略有不同。但两者都包括对"超超临界"燃煤发电技术的投资。

2019 年,我国境内外发行贴标气候债券及气候资产证券化产品历经三年的高速发展,其规模达 3 656.14 亿元人民币,同比增长 27.8%。作为全球当之无愧的气候债券大国,气候债券的"中国经验"获得了全世界的重视与关注。

2020 年 3 月 1 日,修订后的《中华人民共和国证券法》(以下简称"新《证券法》")正式施行,公司债和企业债的发行正式迈入注册制阶段,发行审核效率将显著提升。同时新《证券法》及相关配套政策放开了对公司债和企业债发行主体净资产和债券余额的限制,债券发行要求明显放松,有利于公司债和企业债的扩容。同月,中共中央办公厅、国务院办公厅印发《关于构建现代环境治理体系的指导意见》,明确提出统一国内绿色债券标准。2020 年上半年的发行数据显示,气候公司债发行金额最大且发行数量最多,气候企业债的发行金额和数量也有很高的占比,新《证券法》全面实施将进一步增加气候公司债和气候企业债的发行规模。在多项政策的大力支持下,我国气候债券市场基本未受到新冠感染疫情冲击,总体保持了平稳发展态势,气候债券发行数量增加较快,发行金额有所下降,气候债券品种继续创新,债券发行成本仍具优势,二级市场交易依然活跃。随着我国经济的恢复、新《证券法》的深入实施、气候债券统一标准的落地以及气候债券的持续创新,我国气候债券市场将保持良好的发展趋势。

2020 年 7 月 8 日,中国人民银行、国家发展和改革委员会、中国证券监督管理委员会三部委联合发布了《气候债券支持项目目录(2020 年版)》(以下简称《目录》)征求意见稿,旨在统一管理中国日益壮大的气候债券市场。《气候债券支持项目目录(2020 年版)》在《气候产业指导目录(2019 年版)》的基础上科学界定和遴选符合气候债券支持的项目,初步实现了国内气候债券市场在支持项目和领域上的统一,并兼顾新旧标准的衔接以及与国际标准的接轨,对提升中国在气候债券标准领域的国际话语权、促进气候债券市场健康快速发展具有重要意义。更新的《目录》不仅剔除了煤炭,甚至也未提及天然气的清洁生产与利用。同时,《目录》新增了氢能、可持续农业、气候消费金融以及许多其他有贡献的行业,例如气候服务和制造业。《目录》还减少了投资者的检索成本,进而增强了中国气候债券对离岸投资者的吸引力。

二、国内气候债券发展现状

(一) 我国气候债券市场整体发展提速,呈现多重亮点

我国气候债券发行规模快速增长。根据气候债券倡议组织(CBI)和中债研发中心于 2020 年 6 月联合发布的《中国气候债券市场 2019 研究报告》,2019 年全球符合气候债券倡议组织定义的气候债券规模达到了 2 590 亿美元,较 2018 年增长 52%。中国以 558 亿美元的贴标气候债券发行总量成为 2019 年全球最大的气候债券来源,领先于美国和法国。

在我国气候债券发行量保持较快增长的同时,债券品种继续创新,发行期限以中期为主,发行场所以交易所市场为主。信用等级以 AA+级及以上级别为主,此外,也有若干信用等级在 AA 级及以下的气候债券成功发行,这表明了监管方对于气候债券市场发展的支持和投资者对于气候债券的认可。

中资主体赴海外发行绿色债券,是实现绿色资本跨境融通、满足海外绿色投融资需求、增强国内外绿色债券市场互动的有效途径。自 2015 年 7 月中资企业首次于中国香港发行绿色美元债券以来,我国境外绿色债券发行规模逐年增加,发行场所及币种不断丰富。2019 年,中资企业境外绿债发行量再创新高,同比增长近一倍,实现了品种设计、付息机制等多维度的创新,对粤港澳大湾区发展、“一带一路”沿线国家绿色基础设施建设形成了有力支持。

(二) 在境内贴标气候债券市场方面实现了“质”与“量”多维度的提升

2019 年,中国境内外市场气候债券发行总规模再创历史新高,达到 3 656.14 亿元人民币,同比增长 27.8%,发行规模位列全球第一。其中,境内贴标气候债券共发行 163 只,发行规模达 2 438.63 亿元,其发行情况、募集资金投向、区域分布等特征,对于梳理金融支持气候产业发展整体状况,厘清现阶段发展重点难点,把握未来发展趋势具有重要意义。早在贴标绿债市场尚未启动之时,2014 年兴业银行已探索发行了气候信贷资产支持证

券。2019年,我国发行气候资产支持证券总计35单,相较2018年的19单增加16单,同比增长84.21%。募集资金共426.04亿元,是2018年172.74亿元的2.5倍,为我国气候债券市场长期高质量发展注入了创新活力。

(三)我国气候债券标准逐步与国际标准趋同

国际气候债券市场主要参照两项自愿性准则定义气候债券,即国际资本市场协会(International Capital Market Association, ICMA)发布的《气候债券原则》(The Green Bond Principles, GBP)和气候债券倡议组织(Climate Bonds Initiative, CBI)发布的气候债券标准(Climate Bonds Standards, CBS)。前者侧重融资项目的环保和气候发展属性,同时兼顾其社会责任属性,后者强调融资项目对温室气体减排和应对气候变化的努力。两者在对项目气候属性的认定上有较大程度重合,且不少气候认证中介机构已经可以同时拥有两种标准的认证能力和资格,因此目前市场上已经出现多单同时进行两种标准认证的气候债券。

我国近年来发布了《气候产业指导目录(2019年版)》《关于印发〈气候债券支持项目目录(2020年版)〉的通知(征求意见稿)》等。上述制度标准的陆续颁布,统一了气候债券的顶层标准,为加快推进发行人愿意发、投资人愿意投、外部绿债进得来、内部绿债出得去的气候债券市场双循环体系建设奠定了坚实基础。这些制度标准,一方面是对我国气候债券标准的统一修订,另一方面也逐步实现了与国际气候债券标准的定义趋同,为气候债券标准的国际一体化奠定了基础,将有力促进国内国际气候债券市场的互联互通。当前亟须加强债券市场互联互通实现业务标准机构准入等统一,在此基础上,监管机构通过政策配套,激发市场主体、债券交易场所创新活力,加快形成良性的气候债券市场双循环体系。

(四)我国气候债券资金用途流向和金额集中

根据中国金融学会绿色金融专业委员会发布的《绿色债券支持项目目录》,可以将绿色债券的资金用途可划分为六个类别,分别是节能、污染防治、资源节约与循环利用、清洁交通、清洁能源以及生态保护和适应气候变化。需要说明的是,由于绿色金融债所募集到的资金将通过绿色信贷等方式支持多个绿色项目,可能会投向不止一个领域,资金用途需根据后续信息披露情况进行确定,因此将绿色金融债归入"投向多种用途"类别。近年来,我国绿色债券募集资金总金额中,流向清洁能源方向的占比最大,这些资金主要用于了风力发电、水力发电和光伏发电项目[1]。

(五)气候公司债券产品创新日益丰富

公司债是企业依照法定程序发行并按约定还本付息的有价证券。在一般公司债的基础上,气候公司债的发行要求募集资金70%以上投向符合《气候债券支持项目目录(2015年版)》规定的气候产业项目。

受益于各项指导文件,气候公司债券政策体系已较为完备。目前,我国气候公司债在政策的引导下稳步发展,服务实体经济能力不断增强,产品创新日益丰富,可交换公司债券、可续期公司债券、项目收益债券等创新型产品均有发行,可有效满足实体企业日益多

---

[1] 翟祎乐.中国绿色债券市场发展研究[D].西北大学,2019.

元的投融资需求。尤其在新《证券法》正式生效后,我国公司债发行全面实施注册制。相比于核准制,注册制将简化企业发债审批流程,缩短审批期限。在此基础上,实体企业通过发行公司债满足其融资需求将更为便捷,公司债市场规模有望进一步扩大。

结合我国当前实施积极的财政政策和稳健的货币政策,流动性合理充裕。在此背景下,信用债券发行利率显著下行,信用利差被压缩至历史低位,公司债券实现跨越式发展。未来,我国有望对所有上市公司实行强制性环境信息披露制度,将助力资本市场调度资源,吸引长期资金投资气候企业、气候项目,届时气候公司债券的应用场景将进一步扩大。

(六)我国气候债券市场双循环体系建设的挑战

虽然我国气候债券市场发展相较于国际市场属于起步晚、发展快的快速赶超状态,但是我们也应该清醒地看到,在取得上述成绩的同时,特别是面对我们承诺碳中和目标实现过程中气候债券市场所应起到的重要作用而言,当前气候债券市场还存在诸多值得改进之处,比如,对发行人和投资人而言,气候债券与普通债券相比并无特别之处,导致在整个债券市场中气候债券整体规模小且流动性不足,进而又影响发行人发行意愿及投资人投资意愿,主要原因有以下三个方面:

(1)发行人发行意愿有待提升。首先,与普通债券不同,气候债券需要额外的评估费用,在一定程度上增加了发行人发行成本,降低了融资人发行意愿;其次,由于目前国内市场并未形成气候投资人群体,气候债券相比普通债券发行成本没有优势,进一步降低了发行人积极性。

(2)气候投资人群体尚待壮大。当前气候债券市场规模相对较小,在整个债券市场占比较低,流动性不足,交易活跃度不高,投资人投资意愿不强,气候投资人群体有待进一步培育壮大。

(3)相关配套政策亟须在全国范围内复制推广。自2019年以来广东、江苏、浙江、广西等多地均已出台气候债券相关补贴政策,对气候债券市场的发展起到了良好的推动作用。但全国范围内来看,在综合考虑各地实际情况下,相关配套政策的复制推广速度还需要提升。

第四节 气候债券发展展望

一、国际气候债券发展展望

从世界范围来看,国际社会上气候债券的发展仍存在一些待发展的空间。首先,目前对于气候债券还缺乏一个清晰且广为接受的定义。其次,某些债券所融资的项目存在的环境效益不确定。然而主要新兴经济体已经开始利用完善的市场框架,支持气候债券乃至低碳发展的道路。实践证明,弥补气候金融的不足并不需要复杂的新投资模式。将气候变化和低碳目标与债券市场活动结合在一起可以为气候投资提供稳定的、长期的资金来源。利用债券及其他形式的债务资本应对气候变化、实现减排目标是切实可行的。最

后,气候债券的流程和透明度有待优化。气候相关债券市场和贴标气候债券市场在深度和广度上的发展帮助了寻求更多气候投资机会的潜在投资者。这也标志着市场规模的扩大和流动性的增强,展示了未来气候投资的机遇。贴标气候债券与其他可选投资相比,不仅具有相当的收益及评级,还因其募集资金被用于解决气候变化的资产或项目而可以带来附加益处。目前,接受过外部审查的债券约占贴标气候债券市场的60%,这一数值历年来相对稳定。外部审查在市场中起到重要作用,而且刻意通过采用统一的标准来得到进一步加强。

债券市场是融资低碳经济转型的重要金融工具。气候债券市场是转型过程中的重要部分,但这并不是全部,债券市场中还有很多其他的未标识的气候投资机遇。

二、国内气候债券发展展望

中国作为全球第二大债券市场,对外开放程度不断深化,债券市场基础设施不断完善,已经成为全球投资者配置固定收益资产的主要市场之一。在此基础上,进一步发挥债券支持经济气候转型及高质量发展的能动性,探索在境外市场发行以人民币或其他币种计价的主权气候债券和在境内市场发行气候国债,对于彰显我国应对气候变化决心、推动达成碳中和目标、满足国际投资者对中国可持续金融产品配置需求、形成人民币气候债券市场的利率基准,具有重要的实践意义及创新价值。展望国内气候债券发展,编者提出以下三个方向。

第一,响应碳中和目标,彰显应对气候变化决心,加快气候债券市场双循环体系建设。一方面,在全球可持续发展、应对气候变化与环境治理进程中,中国已逐渐由推动者转变为引领者。目前,中国积极履行《巴黎协定》和《2030年可持续发展议程》等国际协定,大力推动气候低碳转型,在气候和环境治理方面的资金需求巨大。主权气候债券由国家信用背书,募集资金投向与中国可持续发展重点支持方向高度匹配,既有助于扩展我国在应对气候变化、参与全球治理进程中的资金来源渠道,又可协同宏观经济调控目标,发挥杠杆作用,撬动社会资本更好服务我国应对气候变化目标。建议未来相关机构在现有气候债券框架下,加快碳债券与生物多样性债券的研发,丰富气候债券品种,增强气候债券各市场参与主体对于碳中和及生物多样性保护的意识和参与热情。另一方面,内外双循环体系的基础是内循环,只有形成良性高效的内循环体系,外循环体系才会更加有效。形成发行人愿意发、投资人愿意投的良性内循环体系,根本途径是逐步提高气候债券市场规模、增强气候债券市场流动性,这需要气候债券多方面支持政策配套并不断丰富气候债券市场产品创新,增加企业内部部门的协调性,增加企业凝聚力,在市场竞争中占得先机。具体来说,国家层面政策统一、各地区视情况差异化自主选择,构建从产品到政策、从发行人到投资人、从市场主体到监管部门循环统一的内循环体系。此外,应该让企业深刻地认识到,企业形象对未来企业自身的发展的重要性,新时代的企业不能只追求股东利益的最大化,要承担相应的社会责任,先发展后治理也不再适用当下情况。企业在做融资选择时,也应当考虑到如何能对企业的发展更有利,眼光不能拘泥于当下。

第二,加强气候债券试点评级,强化第三方评估机构的评估责任。气候债券成本低、周期长,也符合气候发展的核心理念。目前国内对于债券的气候属性有相关标准认定,但就实践操作来看,现阶段还没有建立统一的发行标准及信息披露标准,对于气候债券的评级仍属空白。而气候债券的评估也是处于摸索阶段。就我国国情来看,可以先进行相关债券的试点评级,待项目成熟后,制定完备的标准作为气候债券市场权威的项目标准。此外,因气候债发行成本较低,在发展之初可能出现"伪气候债",对此应强化第三方评估机构的责任意识,防止个别评级机构高管人员进行级别买卖行为。建议我国以先易后难、循序渐进的思路,在绿色债券大的框架和标准项下,进一步明确绿色债券框架中哪些是和气候变化最为相关的领域,鼓励企业和金融机构发行用于应对气候变化领域的债券[1]。并且应强化法律法规建设,将相关评级人员的违规行为记入诚信档案,加强资金账户监管及债券的信息披露,对气候债券募集资金进行专户管理或建立专项台账,实现完整意义上的债券资金封闭管理,必要时在行业内公开[2]。

第三,定期发行各主要期限气候国债,扩大中国气候金融产品总供给。中国国债覆盖从3个月到30年区间的各主要期限,已形成全周期收益率曲线,成为人民币债券市场的重要定价基准。未来,中国将长期实施可持续发展战略、坚持气候低碳循环发展,建议将气候国债作为常态化国债品种,采取定期发行方式,通过与常规国债相同的上市交易制度安排保障气候国债流动性,最终形成人民币气候国债的全周期收益率曲线,完善市场定价机制。此外,发行全周期气候国债符合中国国债被纳入富时世界国债指数、彭博巴克莱全球综合指数、摩根大通全球新兴市场多元化指数等国际指数的整体趋势,有望进一步扩大中国气候金融产品总供给,彰显我国积极参与全球治理、应对气候变化的决心。

---

　　〔1〕 钱立华,方琦,鲁政委.中国绿色债券市场:概况、机遇与对策[J].金融纵横,2020(7):28-33.
　　〔2〕 云祉婷,崔莹中.关于探索发行中国主权绿色债券的建议[R].中央财经大学绿色金融国际研究院,2020.

第十二章 气候基金

第一节 气候基金概述

一、气候基金的概念和作用

气候基金指为了支持应对气候变化行动而设立的具有一定数量的资金。《巴黎协定》明确要求,要使资金流向更加符合温室气体低排放和气候适应型发展的路径。这凸显了国际社会对气候资金保障的重视,也充分说明了气候投融资在资源配置和支持全球低碳发展方面的关键作用,而气候基金在对于支付气候资金方面,扮演了非常重要的角色。气候基金由于其体量大、多方合作设立的特点,在减缓和适应气候变化方面发挥了积极的促进作用,其作为支持应对气候变化行动而设立的资金操作实体,经过近 30 年的发展也已经成为气候资金最重要的管理方式。气候基金的运营正逐渐商业化、市场化和专业化,能够灵活利用一系列适配的金融工具,为减缓和适应气候变化提供可持续的资金支持[1]。截至 2021 年末,全球范围内合计存续 860 只以气候为主题的共同基金和 ETF,规模达 4 080 亿美元。其中,欧洲气候主体基金规模达 3 250 亿美元,约占全球规模的四分之三,使欧洲成为全球最大的气候投资市场。美国的气候基金资产较上年度增长了 45%,达到 310 亿美元。世界其他地区的气候基金规模也实现翻倍,达到 63 亿美元。[2]

气候基金凭借其广泛的覆盖度与参与性为应对气候变化的关键领域提供了紧缺的资金支持。整体来看,气候基金的项目支持范围不仅涵盖了低排放的能源、工业转型以及对自然资源的可持续利用,更面向了易受气候变化损失影响的人群、领域,充分支持其提高抵御能力。这些往往是传统金融资源容易忽视的领域。此外,气候基金充分调动了私营部门的资金力量,促进了基金与养老机构、保险公司、企业、金融部门及资本市场的相互联系,充分促进了社会资金参与应对气候变化行动,进一步扩充了应对气候变化领域的资金支持来源。

气候基金的设立与运行带来了充足的社会影响力。基金的设立充分调动了各方资源的合作,不仅在国家内充分实现了减排技术资源、金融资源、项目运营方、社会公众的充分参与,部分国际基金也实现了跨国家区域的多边合作,实现了广泛的战略合作伙伴关系,气候基金的存在也为气候变化的国际合作提供了政治推动力。在此基础上,气候基金也为支持发展中国家应

---

〔1〕 柴麒敏,安国俊,钟洋.全球气候基金的发展[J].中国金融,2017(12):51-52.

〔2〕 Hortense Bioy. Climate Investing in 2022: Our Bumper Report [EB/OL]. 2022. https://www.morningstar.ca/ca/news/221037/climate-investing-in-2022-our-bumper-report.aspx.

对气候变化提供了桥梁,例如部分国际气候基金在制度与资金分配方面明确融入了发展中国家的关切和需求,也为应对气候特别脆弱国家和最不发达国家提供了侧重的适应资金支持。

总的来看,气候基金充分发动了各方参与者,为减缓和适应气候变化的关键领域提供了资金支持,为亟待支持的应对气候变化弱势群体作出了额外考虑,也为推动国际气候变化的谈判与合作搭建了重要桥梁。

二、气候基金的分类

根据气候基金的设立与管理方式、作用区域以及投资目的,可以对气候基金进行不同的分类。

按照气候基金的设立方式和管理方式划分,气候基金的设立方式主要有国际组织和政府共同设立、政府设立、政府和企业共同设立以及企业设立四种,而气候基金的管理方式主要有国家组织管理、政府管理、企业化管理。因此,气候基金按设立与管理方式分类主要有以下五种:(1)国际组织和政府共同设立,但由国家组织管理;(2)政府设立,政府管理;(3)政府投资设立独立公司,政府按照企业模式经营管理;(4)政府和企业联合设立,商业化经营;(5)企业设立,企业设立管理。

按照气候基金的作用区域划分,可以把气候基金划分为四种:(1)国际性气候基金,例如以全球环境基金为首的多边国家参与的国际气候基金;(2)国家性气候基金,例如我国的清洁发展机制基金;(3)区域性气候基金,例如各行政区政府主导或参与设立的,支持当地应对气候变化行动的基金;(4)灵活性气候基金,基金在行政区内设立运行,但没有针对基金的参与和使用作出明确地域限制,例如国内部分碳基金以及投资于股票市场的各类碳中和主题基金。

按照气候基金投资的目的进行划分,气候基金主要有五种类型:(1)促进可持续发展。这是绝大部分国际性、国家性、区域性气候基金的设立目的,通过气候基金为应对气候变化的关键发展领域以及对易遭受气候变化损失的弱势群体募集资金支持。(2)承诺驱动。此类气候基金的设立目的是通过对特定领域的投资满足资金帮扶义务或碳减排的约束目标,例如《京都议定书》时期,部分政府通过设立气候基金获取碳信用以满足自身减排承诺。(3)投资获利驱动,此类气候基金的设立目的是获取投资利润,通过对应对气候变化领域中具有良好发展前景和预期收益的行业、企业进行投资获取收益。(4)自愿减排驱动,此类气候基金的设立目的是投资于自身,通过投资技术或进行碳资产管理降低自身温室气体排放,进而实现自身的可持续发展。

第二节 国际气候基金的发展

一、国际气候基金概述

全球主要气候基金包括全球环境基金(Green Environment Fund,GEF)、绿色气候

基金(Green Climate Fund，GCF)、气候投资基金(Climate Investment Funds，CIFs)、气候变化特别基金(Special Climate Change Fund，SCCF)、最不发达国家基金(Least Developed Countries Fund，LDCF)和适应基金(Adaptation Fund，AF)等。

目前，规模最大的四个气候基金是气候投资基金(CIFs)、绿色气候基金(GCF)、适应基金(AF)和全球环境基金(GEF)。2016年，这四个基金批准了27.8亿美元的项目支持。其中，印度获得的单国支持总额最多，其次是乌克兰和智利。图瓦卢人均获得的资金最多，其次是萨摩亚和多米尼加。在这四个基金中，美国是最大的捐助国，而挪威相对于人口规模的贡献最大。大多数多边气候基金使用广泛的融资工具，包括赠款、债务、股权和风险缓解方案。这些目的是吸引其他资金来源，无论是来自国内政府，其他捐助者还是私营部门的资金。而绿色气候基金是目前最大的多边气候基金，许多气候变化和发展相关的研究学者都致力于研究该基金资源的流动。

除气候投资基金(CIFs)外，这些气候基金多在《联合国气候变化框架公约》(United Nations Framework Convention on Climate Change，UNFCCC)规定下运行。

二、全球环境基金

（一）基金简介

全球环境基金成立于1991年10月，最初是世界银行的一项支持全球环境保护和促进环境可持续发展的10亿美元试点项目。全球环境基金的任务是为将一个具有国家效益的项目转变为具有全球环境效益的项目过程中产生的"增量"或附加成本提供新的额外赠款和优惠资助。如今，GEF已成为全球环境项目的最大的项目资助者之一，重点关注全球环境挑战以及184个国家、国际机构、非政府组织和私营部门之间的全球伙伴关系。

基金目前围绕以下六个重点领域组织开展投资类和资助类工作：生物多样性、气候变化(缓解和适应)、国际水域、土地退化、可持续森林管理，以及化学品和废物。

（二）基金职能

联合国开发计划署、联合国环境规划署和世界银行是全球环境基金计划的最初执行机构。在1994年里约峰会期间，全球环境基金进行了重组，与世界银行分离，成为一个独立的常设机构。将全球环境基金改为独立机构的决定提高了发展中国家参与决策和项目实施的力度。然而，1994年以来，世界银行一直是全球环境基金信托基金的托管机构，并为其提供管理服务。作为重组的一部分，全球环境基金受托成为《联合国生物多样性公约》和《联合国气候变化框架公约》的资金机制。全球环境基金与《关于消耗臭氧层物质的维也纳公约》的《蒙特利尔议定书》下的多边基金互为补充，为俄罗斯联邦及东欧和中亚的一些国家的项目提供资助，使其逐步淘汰对臭氧层损耗化学物质的使用。随后，全球环境基金又被选定为另外三个国际公约的资金机制。它们分别是《关于持久性有机污染物的斯德哥尔摩公约》(2001)、《联合国防治荒漠化公约》(2003)和《关于汞的水俣公约》(2013)。

全球环境基金(GEF)同时管理着不同的信托基金，它们分别是：全球环境基金信托基金、最不发达国家信托基金(LDCF)、气候变化特别基金(SCCF)和名古屋议定书执行基金(NPIF)。全球环境基金还临时性承担适应基金秘书处的工作。

（三）资金来源及基金增资

全球环境基金资金主要来源于各成员国的捐资,旨在通过提供资金以帮助发展中国家开展对全球有益的环境保护活动。全球环境基金每4年增资一次。届时,希望向全球环境基金信托基金捐款的国家(增资参加方)按照"全球环境基金增资程序"做出捐资承诺。

增资期间的谈判会议上,经增资参加方的讨论就有待实施的一系列政策改革方案、资源规划指导文件(规划指导文件)、增资期内全球环境基金向受援国提供资金的额度达成一致。作为增资程序的一部分,增资参加方要对全球环境基金的《总体业绩评估》——对全球环境基金在上一个增资期内的运作情况所做的独立评估进行审查。

1994年重组以来,全球环境基金已进行了7次增资:第一增资期(GEF-1,1994—1998年)增资20亿美元;第二增资期(GEF-2,1998—2002年)增资27.5亿美元;第三增资期(GEF-3,2002—2006年)增资30亿美元;第四增资期(GEF-4,2006—2010年)增资31.3亿美元;第五增资期(GEF-5,2010—2014年)增资43.4亿美元;第六增资期(GEF-6,2014—2018年)增资44.3亿美元;第七增资期(GEF-7,2018—2022年)增资41亿美元。

2022年6月21日,29个捐助国政府最终确定对GEF第八增资期(2022—2026年)认捐53.3亿美元,比上一个运营期增加了30%以上,并为实现自然和气候目标的国际努力提供了大量支持。

（四）运营主体

成员国大会是全球环境基金的管理机构,由全体成员国的代表组成,每三到四年举行一次会议,其职能是审议全球环境基金的总体政策、评估基金运作情况、审定基金成员资格[1]。成员国大会还负责审议和批准对《全球环境基金通则》的修订建议。全球环境基金秘书处与实施机构协商制定项目实施周期内共同遵守的指导原则,确保理事会制定的运营政策得到执行。

GEF资金执行采用项目方式进行。项目审查标准的制定、项目审查审核、项目绩效评估等工作由GEF下设的秘书处及评估办公室负责,而项目的具体开发和执行则委托经认证的外部执行机构承担。截至2022年,通过GEF认证的执行机构共18家,其中与我国合作较多的执行机构包括世界银行、联合国环境署、联合国开发计划署、联合国工发组织、亚洲开发银行等。

（五）发展情况

迄今为止,全球环境基金已为5 200多个项目和计划提供了超过220亿美元的赠款,并为另外1 200亿美元的共同融资筹集了资金。通过其小额赠款计划(SGP),GEF为136个国家的近27 000个民间社会和社区倡议提供了支持。2022年6月,29个捐助国政府最终确定对GEF未来四年(GEF-8)认捐创纪录的53.3亿美元,比上一个运营期增加了30%以上。在投资收益方面,截至2020年9月30日,全球环境基金信托基金结余累计获得的投资收入为16.17亿美元。截至2020年9月30日,GEF-7期间的投资收益为2.62亿美元。在资金批准和承诺方面,截至2020年9月30日,GEF累计供资决定(经GEF

---

〔1〕　GEF. Organization[EB/OL]. 2021. https://www.thegef.org/who-we-are/organization.

理事会/首席执行官批准)总计达 193.35 亿美元,其中累计承诺额为 168.9 亿美元。

三、绿色气候基金

(一) 基金简介

绿色气候基金是世界上最大的气候基金,旨在帮助发展中国家提高国家自助贡献(NDC),并转向低排放、气候适应型发展道路[1]。它是由《联合国气候变化框架公约》于 2010 年设立的。该基金向发展中国家提供气候资金,满足发展中国家紧迫的缓解和适应需求,支持这些国家与其他国家一起致力于气候行动。基金致力于实现气候变化缓解和适应投资的平衡,主要支持:(1)健康、食品和水安全;(2)居民和社区的生计;(3)能源生产和获取;(4)运输;(5)基础设施和建筑环境;(6)生态系统和生态系统服务;(7)建筑、城市、工业和电器;(8)森林和土地利用这八个领域的项目发展。

(二) 基金职能

绿色气候基金与发展中国家和认可实体合作,为最需要的地区提供有影响力的气候解决方案。除了为项目和计划提供资金外,还为寻求认证的国家和实体提供各种支持服务。国家所有权和国家驱动的方法是基金的核心原则。在这些原则的指导下,绿色气候基金支持发展中国家自己的降低排放,适应气候变化的发展愿望,以帮助实现其实现国家自主贡献目标。同时,基金还为制定国家适应计划,确定一个国家的中长期气候适应需求,以及制定和实施为满足这些需求所需要的战略和计划提供支持,通过认证实体网络进行项目设计和实施。合作伙伴包括多边和国家银行、国际金融机构、发展金融机构、联合国机构、养护组织、股权基金、政府机构和区域机构。这些多样化的合作伙伴关系使绿色气候基金能够基于知识和经验来推动实现气候雄心的系统性变化。

(三) 发展历程

在 2011 年南非德班召开的《联合国气候变化框架公约》第 17 次缔约方会议上,绿色气候基金作为核心议题之一被广泛讨论,并确定了资金筹集方案,标志着绿色气候基金的正式启动。随后,绿色气候基金在 2012 年举行首次理事会会议,并在 2015 年巴黎气候变化大会上落地了首批总额 1.68 亿美元的 8 个项目。具体的发展历程如图 12-1 所示。

绿色气候基金理事会在 2018 年 10 月的第 21 次会议上启动了基金的第一次充资程序(GCF-1)。首次充资中 31 个捐助国做出了总计 99 亿美元等值的认捐。尽管有些捐助国尚未认捐,但认捐额仍超过了该基金在 2014 年上届认捐会议上宣布的 93 亿美元。将近 80% 的国家从初始资源动员中增加了本国货币的认捐,一半以上的捐助者将认捐翻了一番甚至更多。截至 2020 年 7 月 31 日,绿色气候基金已从 49 个地区筹集了相当于 103 亿美元的认捐。其中包括当时 9 个代表发展中国家的国家(智利、哥伦比亚、印度尼西亚、墨西哥、蒙古、巴拿马、秘鲁、韩国和越南),分配给 117 个国家的资金资源超过 70 亿美元。同时,针对出现的新冠感染疫情,绿色气候基金也迅速灵活地做出了响应,以帮助发展中国家和项目合作伙伴减轻影响。2022 年 7 月绿色气候基金正式启动第二次充资程序

---

〔1〕　Green Climate Fund. About GCF[EB/OL]. 2022. https://www.greenclimate.fund/.

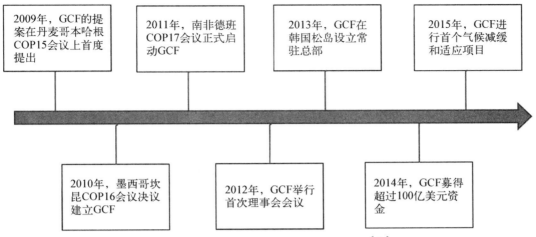

图 12-1　绿色气候基金(GCF)的发展历程[1]

(GCF-2),GCF-2致力于实现气候融资的全球共同目标,将进一步加强绿色气候基金紧急应对气候危机的能力,并在"行动十年"期间(特别是2024—2027年),进一步赋予发展中国家应对气候变化的行动能力。

四、气候投资基金

(一)基金简介

气候投资基金面向寻求转向低碳和气候适应型发展并加快气候行动的发展中国家,于2008年推出,为发展中国家提供联合国可持续发展目标(SDG)中确定的绿色增长机会[2]。

气候投资基金发展了四类关键项目:清洁技术基金(CTF)、气候适应试点项目(PPCR)、森林投资项目(FIP)、扩大可再生能源项目(SPER),旨在大规模支持48个国家的气候变化和适应活动。其中最重要的是CTF,资金规模达到53亿美元,主要是为中等收入国家提供低息贷款支持其在清洁能源、能效以及可持续交通领域的技术示范、发展和转移。近年来,气候投资基金正在开拓五个新领域的投资,包括煤炭转型、气候智能型城市、基于自然的解决方案、行业脱碳和可再生能源整合。

(二)参与主体

气候投资基金为全球72个发展中国家和中等收入国家的气候智能型发展规划和行动提供支持,由9个欧洲国家、2个北美洲国家和3个亚太国家,共计14个发达国家共同出资设立,其资金由世界银行托管。截至2021年12月31日,气候投资基金承诺出资总额为103亿美元,其中英美两国占总出资额的53%。气候投资基金的建立也标志着气候资金正式进入最具影响力国家的决策部门的视野,成为其经济和发展决策及投资战略的

---

〔1〕　周焱.绿色气候基金发展与对策建议[J].金融纵横,2020(4):88-95.
〔2〕　CIF. About CIF[EB/OL]. 2022. https://www.climateinvestmentfunds.org/.

重要组成部分。该基金把直接投资和联合融资作为每一个项目的两个关键衡量指标,重视撬动私营部门资金或受援国资金,重视与国际多边金融机构的力量形成合力,扩大资助额的影响效应。气候投资基金已经形成了一套较为成熟的治理模式和运营规则,且不论是参与其中的捐资的发达国家,还是受资的发展中国家,均能较好体现其政治意愿和经济诉求。

(三)发展情况

2009—2010年,气候投资基金采取务实的运营方法,迅速从概念过渡到支付,批准了超过10亿美元的资金用于国家清洁技术计划,并支持适应和气候适应性发展计划以及在11个国家和地区实施行动策略。在短短的两年内,气候投资基金从最初的设计阶段发展到在全世界的发展中国家和转型经济体实施38个试点项目。这些基金的设计为透明、合作和扩大气候行动提供了一种新模式。

截至2022年,气候投资基金已在72个发展中国家和中等收入国家资助了325项已完成或正在进行的项目,总共提供了33亿美元的资本支持,52亿美元的赠款以及18亿美元的贷款。尽管大多数计划和项目仍处于实施的早期阶段,但仅在清洁技术与能源获取项目中就实现了每年7300万吨的碳减排。此外,基金帮助了4500万人和44000多家企业提高应对气候变化能力,提供了600万个工作岗位并实现了460亿美元的经济增长。

五、最不发达国家基金

(一)基金简介

最不发达国家基金成立于2001年,由全球环境基金负责运营,旨在支持《联合国气候变化框架公约》下的最不发达国家工作计划,包括制定和实施国家适应行动计划(NAPAs)。截至2021年11月10日,最不发达国家基金累计为超过360个项目和活动安排赠款17亿美元[1],用于编制和实施国家适应行动方案,国家适应计划进程和最不发达国家工作方案的要素。基金优先资助的领域包括农业和粮食安全、自然资源管理、水资源、灾害风险管理和预防、海岸带管理、气候信息服务、基础设施以及气候变化引发的健康风险。

(二)运营主体

除最不发达国家基金/气候变化特别基金理事会另有决定的情况外,全球环境基金的业务政策、程序和治理结构适用于该基金。其治理结构由全球环境基金大会、最不发达国家基金/气候变化特别基金理事会、全球环境基金秘书处、科学和技术咨询小组(STAP)和独立评估办公室(IEO)组成,受托人为世界银行。

(三)发展情况

截至2022年9月,最不发达国家基金以约17亿美元的赠款资助了310多个项目和53项扶持活动,直接使超过5000万人受益,并在区域、国家和地方各级加强了对超过

---

〔1〕 UNFCCC. US $ 413 Million Pledged for Most Vulnerable Countries at COP26〔EB/OL〕. 2021. https://unfccc.int/news/us-413-million-pledged-for-most-vulnerable-countries-at-cop26.

700 万公顷土地的气候复原力管理[1]。自 2018 年以来,该基金设立了准入上限。根据该上限,每个最不发达国家可从 GEF-7 期间 5 000 万美元的累积最高限额中提取最不发达国家资金的 1 000 万美元。这是为了确保尽可能多的最不发达国家更及时地获得资源,尽可能地保持了获得资源的公平性。

全球环境基金秘书处正在加倍努力帮助所有最不发达国家获得 LDCF 资金,以帮助满足其最紧迫的适应气候变化需求,通过与相关国家进行磋商,以帮助它们获取资源。为最不发达国家基金/气候变化特别基金制定规划战略和 2022 年 7 月—2026 年 6 月的运营改进的讨论于 2021 年 7 月开始。新的规划战略在 2022 年 5 月的理事会会议上审议,并于 2022 年 7 月启动。

六、气候变化特别基金

(一) 基金简介

根据 2001 年在马拉喀什举行的缔约方会议(COP7)的指导,设立了气候变化特别基金,由全球环境基金管理,并与最不发达国家基金并行运作[2],[3]。与最不发达国家基金不同,气候变化特别基金向所有脆弱的发展中国家开放,并支持广泛的适应活动,包括可以扩大影响的创新工具。该基金将资助以下应对气候变化的活动:适应气候变化、技术转让、特定部门气候问题缓解,以及协助石油出口国实现经济多样化的活动。这些活动是对全球环境基金以及双边和多边供资活动的补充。

气候变化特别基金作为向所有脆弱的发展中国家开放的适应基金,主要适应领域包括气候变化特别基金资助与水资源管理、土地管理、农业、卫生、基础设施建设、脆弱的生态系统(含山区生态系统)和沿海地区综合管理有关的气候变化适应项目。同时也支持监测受气候变化影响的疾病以及相关的预警系统等。它建立了与气候变化有关的防灾能力,包括干旱和洪水的能力,还提供了巨灾风险保险。在技术转让方面,基金支持缓解和适应气候变化技术的转让,与帮助各国将技术投入使用和应用研究以及实施示范和部署项目相辅相成。

除了具体的适应项目外,部分发展中国家还需要制定国家适应计划(NAP)。只有最不发达国家(LDC)可以通过最不发达国家基金和气候变化特别基金申请此类资金。应缔约方会议的要求,气候变化特别基金已经开始为非最不发达国家的国家适应计划进程的第一步提供资金。

(二) 运行机构

由于气候变化特别基金是由全球环境基金管理,因此寻求其资助的国家需要与全球环

[1] GEF. Least Developed Countries Fund — LDCF[EB/OL]. 2022. https://www.thegef.org/what-we-do/topics/least-developed-countries-fund-ldcf.

[2] Climate Funds Update. Special Climate Change Fund[EB/OL]. 2022. https://climatefundsupdate.org/the-funds/special-climate-change-fund/.

[3] GEF. Special Climate Change Fund — SCCF[EB/OL]. 2022. https://www.thegef.org/what-we-do/topics/special-climate-change-fund-sccf.

境基金合作伙伴机构一起提交项目建议书。全球环境基金合作伙伴机构（GEF Agencies）是唯一代表合格接收者（政府）直接获得资金以设计和实施全球环境基金资助项目的机构。目前有 18 个全球环境基金机构,包括联合国机构、多边开发银行、国际金融机构和非政府组织。任何组织都可以在现场执行项目,包括私营部门、民间社会、政府和非政府组织,但是项目必须由国家（而不是外部合作伙伴）推动,并与支持可持续发展的国家优先事项保持一致。

（三）发展情况

自成立以来,气候变化特别基金的投资组合超过 3.55 亿美元,支持全球 87 个项目,惠及全球 700 万人口。此外,SCCF 的工作支持了 7 500 项气候风险、脆弱性和其他因素的评估,并帮助将近 400 万公顷的土地置于更可持续的管理之下。在 2021 年,15 个资助方共认捐 3.56 亿美元,其中 2.94 亿美元投入到适应气候变化项目,0.61 亿美元投入到技术转移项目。此外,SCCF 支持启动了气候适应力和适应技术转让基金（CRAFT）,目标是通过强劲财务回报率和显著的社会效益撬动 2.5 亿美元的私营部门投资投入到当地的气候适应行动,这是世界上第一个私营部门气候减缓、适应投资工具。在此基础上,基金的需求持续增长,但是可用资金仍仅占全球适应所需估计费用的一小部分。

（四）资金安排

总的来说,气候变化特别基金投资活动的优先次序将以政治因素为基础。当资金资源无法满足所有受资国家需求时,各方将推动提高对己方较为重要的投资活动的优先级,例如:欧佩克（OPEC）各国将优先推动经济多元化相关的投资活动;小岛屿国家联盟和最不发达国家将联合促使适应气候变化相关产业的发展作为优先投资活动;其他发展中国家可能更倾向于提高技术转让和缓解气候变化相关活动的优先级。然而,还有许多其他问题将使优先次序安排进一步复杂化,包括:全球环境基金下各子基金的资金数额和分配;各基金（特别是适应基金）之间以及在特殊合作基金内的资金和活动的互补性;以及资金是否将用作一些发展中国家将在《京都议定书》第二个承诺期内承担某种承诺。

七、适应基金

（一）基金简介

适应基金是根据《联合国气候变化框架公约》的《京都议定书》设立的,该基金重点面向遭受气候变化影响程度较深的贫困人口,通过资金支持帮助应对气候变化能力较为脆弱的国家适应气候变化,进而减缓系列衍生的生存问题。该基金的资金部分由政府和私人捐助者提供,也由《京都议定书》的清洁发展机制项目下发行的核证减排量（CER）收益的 2% 份额作为资金来源。截至 2021 年 11 月,适应基金为气候变化适应行动提供近 8.78 亿美元资金,受益人达 3 150 万[1]。该基金主要支持以下各领域适应气候变化的能力建

---

[1] UNFCCC. Adaptation Fund Raises Record: US 2326 Million in New Pledges at cop26[EB/OL]. 2021. http://unfccc.int/news/adaptation-fund-raises-record-us-2326-million-in-new-pledges-at-cop26.

设：（1）农业；（2）海岸带管理；（3）降低灾害风险；（4）灾害预警；（5）生态系统适应；（6）食品安全；（7）森林；（8）跨部门项目；（9）乡村发展；（10）城市发展；（11）水资源管理。

（二）运营主体

适应基金由适应基金董事会（AFB）监督和管理。董事会由 16 名成员和 16 名候补成员组成，并在全年举行定期会议。世界银行临时担任适应基金的受托人。适应基金的独特机制是其直接获取机制，使发展中国家的认可国家执行实体（NIE）和区域执行机构（RIE）可以直接获取气候适应融资。适应基金的合作伙伴与资金来源多为西方发达国家和组织、跨国公司，例如欧盟委员会、英国、加拿大、新西兰等。

（三）发展历程

适应基金成立于 2007 年，旨在为特别容易受到气候变化不利影响的《京都议定书》发展中国家缔约方中的具体适应项目和计划提供资金。在 2015 年进行的独立评估的第一阶段表明，该基金由国家驱动，高度透明，并借助由非政府组织和地方利益相关者组成的专业团队所提供的专业知识为基金项目的投资提供参考建议，具有较高的创新和借鉴意义。基金董事会在 2017 年 3 月批准了创纪录的 6 030 万美元的新项目资金，并在 2017 年10 月的董事会会议上又收到了创纪录的 2.194 亿美元的新资金请求。

为了满足不断增长的资金需求，适应基金致力于利用国际气候变化的公共、私有和创新资源。在成立初期，该基金从《联合国气候变化框架公约》的清洁发展机制中获得了核证减排量收益的一部分，但 2011—2012 年 CER 市场价格下跌以来，该基金主要依靠公共捐款作为收入来源。在未来，政府的捐款将继续对该基金发挥关键作用，但基金组织也可能有机会依托《巴黎协定》，利用其在碳市场上的经验重新从国际自愿减排市场获得资金支持。

第三节　国内气候基金的发展

一、国内气候基金发展历程

中国高度重视气候变化问题，积极推动资源投向应对气候变化的关键领域。然而实现碳达峰、碳中和目标需要对能源、工业、建筑、交通等领域产业结构和空间布局进行充足的资金支持，据相关机构测算，实现碳中和的绿色投资需求约为 127.2 万亿～174.4 万亿元，但截至 2022 年第二季度末，中国本外币绿色信贷约 19.55 万亿元，绿色债券市场存量规模约 1.4 万亿元，对比实现碳中和的百亿级别资金需求，目前我国应对气候变化领域仍面临较大的资金缺口。在此背景下，拓展气候资金来源，积极探索中国气候基金的发展路径成了补充气候资金缺口的重要解决方案。

我国气候基金起步相对较晚，在初期阶段由政府主导基金设立及运行。以 2007 年设立中国清洁发展机制基金为例，该基金是由国家批准设立的政策性基金，属于我国财政

部,按照市场化模式进行运作。在政府主导设立运营基金的经验基础上,随着政府财政资金使用方式的变化,相关部门及地方政府开始探索气候基金与私营部门及社会部门合作的方式。例如中国绿色碳基金是针对植树造林以及其他与 CDM 机制相关的碳汇项目的全国性公募基金,南昌、西宁、重庆、广东等地也设立过由地方政府发起,私营部门支持参与的地方级气候相关基金。而随着"双碳"目标被提出,低碳投资概念逐渐深入人心,私营部门与社会资本开始主动地展开气候相关基金的设立、参与或投资,气候基金的市场化与规模化逐渐增加。目前股票市场"碳中和"相关的场内交易型开放式指数基金(ETF)已经达到 50 种,市场交易规模较为活跃。此外,政府部门与社会资本也开始将目光落在气候基金的国际合作上,进行了引入国际气候基金资源、设立国际气候基金支持其他发展中国家等方向的研究与探索。

总体来看,我国气候基金的发展经历了政府主导设立、公私合营、社会资本积极参与、探索国际合作各个不同阶段,以公共资本带动社会资本的充分参与,推动国际气候基金的对话合作成为现在气候基金发展的重要方向。

二、国内气候基金发展现状

国内政府主导的气候基金以中国清洁发展机制基金为典型案例。中国清洁发展机制基金是由国家批准设立的按照社会型基金模式管理的政策型基金,是中国参与全球气候变化资金治理的一项重要成果。截至 2018 年,清洁发展机制基金累计安排 11.3 亿元赠款资金,支持了 523 个赠款项目。同时,清洁发展机制基金审核通过了 245 个委托贷款项目,覆盖全国 26 个省(自治区、直辖市),安排贷款资金 163.11 亿元,撬动社会资金 897.65亿元。2022 年,财政部、生态环境部、发展改革委等七部委联合发布《中国清洁发展机制基金管理办法》,适度拓宽了基金的使用范围,在保留基金宗旨是"支持国家应对气候变化"的规定基础上,增加"支持碳达峰碳中和、污染防治和生态保护等绿色低碳活动领域,促进经济社会高质量发展"的内容。同时,该办法明确基金通过有偿使用方式支持有利于实现碳达峰碳中和、产生应对气候变化效益的项目活动,以及落实国家有关污染防治和生态保护重大决策部署等活动。

而在公私合营的气候基金方面,2022 年 4 月 18 日,中国绿色碳汇基金会气候生态价值实现专项基金正式成立,用于支持应对气候变化和气候资源开发利用的理论研究、科技创新和标准制定、防灾减灾和应对气候变化科学知识普及、气候生态产品价值实现机制、路径研究和项目示范等符合《中国绿色碳汇基金会章程》规定业务范围的项目,推动气候领域的减缓和适应气候变化行动、绿色低碳可持续发展,促进应对气候变化与生态价值实现的协同增效[1]。在地方政府层面,各地政府也展开了公私合营气候基金的探索与实践。2021 年 7 月 16 日,武汉市人民政府、武昌区人民政府与各大参会金融机构、产业资本共同宣布,将共同成立总规模为 100 亿元的武汉碳达峰基金。这是目前国内首只市政

---

〔1〕 中国绿色碳汇基金会.中国绿色碳汇基金会气候生态价值实现专项基金正式成立[EB/OL].
2022. http://www.thjj.org/sf_15A87BC788494FF1B07F8CFFB5E02DD3_227_EDA1756B456.html.

府牵头组建的百亿级碳达峰基金。

在私营部门,社会资本主动设立、参与的气候资金方面,近年来随着"碳中和"概念深入人心,各项气候相关的公募、私募基金也走进投资者的视野中,并在将来会逐渐发挥其服务企业低碳转型,培育低碳技术企业高质量发展的作用。2022 年 6 月 28 日,"中证上海环交所碳中和 ETF"正式获批,并在其后由各家基金公司陆续发行,8 只 ETF 产品的募集规模达 164.18 亿元。这些基金充分调动了私营部门的资源,促进了社会资本向低碳领域的倾斜配置。总体来看各只基金充分引导资金流向低碳减排领域,为中国在气候基金方面的探索提供了充足经验,为应对气候变化产业的发展提供了有力支持。

而在气候基金的国际合作上,在国际气候基金的引入方面,我国仍处于起步阶段。2020 年,亚洲开发银行批准绿色气候基金(GCF)联合融资贷款山东绿色发展基金项目签约生效,该笔贷款金额 1 亿美元,期限 20 年,利率为 1.25%,标志着联合国绿色气候基金首个中国项目正式落地山东,实现我国利用国际绿色气候基金资金零的突破。虽然目前来看,我国在国际气候变化研究和治理中的地位尚未得到高度认可,与前沿国家仍存在较大差距,但我国正在积极研究探索引导国际气候基金引入的可能性。

第四节　气候基金发展展望

一、气候基金发展的困难和挑战

就全球而言,气候基金近二十年经历了从《联合国气候变化框架公约》倡议建立到迅速发展的阶段,已经发展出许多针对不同国家、不同领域的各类气候基金。针对目前气候变暖存在加速的趋势,用于应对气候变化的资金缺口也越来越大。气候基金较为灵活的特点,使其在气候投融资领域有许多独特的发展优势。但是目前气候基金主要运行方式还是通过发达国家捐助资金,来帮助次发达国家和不发达国家气候变化相关领域的清洁发展。资金来源也多依靠发达国家自愿的贡献,尚无特别完善的有约束力的捐助机制。此外,国际政治因素也为国际气候基金的发展带来了不确定性。2017 年特朗普上台后拒绝履行美国向发展中国家提供气候资金支持和向 GCF 注资的义务,这对《公约》框架下的资金机制再次造成了极大的影响。

对于我国而言,我国是最大的发展中国家这一情况依旧会持续相当长的时间。虽然我国在应对气候变化领域做了许多贡献,也积极承担减排的责任与义务,但是在低碳转型方面,依旧面临巨大的成本压力和资金缺口,国内气候基金的规模化与市场化仍然存在巨大的发展空间。此外,目前国内气候基金的资金来源主要集中在国内,因缺乏对话沟通、标准对接不足、认定程序复杂等原因没有充分调动国际上成熟的气候专项基金为国内应对气候变化关键领域提供支持。

二、气候基金发展展望

未来国际气候基金应完善治理框架和运营模式,明确资金支持的项目标准,并对气候

变化不同时期的关键减缓、适应项目提供优先帮助。另外,国际气候基金应积极拓宽资金来源,积极引导除发达国家政府公共部门资金以外的各类资本投入基金池,通过提升资产质量和完善风险管控等举措吸引机构投资者,发挥金融部门的市场融资能力。

在中国气候基金的发展方面,我国一方面可以积极利用国际气候资金,来弥补国内气候资金缺口,积极对接标准,满足认定要求与程序;另一方面,在我国气候基金的建设过程中也可以充分学习和借鉴国际气候基金发展的经验和管理经验,建立健全基金相关募集、使用制度,完善气候投融资相关标准体系,及时补充气候投融资项目库、数据库、资源平台等关键基础设施,为后续建设、运行适应我国气候变化发展情况的气候基金打下牢固基础。

目前而言,大国是全球气候治理和资金治理的主角和领导者,加强大国间气候变化领域的国际合作,在推动全球经济发展和战略政策的主流进程中纳入对气候变化的考虑,提高大国应对气候变化的共识和行动力,能够保证气候基金业务开展所需的良好的政治、政策环境,帮助化解气候基金发展过程中可能遇到的不确定性风险,为气候基金的发展创造宝贵的生存和发展空间。通过学习由国际成熟气候基金引入的气候治理的先进经验,加强国际合作,结合中国的实际情况,重点发展容易获得国际气候基金优先支持且重点投资的领域。同时可以灵活使用金融工具,吸引国际资金投资我国气候融资领域,为我国实现气候目标助力。

第十三章 碳金融

第一节 碳金融概述

一、碳金融的起源及内涵

在世界经济迅猛发展的进程中,伴随着资源的过度耗费和污染程度的不断加剧,温室气体的过度排放导致的全球气候变暖已经成为世界性的难题。为此,已有诸多途径和资源被用来抑制温室气体(以二氧化碳为主)的排放量,促进低碳经济的发展,推动技术创新。温室气体排放具有环境外部性,对他人或公共的环境利益有所减损。发展碳金融是利用市场化的手段,将温室气体排放的环境外部性内部化,令排放主体承担排放带来的社会成本。在运用行政、财税、市场等控制温室气体排放的实践中,以碳交易市场为代表的碳金融手段已显现出社会成本低、效率较高、机会公平、鼓励创新、减排效果好等优势。

"碳金融市场"起源于《联合国气候变化框架公约》和《京都议定书》两大国际公约。《联合国气候变化框架公约》1994 年 3 月正式生效,截至 2022 年,加入该公约的缔约国共有 197 个。《联合国气候变化框架公约》中缔约方需要对温室气体排放采取限制措施,同时要为发展中国家提供先进的技术和资金,最终将污染环境的温室气体浓度保持在一个"防止气候系统受到危险的人为干扰"的水平上。全球的国家都要采取相应措施来减少温室气体的排放,并提交执行框架公约的国家行动报告来应对气候的变化。公约将参加国分为三类:工业化国家、发达国家、发展中国家。

《京都议定书》作为《联合国气候变化框架公约》的补充条款,提出了三种具体实施机制:国际排放交易机制(International Emission Trade,以下简称"IET")、联合履行(Joint Implementation,以下简称"JI")和清洁发展机制(Clean Development Mechanism,以下简称"CDM")。JI 是存在于发达国家间的机制,发达国家可以将其超额完成的减排义务指标,以交易的方式转让给另一方未完成减排义务的国家,相当于发达国家将同等量的减排单位互相转让;IET 也是发达国家间的机制,是指发达国家可以互相转让部分的碳排放指标;CDM 是唯一将发达国家(附件 I 国家)和发展中国家(非附件 I 国家)紧密联系的机制,该机制规定发达国家可以通过投资有利于发展中国家可持续发展的项目获得本国相应的排放权。三个灵活机制的共同特点是"境外减排",即根据不同地方减排成本的不同,寻求以最低的减排成本实施减排行动。这些机制具有历史性的意义,将环境保护和经济行为有机结合起来,打破了传统的"经济增长以牺牲环境为代价"的发展模式,为碳金融市场的

"双赢"模式奠定了基础。

　　一般意义而言,金融是指"货币流通和信用活动以及与之相联系的经济活动",是为了服务实体经济而生的。而碳金融则假设我们是生活在一个限制碳排放的世界,即排放温室气体必须付出代价的世界,指代其中产生的金融问题[1]。国内外学界尚未对碳金融的含义形成完全统一的标准。有学者认为,碳金融是"低碳经济"的概念,能够涵盖低排放、低污染的绿色低碳经济中节能减排、开发替代能源等一系列行为;也有国外学者指出,碳金融是出售基于项目的温室气体减排量或者交易碳排放许可所获得的一系列现金流的统称,例如,企业希望抵消自身温室气体排放从而向可持续组织或项目业主购买获得碳信用额的行为[2]。

　　目前普遍认为,对碳金融的定义可以分为广义与狭义。广义的碳金融就是以金融创新的方式,以减少温室气体排放量为目的的金融活动。进一步来说,碳排放权交易市场、低碳项目投资融资、与排放权相关的各种衍生产品的投资与交易构成了碳金融市场。广义的碳金融比世界银行所采用的定义(碳金融是以购买减排量的方式为产生或者能够产生温室气体减排量的项目提供资源)更加广泛,其含义包括:(1)属于绿色金融的一个分支;(2)研究限制碳排放带来的财务风险和机遇;(3)研发相应的衍生工具,帮助转移风险和完成环境目标。

　　狭义的碳金融市场则指温室气体排放权的交易活动以及各种与排放权交易相关的金融活动,是各交易主体围绕碳排放配额及减排量为交易标的形成的金融交易市场。碳金融的基础是碳市场,碳市场的交易标的是碳金融的基础资产,而碳交易市场的本质就是金融市场,是绿色金融体系的重要组成部分[3]。碳金融产品主要是主流金融产品在碳市场的映射,碳金融不仅包括场内市场,还包括场外市场。碳市场与碳金融两者相辅相成,交易市场的发展为推进碳金融市场的发展提供了市场基础和有力支撑,完善成熟的碳金融市场也将反哺交易市场的深化发展。

　　本节所采用的"碳金融"是指以碳交易市场为基础的所有服务于减少温室气体排放的各种金融制度安排和金融交易活动,主要包含四大板块:第一,金融中介机构对低碳项目投融资的贷款型碳金融;第二,基于低碳项目或高碳转型项目的风险投资和直接融资的资本型碳金融;第三,基于碳排放权实物交易的交易型碳金融;第四,基于碳排放权和其他碳金融衍生品交易和投资的衍生型碳金融[4]。

二、碳金融市场构成

　　碳金融产品和碳金融市场参与主体构成了碳金融市场体系,为碳金融市场制度的系

　　〔1〕　梁进.碳金融[J].科学,2022,74(3):5-8+69.

　　〔2〕　SINAI. What You Need to Know About Carbon Finance[EB/OL]. 2021. https://www.sinaitechnologies.com/post/what-you-need-to-know-about-carbon-finance.

　　〔3〕　摘自中国人民银行原行长周小川2020年11月21日在第17届国际金融论坛(IFF)全球年会开幕式上的讲话。

　　〔4〕　佘孝云,何斯征,姚烨彬,黄东风.中国碳金融市场现状[J].能源与环境,2017(1):50-51+53.

统化运作提供有力支持。

（一）碳金融产品分类

碳金融产品是碳金融市场的重要组成部分,碳金融产品的开发和创新为碳金融市场的稳定运行保驾护航,也为市场的深化发展提供更多渠道。根据中国证券监督管理委员会于 2022 年发布的《碳金融产品》(JR/T0244—2022)金融行业标准,碳金融产品可以分成三类。

1. 碳市场融资工具

以碳资产为标的进行各类资金融通的碳金融产品,主要包括碳债券、碳资产抵质押融资、碳资产回购、碳资产托管等。碳债券是指发行人为筹集低碳项目资金向投资者发行并承诺按时还本付息,同时将低碳项目产生的碳信用收入与债券利率水平挂钩的有价证券。碳资产抵质押融资是指碳资产的持有者(即借方)将其拥有的碳资产作为质物/抵押物,向资金提供方(即贷方)进行抵质押以获得贷款,到期再通过还本付息解押的融资合约。碳资产回购是指碳资产的持有者(即借方)向资金提供机构(即贷方)出售碳资产,并约定在一定期限后按照约定价格购回所售碳资产以获得短期资金融通的合约。碳资产托管是指碳资产管理机构(托管人)与碳资产持有主体(委托人)约定相应碳资产委托管理、收益分成等权利义务的合约。

2. 碳市场交易工具

在碳排放权交易基础上,以碳配额和碳信用为标的的金融合约,主要由各类碳金融衍生品构成,包括碳远期、碳期货、碳期权、碳掉期、碳借贷等。碳远期是指交易双方约定未来某一时刻以确定的价格买入或者卖出相应的以碳配额或碳信用为标的的远期合约。碳期货是指期货交易场所统一制定的、规定在将来某一特定的时间和地点交割一定数量的碳配额或碳信用的标准化合约。碳期权是指期货交易场所统一制定的、规定买方有权在将来某一时间以特定价格买入或者卖出碳配额或碳信用(包括碳期货合约)的标准化合约。碳掉期是指交易双方以碳资产为标的,在未来的一定时期内交换现金流或现金流与碳资产的合约。碳借贷是指交易双方达成一致协议,其中一方(贷方)同意向另一方(借方)借出碳资产,借方可以担保品附加借贷费作为交换。

3. 碳市场支持工具

为碳资产的开发管理和市场交易等活动提供量化服务、风险管理及产品开发的金融产品,主要包括碳指数、碳保险、碳基金等。碳指数是指反映整体碳市场或某类碳资产的价格变动及走势而编制的统计数据。碳保险是指为降低碳资产开发或交易过程中的违约风险而开发的保险产品。碳基金是指依法可投资碳资产的各类资产管理产品。

（二）碳金融的参与主体

碳金融市场参与主体是碳金融市场的核心,各方参与主体在碳金融市场中的作用为碳金融市场制度的运行奠定了基础。一般而言,主要分为四类主体。

1. 交易双方

交易双方指直接参与碳金融市场交易活动的买卖双方,包括控排企业、减排项目业主、碳资产管理公司和碳基金及金融投资机构等。交易主体可以通过积极参与碳金融市

场来降低自身减排成本和规避风险,或是通过套期保值、融资等行为来获取利益。

2. 第三方中介

第三方中介指为市场主体提供各类辅助服务的专业机构,包括商业银行、期货公司、监测与核查核证机构、咨询公司、评估公司和会计师及律师事务所等。第三方通过专业咨询评估服务、对碳金融业务的创新和对低碳项目的投资,促进碳金融市场的发展。

3. 基础设施机构

基础设施机构指为市场各方开展碳交易相关活动提供公共基础设施的服务机构,包括注册登记簿、交易所和清算所等。

4. 监管部门

监管部门指对碳金融市场的合规稳定运行进行管理和监督的各类主管部门,包括行业主管部门、金融监管部门和财税部门等。监管机构只有不断完善碳金融市场的机制,才能保证碳金融市场的不断运行和发展。

发达国家的碳金融参与主体非常广泛,既包括政府主导碳基金、私人企业、交易所,也包括国际组织(如世界银行)、商业银行和投资银行等金融机构和私募股权投资基金。政府对低碳金融市场的参与主要表现在协助交易机制设定和交易平台的搭建,也通过设立政府碳基金的形式直接参与。私人企业完全基于市场利益的驱动,为了获取更多的碳排放权或者出售富余的碳排放权自愿加入这个市场。交易所的设立或者其低碳金融产品的设计、流通,是政府和私人共同推动的结果。广泛的参与主体使得发达国家碳金融市场规模迅速扩张,为发达国家的低碳经济发展募集了大量资金,有力推动了其低碳经济的发展。

总体上看,国外碳金融市场参与主体的主要特征包括以下三个方面:

(1)参与主体构成多样、职责分工较明确。国外发达国家建立碳金融市场较早,参与主体构成多样、分工比较清晰、职责比较明确、功能相对完善。

(2)市场服务体系较完善。国外发达国家的金融市场发展时间较长,原有的部分金融市场参与主体可直接参与碳金融市场的运行,成为碳金融市场的参与主体,有效节约金融资源,并提高碳金融市场运行效率。

(3)参与主体的市场准入标准较严格。国外发达国家的碳金融市场对于市场参与主体的准入有严格的标准和要求,参与者对碳金融产品、业务规则熟悉程度等综合素质较高,经验相对丰富。

在我国碳金融体系中,参与碳金融市场的主体包含了政府部门、交易所、市场中介服务机构和市场交易者等四类,其下还包含具体类别的分支机构,例如,政府部门包括环境主管部门与金融主管部门,金融机构包括商业银行、基金公司等,如图13-1所示。围绕碳排放权交易,监管部门与交易所制定相关规定、细则及标准等,中介服务机构负责提供碳金融相关服务业务与产品创新,市场交易者则通过参与碳金融市场获取利益。

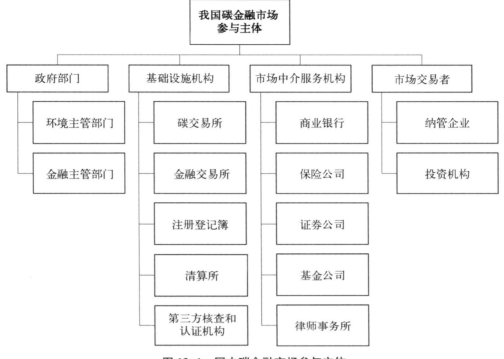

图 13-1　国内碳金融市场参与主体

第二节　碳金融的发展

一、国际碳金融发展历程

（一）概述

碳金融市场作为一种新型的金融市场,近年来在国际上得到了迅猛的发展。目前,国际主流碳市场形成了由配额初始分配市场、现货交易市场和期货及衍生品市场共同构成的市场体系,欧美、东亚等地区已建成多个交易所和交易平台。其中,碳期货交易以标准化的碳排放权合约为交易标的形成的碳排放权期货价格,成为碳市场定价体系的核心。随着碳金融的发展,碳交易市场规模也逐步扩大,碳排放权的政府信用基础和稀缺性,以及其可交易、存储、借贷和可计量等特点,都逐渐凸显出其背后的金融资产特性。碳金融在价格发现、风险管理、融资支持等方面的功能优势提升了碳市场的交易效率。随着碳金融的不断发展,其市场主体涵盖范围日益广泛,既包括受排放约束的企业和减排项目的开发者,也包括商业银行、投资银行、政府主导的碳基金、私募股权投资基金等金融机构。金融机构的参与使碳市场容量快速扩大,流动性增强,交易效率显著提高,推动资金向低碳产业融通。

（二）美国的碳金融发展

美国是当今世界上规模最大的发达经济体,同时,也是世界上温室气体排放最多的国

家之一。然而,由于各种原因,美国至今还没有在全国范围内建立起统一的碳减排交易体系,仅有区域温室气体倡议(RGGI)和西部气候倡议(WCI)为代表的区域性排放交易体系。

其中,RGGI于2008年开市,其二级碳市场包括配额现货和期货、期权合约交易等。RGGI自开市以来就推出了碳期货与期权合约交易,期货合约允许交易双方协议在未来的特定时间点(称为"交货月份")以一定的价格交换一定年份的固定数量的碳配额。在到达交割日时,卖方必须将合同规定的碳配额数量实际转移到配额注册中心的买方账户中。碳期货为RGGI碳市场吸引了更多的投资者参与交易,RGGI碳市场中的投资者是净出售碳期货的主力,投资者通过参与RGGI一级碳市场拍卖获取配额,选取合适的时机以碳期货的形式出售,以期获取一定的差价。期货市场产生了连续的价格信号,更多投资者的参与加强了RGGI碳市场价格发现的能力,使得价格信号更加真实、准确。控排企业在接收到了更加连续、有效的碳价格信号后,便可以根据碳价格制定相应的生产经营决策。

加州碳市场(加州总量控制与交易计划)于2013年启动,现已成为北美最大的区域性强制碳交易市场之一,为碳现货、期货及其他衍生品的交易活动提供平台。洲际交易所(ICE)是加州碳期货市场的主要交易场所,推出了对应不同年份配额的加州碳期货合约,交易单位为1 000吨加州碳配额(CCA),在期货合约最后交易日尚未平仓的交易方,需在交割日交付对应年份的加州碳配额。

(三)欧盟的碳金融发展

欧盟在温室气体排放、解决气候变暖问题的态度上比较坚决,并且积极采取行动应对全球气候变暖问题。欧盟在自己运用严格减排办法、督促其他各国定下减排目标等方面做得都比其他国家和地区要好得多。欧盟这样做的原因无外乎政治和经济两个原因。政治原因与欧盟政治体制和管理体制有关联;经济原因反映了欧盟想从碳金融市场中获取一定的经济利益。当前,欧盟碳金融市场发展良好,多元化的碳金融产品为碳价格发现和形成提供有效支撑。欧洲最大的气候交易所——欧洲气候交易所从2005年成立之初就开始提供EUA期货交易服务。2006年开始EUA期权交易。2008年开始CER交易,2009年又开始了EUA和CER当日期货合同交易。欧盟国家的碳排放量在2008年的时候开始大幅度下降,这跟碳金融市场的建立有很大的关系。在之后的时间里,欧盟各国的温室气体排放量还在逐步下降,充分表明了碳金融市场的巨大作用。

在众多碳市场中,欧盟碳交易市场的金融化是非常快速的。欧盟碳市场的配额市场与衍生品市场之间已经呈现出相互支撑、影响联动的关系。目前,欧盟拥有规模最大的跨国性碳金融市场,从发展历程来看,欧盟碳金融市场经历了四个阶段。

第一阶段(2005—2007年):碳衍生品市场兴起,基于成熟的传统金融体系,EUA期货和CER期货也很快被开发出来,并进入市场供投资者选择。第二阶段(2008—2012年):碳衍生品市场初步发展,推出了CERs与EUAs/ERUs之间的互换交易,基于CERs和EUAs价差的价差交易以及基差交易等。第三阶段(2013—2020年):碳衍生品市场深化发展,以期货为首的衍生品交易量开始逐步超过现货市场,并迅速扩大差距。该阶段碳期货俨然成为欧盟碳市场中最活跃、最成熟的碳金融衍生品,交易量占比始终居高不下。

衍生品市场的繁荣使得大批金融机构和投资者也开始纷纷涌入。第四阶段(2021—2030年):碳衍生品市场蓬勃发展,碳市场配额总量供给进一步下降,碳现货价格出现持续上涨的趋势,期货市场交易价格也不断创造历史新高。

二、国际碳金融发展趋势

国际碳金融市场体系现在呈现四大趋势:体系逐步完善、规模日渐扩大、参与主体增多、碳金融衍生品种类不断扩充。

国际碳金融市场体系及其机制日趋完善。目前,以欧盟排放交易体系和美国区域温室气体减排行动等为代表的国际碳金融市场体系在全球碳排放权交易中发挥了主导作用,能够反映全球碳稀缺性的碳价格机制已初步形成。随着碳金融市场体系建设日趋完善,碳金融交易的模式及产品等也呈现出多层次化的发展趋势。

全球碳金融市场规模日益扩大。2021年以来,全球推进碳中和目标步伐明显加快,绿色贷款、绿色债券、可持续投融资等绿色金融市场驶入快车道。截至2020年初,美国、加拿大、日本、澳大利亚和欧洲这五个主要市场的可持续投资总规模为35.3万亿美元,近两年内增长了15%,相当于上述地区资产管理总规模的35.9%[1]。

碳金融市场上的金融衍生产品增长迅速,品种不断扩充,交易量逐步提升。目前交易的碳金融衍生产品主要有期货、期权以及掉期合约交易等,其中碳期货合约是碳期权交易合约的基础资产,而碳期货是国际市场中最主流的碳金融产品。以欧盟为例,在交易所交易的碳期货是最主要的碳金融品种,发展最成熟,交易最活跃。在欧盟碳交易的总成交量中,碳期货的交易量占绝大多数,远高于碳配额现货的交易量。

全球碳金融市场的参与主体非常多元化[2],既包括国际组织以及国家政府部门及其主导机构,如世界银行设立的碳基金、各国的碳交易所等,也包括私营部门的参与者,如金融机构、各类基金、中介机构、企业乃至个人等。在国际较为活跃的碳市场中,金融机构的充分参与极大地推动了碳金融市场的发展。金融机构可作为市场中介,为碳市场提供做市商业务、碳经济业务、碳交易代理服务等,丰富碳市场的交易方式,提升碳市场的流动性和活跃度。广泛的参与主体使得全球碳金融市场的规模快速扩大,为全球绿色经济发展募集了大量资本,从而为各类减排项目发展提供了强有力的支持。

近年来全球碳金融市场发展取得了很大进步,但存在的问题也很多,比如目前全球尚未形成一个统一的国际碳金融交易平台,其主要交易仅限于发达国家,众多发展中国家则被边缘化等。

三、我国碳金融发展历程

中国是世界能源生产大国和消费大国,也是二氧化碳排放大国。我国已高度重视气

〔1〕 Global Sustainable Investment Alliance. Global Sustainable Investment Review[R]. 2020.
〔2〕 王谦,管河山,万若.欧盟碳排放权交易体系对中国碳市场发展的影响[J].对外经贸,2019(2):12-16.

候变化问题的严重性及其所带来的风险。市场机制的提出,能够通过约束、激励企业节能减排,成为高效的气候变化问题解决手段之一。碳金融市场和碳交易市场相辅相成,将广义的碳金融市场划分为了一级市场和二级市场,通过金融手段进行市场资源调配,为碳交易市场提供服务,推动碳市场和金融市场协同发展。

2013—2016 年是国内碳金融发展的第一阶段,即起步期。这一阶段碳金融市场主要呈现以下特点:(1)市场主体对碳交易的认知度较低,市场流动性不足。(2)碳金融产品处于探索阶段,缺乏标准化产品,成交量和市场规模都较小,大多为分散化、零散化交易。(3)参与者少。虽然控排企业对现货市场的认知度在本阶段末有了大幅的提升,但对碳金融衍生品的认知还有待提高。2016 年 8 月,中国人民银行、财政部、国家发改委等七部门联合出台《关于构建绿色金融体系的指导意见》,明确碳金融是绿色金融体系的重要一环,并进行了部署。北京、上海等试点市场一直积极探索碳金融产品创新,碳远期、碳掉期、碳期权、碳借贷、碳回购、碳指数等均有涉及,以碳融资工具为主。

2017—2020 年为碳金融发展的第二阶段。这一阶段,市场认知度逐步提升,但是由于 2017 年全国统一碳市场启动较为缓慢,参与者在本阶段初期持观望态度。随着各试点碳市场逐步平稳运行,市场规模逐渐扩大,参与者增加,成交量开始逐步增加,流动性逐步提升。该阶段中后期有更多的机构参与,并产生更多的需求:(1)控排企业有配额增值保值的需求,以及避险需求;(2)投资者的投资和避险需求等。由此催生新的碳金融工具,并推动其发展。

2021 年起,随着全国碳市场的上线,碳金融市场也进入第三阶段,即快速发展期。随着碳市场的逐渐成熟,碳金融的市场需求和适用主体更加多元化,相关碳金融产品、模式的创新也呈现加速落地的迹象。2021 年 1 月,生态环境部发布《碳排放权交易管理办法(试行)》,为全国碳市场建设奠定法律制度基础和交易框架。2022 年,中国证监会公布了《碳金融产品》(JR/T 0244—2022)等四项金融行业推荐性标准。《碳金融产品》标准在碳金融产品分类的基础上,制定了具体的碳金融产品实施要求,有利于引导机构开发、实施碳金融产品,有序发展各种碳金融产品,有利于促进各界加深对碳金融的认识,帮助机构识别、运用和管理碳金融产品,引导金融资源进入绿色领域,支持绿色低碳发展。

四、我国碳金融发展现状

在国际碳金融案例的基础上,国内碳金融融入了自己的特色,稳中有序地搭建交易体系、建立标准、产品创新、试点性落地推广,从分布于各省市地区的试点中汲取经验,为体系化发展碳金融做了铺垫[1]。随着各试点碳市场的发展,上海、北京、深圳、湖北、广东等碳交易所围绕着碳排放权交易市场和金融市场,做了不少碳金融产品创新的探索。如表 13-1 所示,碳金融产品创新中包括碳市场融资工具:碳基金、碳配额质押、碳配额回购融资、碳配额卖出回购、跨境碳资产回购以及碳排放权(CCER)质押等;碳市场交易工具:

---

〔1〕 吴金旺,郭福春.国际碳金融市场发展现状与我国对策[J].浙江金融,2012(2):72-76.

借碳、碳债券、碳配额远期、场外期权交易、场外掉期交易、担保型 CCER 远期合约等;碳市场支持工具:碳指数、碳保险等。由于《期货交易管理条例》规定期货交易只能在经批准的专业期货交易所进行交易,各地区碳市场不具备开发期货的资格,因此没有试点开发碳期货产品。

表 13-1 区域碳市场碳金融工具的运用情况

类别	产品	北京	上海	深圳	天津	重庆	广东	湖北	福建	四川
融资工具	碳资产抵质押融资	✓	✓	✓	✓	✓	✓	✓	✓	✓
	碳资产回购	✓	✓	✓						
	碳资产托管				✓		✓			
交易工具	碳远期		✓				✓	✓		
	碳期货						✓			
	碳期权	✓								
	碳掉期(碳互换)	✓								
	碳借贷(借碳)		✓							
支持工具	碳指数	✓	✓							
	碳保险		✓				✓	✓		
	碳基金		✓	✓				✓		

在碳金融产品中,碳资产抵质押融资的应用最为广泛,所有地区碳市场都已经对碳资产抵质押融资进行了探索实践。其中,广东、上海、福建等碳交易市场已出台具体的碳资产抵质押融资业务规则,规范相关业务操作。近年来由于《关于构建绿色金融体系的指导意见》《绿色债券支持项目目录》及银行间市场推出的碳中和债券指引等文件及影响,企业、机构的碳金融创新产品主要集中于碳配额质押、碳金融组合类质押、碳信托、碳回购等。

尽管我国区域碳市场已有相当丰富的碳金融工具实践,但由于各区域碳市场相对割裂、体量有限且规则不统一,国内整体碳金融市场发展尚未完全成熟,仍在初步探索的阶段。地方试点碳市场整体交易产品仍以现货为主,碳金融市场与传统金融市场相比体量较小,暂未形成规模化和市场化,多数产品处于零星试点状态,开展力度偏低,可复制性不强。

全国碳交易市场处于逐步完善阶段,目前主要以现货交易为主,未来将有序发展碳远期、碳掉期、碳期权、碳租赁、碳资产证券化等碳金融产品和衍生品工具,探索研究碳排放权期货交易。全国碳市场启动后,碳金融发展环境优化,且随着全国碳市场的发展,碳金融的发展基础将愈发完善。因此,当下我国区域碳市场的碳金融实践,对于未来全国市场的碳金融体系建设具有重要的借鉴参考意义。

第三节　碳金融的特点

一、碳金融的功能

碳金融具有以下四个方面功能。

一是资源配置功能，优化碳资产在市场中的分配合理性，降低交易成本，有效引导资金在市场中的流通。完善碳金融政策与市场机制发展金融化的碳市场，一方面可以促进地方和全国市场的政策趋于协调，维护市场完整性，推动全国市场"一盘棋"；另一方面可以在碳现货交易的基础上发展衍生品及金融服务，进一步丰富和完善碳市场机制，为重点控排企业提供多样且实用的碳金融工具及 MRV 体系，提高碳市场的资源配置效率和运行效率，从而提升碳市场的交易流动性。

二是价格发现功能，有助于形成反应各行业边际减排成本的碳价格，为市场主体提供决策支持。一方面，碳期货具有价格发现和价格示范作用。在市场制度和相关政策平稳可期的前提下，碳金融衍生品能够将现货的单一价格，拓展为一条由不同交割月份的远期合约构成的价格曲线，揭示市场对未来价格的预期。另一方面，碳金融中的套期保值产品有利于不同碳市场之间的价格统一，同时有助于保持商品贸易市场和能源市场之间的渠道畅通。碳金融衍生品，尤其是远期与期货产品，能为市场主体提供充足的流动性和风险管理手段，为激活与管理碳资产创造条件。

三是风险转移和分散的功能，将市场风险分散或转移给第三方，实现套期保值；随着碳金融市场的发展，越来越丰富的碳金融工具和产品的开发以及相关金融机构和服务中介的加入，未来具有套期保值的碳期货、碳期权、碳远期等碳金融衍生品和交易策略将不断涌现，市场参与者可根据实际情况有选择性地管理和转移风险。

四是融资功能，为控排企业和低碳科技企业提供了多样的融资渠道和工具，加速低碳技术的转移和扩散，从而加速行业、企业的低碳转型，引导减排成本内部化和最小化。碳资产在碳金融市场的运行机制下，增加了商品和金融属性，对控排企业来说不再是国家指派的硬性履约任务，而是一种可交易的无形资产，社会减排成本逐渐向企业内部转移，实现市场机制下社会总体减排成本的最小化。随着社会减排成本开始向企业内部进行转移，将对减排技术、清洁能源的研发起到促进作用，而碳金融市场中的碳基金、碳信贷、碳资产证券化等金融工具又能满足企业的融资需求，是助力低碳技术发展、实现"双碳"目标的重要支撑。

我国面临着国际上巨大的减排压力，应当积极发展碳金融市场，未雨绸缪，利用市场机制解决环境问题，尽快承担起减少温室气体排放、减少环境污染的义务。同时，国际市场上碳金融业务正在如火如荼地开展，我国本身的碳金融业务与国际市场有着很大的差距，在金融领域处于劣势，我们不断发展的经济实力也要求我们积极参与碳金融市场当中，实现与世界经济的共通。

随着全国统一的碳排放权交易市场的建立,中国已经成为全球覆盖温室气体排放量规模最大的碳市场,通过大力推进碳金融市场的发展,能够通过金融手段促进我国落实并完善减碳降排的相关政策和市场机制,降低减排成本,实现金融风险管理和风险转移,助力实现"双碳"目标。

二、碳金融的风险

碳金融的发展可以带动碳市场的整体发展,有助于提高碳市场流动性以及完善碳市场定价机制,但碳金融业务发展过程中为碳市场引入的风险同样需要引起重视[1]。

(一)履约风险

碳金融如果在快速发展中缺乏有效监管,可能会导致碳市场履约目标的偏离,加大碳市场纳管企业的履约风险。

碳市场设立的目的是通过政策及经济手段实现全社会节能减排的总体目标,而碳金融的目的是通过优化资源配置,引导资金流向节能减排重点领域。因此碳金融的发展与总体目标之间的关联度尤为重要,过低的关联度将造成碳金融与碳市场的割裂,使得碳资产从交易市场流出,阻碍碳资产在市场间的流动,对纳管企业的及时履约造成负面影响。金融范畴下的信用风险也可能给碳市场引入潜在的违约风险。碳金融的本质是信用,交易双方良好的信用是金融交易达成的必要条件。当市场出现信用风险时,碳市场也会衍生潜在的违约风险,为纳管企业及时履约留下一定隐患。碳金融业务开展过程中可能会由于碳金融产品特殊的机制、过度行为导致的虚高价格以及市场参与者能力不足等原因衍生出碳市场履约风险。

(二)政策风险

因为政策和法规的出台或调整,政策风险在传统金融市场中属于系统风险。其中经济类政策法规的变化对此风险的影响尤为显著,都会通过影响资金供应和证券收益,间接引起市场波动,进而带来不确定性和风险。由于碳金融市场和传统金融市场相比较会更加基于政策导向,且碳市场对实时政策与法规的依赖度更高,所以政策变动将带来更为直接的更大幅度的影响。

国际碳金融市场的政策风险表现在多个方面。首先,《京都议定书》《巴黎协定》等文件的约束效力不足会带来一定风险,造成不确定性,阻碍统一碳金融市场的形成。其次,国际碳金融市场的发展也受到减排认证政策不确定的影响。交付风险是原始减排单位交易中最主要的风险,而政策风险是导致交付风险的主要因素。由于必须有专门的监管部门程序和标准对减排单位进行核准和认证,而关于认定的程序和标准却一直在变化,获得成功的项目也不一定能够获得相应的核证减排单位。特别是当项目交易涉及多个国家时,其风险更加突出。

我国政策监管和管理体制从风险角度出发,对国内碳金融衍生产品发展进行了一定的限制。碳市场的交易平台设立在专业性能源环境交易机构,归口管理部门也为生态环

〔1〕 李丹.国际碳金融市场:现状、问题与前景[J].经营管理者,2015(12):33.

境部而非金融市场监管部门。

（三）市场风险

结合碳排放配额的特殊属性，碳金融发展过程中可能引发的市场风险同样值得警惕。结合国内试点市场以及国际市场的经验，碳排放权交易市场具有周期性特点，并具备"跨期"的特性。这些特征使碳现货及其衍生品区别于传统金融产品，其价格的波动可能缺乏连续性且具备一定随机性，进而引发配额现货及其衍生品市场的价格波动。例如欧盟碳市场在第一阶段结束前因配额无法结转至第二阶段，造成当期配额价格大幅下跌，单位配额价格一度接近于零。配额价格的大幅波动也直接影响碳期货等相关衍生品市场的价格以及相关联金融产品的价值计量。

碳金融的发展可能会在一定程度上加大市场的不确定性，进一步影响碳价的波动，而过高或过低的碳价都将引发市场流动性问题，加剧市场风险。相较于其他传统金融市场，碳金融市场处于发展起步阶段，市场制度规则、硬件设施与监管要求有待补充，市场教育水平与投资者能力有待提高。在此背景下结合金融杠杆呈倍数放大风险的特性，对比其他成熟金融市场，碳金融衍生品投机者容易遭受及造成更大的市场风险。

三、碳金融工具应用

在碳金融的助力下，碳市场的发展能够做到有效性、流动性、稳定性并存，广度、深度、弹性兼具，用较低成本达到高效率。碳金融工具多种多样，如本章第一节中所述，根据对应市场及用途大致可分为运用于二级市场的交易工具、运用于融资市场的融资工具及运用于支持市场的支持工具。以下对运用较为广泛的碳金融工具做详细介绍。

（一）融资工具——碳质押贷款

碳质押贷款是指银行向申请人提供的以申请人持有的碳资产为质押担保条件，为企业提供融资的授信业务。贷款到期后，申请人正常还款收回质押物。若申请人无法还款，其质押物将被冻结，银行可将碳资产入市交易。碳减排项目业主和碳配额持有者可将其可交易的碳资产作为主要质押品申请融资，用于支持减排项目建设或企业发展。碳质押贷款采用可交易的碳资产作为主要质押品，企业能够通过这种方式盘活未来碳资产。目前质押贷款的重点是如何评估未来碳资产的价值，需要银行积极开发碳资产评估工具，量化系统风险，灵活设置贷款额度和期限等要素。

2021年，上海环境能源交易所推出上海碳排放配额质押登记业务，同时推出《上海碳排放配额质押登记业务规则》，并推动中国人民银行上海分行、上海银保监局、上海市生态环境局联合发布《上海市碳排放权质押贷款操作指引》。截至2022年，共推动18笔质押融资业务落地，实现碳排放权质押数量近160万吨，融资总规模超4 300万元。在上海环境能源交易所的支持下，中国银行、交通银行、农业银行、建设银行、浦发银行和兴业银行等金融机构与上海市中、外资纳管企业和机构投资者积极合作尝试以碳资产为标的的质押融资新路径。碳质押贷款流程如图13-2所示。

（二）融资工具——碳回购

碳配额回购是指配额持有人（正回购方）将配额卖给购买方（逆回购方）的同时，双方

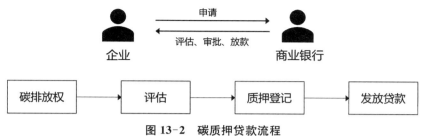

图 13-2　碳质押贷款流程

约定在未来特定时间,由正回购方再以约定价格从逆回购方购回总量相等的配额的交易。该项业务是一种通过交易为企业提供短期资金的碳市场创新安排。对控排企业和拥有碳信用的机构(正回购方)而言,卖出并回购碳资产获得短期资金融通,能够有效盘活资产,有利于提升企业碳资产综合管理能力。对于金融机构和碳资产管理机构(逆回购方)而言,碳回购则满足了其获取配额参与碳交易的需求。碳回购流程如图 13-3 所示。

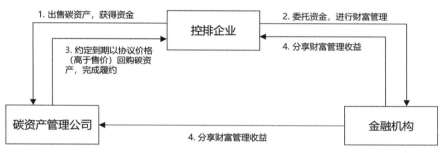

图 13-3　碳回购流程

　　2021 年 3 月,兴业银行南平分行与福建省南平市顺昌县国有林场签订林业碳汇质押贷款和远期约定回购协议,通过"碳汇贷"综合融资项目,为该林场发放 2 000 万元贷款。这是全国首例以远期碳汇产品为标的物的约定回购融资项目。

　　(三)交易工具——碳远期

　　碳远期是指交易双方以合约形式确定未来某一时期买入或卖出碳配额或核证减排量的交易方式,可用于锁定碳收益或碳成本。碳远期在国际市场的核证减排量交易中已十分成熟且运用广泛。我国上海、广东、湖北试点碳市场都进行了碳远期交易的尝试,其中广州碳排放权交易所提供了定制化程度高、要素设计相对自由、合约不可转让的远期交易,湖北、上海碳市场则提供了具有合约标准化、可转让特点的碳远期交易产品。

　　2017 年,上海环境能源交易所与上海清算所合作推出上海碳配额远期产品,是全国首个唯一的标准化碳金融衍生品。上海环境能源交易所为上海碳配额远期提供交易平台,组织报价和交易;上海清算所为上海碳配额远期交易提供中央对手清算服务,进行合约替代并承担担保履约的责任。该产品是国内第一个标准化的碳衍生品,也是第一个中国人民银行批准的且由金融交易平台与专业交易平台合作探索的碳衍生品。截至目前,各协议累计成交 433 万吨,累计成交额 1.56 亿元,为市场主体提供了风险管理工具。作为国内首个标准化的碳衍生品,上海碳配额远期也为未来推出碳期货进行了积极探索,积

攒下宝贵的实践经验。

（四）支持工具——碳汇保险

碳汇保险是指通过与保险公司合作，对重点排放企业新投入的减排设备提供减排保险，或者对 CCER 项目买卖双方的 CCER 产生量提供保险。相关碳保险产品的开发，主要是为了规避减排项目开发过程中的风险，确保项目的核证减排量按期足额交付。碳保险可以降低碳交易项目双方的投资风险或违约风险，为低碳技术的发展提供市场化的保障机制，也为低碳项目建设提供长期性资金支持，推动低碳产业发展。

2016 年 11 月 18 日，湖北碳排放权交易中心与平安财产保险湖北分公司签署了碳保险开发战略合作协议。随后，总部位于湖北的华新水泥集团与平安保险签署了碳保险产品的意向认购协议，由平安保险负责为华新水泥集团旗下位于湖北省的 13 家子公司量身定制碳保险产品设计方案。具体而言，平安保险将为华新水泥集团投入新设备后的减排量进行保底，一旦超过排放配额，将给予赔偿。

（五）支持工具——碳股票指数

碳指数通常反映某类碳相关资产价格变动及走势，是重要的碳市场观察工具，也是开发碳指数交易产品的基础。其中，碳股票指数通过筛选符合标准上市公司成为指数成分股，为投资者提供新的分析工具和投资标的，通过资金引导的方式，推动资产配置向低碳行业及低碳转型企业倾斜，是资本市场推动可持续投资实践的重要工具和载体，有助于进一步完善多元化的绿色金融产品体系。

2022 年 1 月 20 日，上海环境能源交易所联合上海证券交易所、中证指数有限公司正式发布"中证上海环交所碳中和指数"。该指数基于我国现有的能源结构与碳排放状况，从碳中和的实现路径出发，从沪深市场中选取业务涉及清洁能源、储能等低碳领域，以及传统高碳排放行业中减排潜力较大的合计 100 只上市公司证券作为指数样本，反映沪深市场中对碳中和贡献较大的上市公司证券的整体表现。截至 2022 年 9 月，已经有 9 家基金公司基于该指数发行了交易型开放式指数基金，总募集资金超过 160 亿元。该指数产品的发行是碳市场与资本市场的首度互动，也是两个市场有机结合的代表性成果。

第四节　碳金融市场发展展望

一、我国碳金融发展面临的问题及建议

碳金融产品推广高度依赖碳交易现货市场的成熟度，因此，我国碳衍生品市场发展仍面临一些问题。我国碳交易市场的运行和碳市场的监管机制都对碳金融的发展造成了一定阻碍，如我国碳市场的流动性较低、活跃度不高，试点市场互相分割、单体规模较小，以及市场对碳交易的认知度不高；碳市场的交易平台设立在专业性能源环境交易机构，归口管理部门也为生态环境部而非金融市场监管部门等。本着降低风险的原则，我国试点碳市场建设之初并未涉及衍生品市场，并且除了必要的银行资金结算服务外，对金融机构及

非实需投资者的引入也较为谨慎。在碳市场设立之初,碳排放基础信息薄弱、市场监管与风险控制能力欠佳、市场规模与流动性不足、企业对碳交易的认识与参与交易的能力和意愿都较为有限。在这样的背景下,控制碳市场金融属性、严控金融风险,具有合理性。然而随着碳市场的逐步成熟,碳衍生品的缺失对碳市场造成的不利影响日益凸显,碳金融的发展至关重要。

针对我国碳金融发展面临的问题和相关建议,主要有以下四点。

一是法律法规体系有待完善。碳排放权资产的法律属性不明确,限制了融资类业务发展。明确碳排放权资产属性能够在法律层面明确包括碳排放权在内的各类环境权益的归属权和出让权,为融资类业务提供法律依据。当碳排放权由商品属性向金融属性过渡,并逐渐演变为具有投资价值、交易需求及流动性的金融衍生产品,碳金融市场才能真正发展起来。另外,我国碳金融市场尚未出台相应上位法,目前仅有《关于构建绿色金融体系的指导意见》明确了碳金融是绿色金融的重要一环,在全国层面尚未配套出台相关指导文件。推进碳金融发展最重要的一点是相关法律法规、标准文件的进一步确立和完善,包括明确碳排放权资产的法律属性和金融属性,以及更多有效监管碳金融市场的法规出台。

二是市场有效性不足,仍需不断培育。碳市场的发展与完善是碳金融市场有序健康发展的基础,目前全国碳市场的参与主体仅为发电行业,参与主体结构较为单一,市场供需关系有待完善。控排企业主要以履约目的为主,投资和管理碳资产的意愿不强,能力不足。因此要强化金融支持,形成有效的碳定价机制。根据国际经验,合理的定价机制的形成离不开金融机构的参与和交易类工具的引入。建议在全国碳交易市场中引入更多的金融机构,充分发挥金融机构资源配置、风险控制和市场定价三大功能,为市场注入活力。

三是风险管理工具缺乏,推动碳金融业务存在风险。目前国内碳市场尚无较完备的风险管理工具。无论是控排企业还是碳资产管理公司等其他参与交易的主体,只能被动接受市场价格变动带来的风险,这种局面会导致碳市场整体的稳定运行存在不确定性,这一问题不能仅仅依靠政府干预市场的应急措施解决,更重要的是通过市场自发管理风险的工具尽量避免或减少触发事后干预措施。

四是基础设施和能力建设还需夯实。建议加强人才培养,引导控排企业主动进行碳资产管理。控排企业具有管理碳价格波动风险的内在需求,交易类工具有助于企业锁定财务成本,实现平稳运营。同时,企业可以通过主动管理碳资产实现拓展融资渠道、增加收益的目的。专业化人才的培养有助于引导控排企业提高碳资产管理能力,积极参与碳金融市场交易,从而建立碳金融市场良好的生态环境。

二、国际碳金融市场发展方向

国内外碳金融市场在环境保护、节能减排方面发挥了积极的作用。碳金融市场是一个高度依赖管制的市场,在市场发展过程中,由于交易产品、市场主体增加,交易期限、交割方式选择增多,伴随产生了履约风险、市场风险、监管风险、信息安全风险等一系列待完善与优化的问题,市场功能有待进一步完善。

碳金融市场的健康发展需要各国在碳金融市场发展的问题上达成一致、加强合作。

全球经济体的融合趋势促进了国际碳金融市场的打通,使得整个体系逐步迈向统一化。与此同时,各个国家在碳排放领域也开始了越来越紧密的国际合作,通过强化国际合作和形成国际共识,国际碳金融市场发展过程中的一些障碍会被进一步地扫清,并通过开发和应用新技术,推动市场的继续发展。

目前我国碳金融体系尚处于发展阶段初期,应充分汲取国际碳金融发展经验,针对现存的问题与风险,从专业机构的建设、投资者的广泛引入、监管体系的构建出发,稳步推进碳金融市场的建设与完善。

(一)统一互通的碳金融市场将逐步形成

随着全球碳市场和覆盖规模持续增长,越来越多国家地区选择建立碳市场以控制温室气体排放。未来随着《巴黎协定》内容的持续推进与深化,各区域碳金融市场之间将形成更多合作与链接。国际碳市场将不断挖掘碳资产的金融属性,在碳金融政策、产品设计框架、市场稳定性等方面形成扩充与互补的局面,为未来实施《巴黎协定》下的国际减排交易机制、构建跨境碳金融交易模式打好基础,逐渐形成标准互认、市场互通的统一碳金融市场。

我国碳金融建设将按现有规划统筹推进,积极适应外部发展变化。整体来看,在全国碳市场落地运转,地方碳市场的高碳企业将逐步纳入全国市场的新形势下,试点市场将明确定位,成为碳金融创新探索的"试验田",与全国市场互为补充,形成中国特色的碳金融市场;局部来看,全国碳金融将在政策、机制、覆盖行业、产品工具、交易主体和全球连接等方面不断创新探索,建成全国统一的碳交易市场体系,从而加强我国在国际碳定价的核心话语权,发挥我国在国际应对气候变化领域的引导作用。

(二)市场监管与风险规范体系持续优化

全球碳金融市场将在快速发展革新的过程中,突出《联合国气候变化框架公约》在全球应对气候变化中的政策效力,着重关注配套的风险管理手段。各国碳市场将在发展过程中适时设立专门针对碳衍生品交易的监管中心或第三方监管机构,并加强信息公开。定期发布碳市场报告,对碳市场参与者的交易模式进行统计分析,评估市场参与者的行为,识别潜在的反竞争行为等。丰富优化市场交易监管手段,研究跨境交易的风险管理办法,探索有关数据处境安全、外汇、碳市场衔接等环节的潜在风险。

现阶段我国碳市场尚未纳入金融监管范畴,而碳金融市场还处在探索阶段,碳市场与碳金融市场还没有建立明晰有效的协同监管机制。监管实施方面,将运用全国以及试点地区碳市场监管经验,加快构建跨部门协同监管机制,加强碳金融市场监管力度。各部门将明确监管范围与职责,推进碳交易数据与信息共享,建立包括各类市场主体与监管主体发生的碳交易相关数据在内的综合数据库,实现实时动态跟踪监测。风险防范方面,建立完善碳金融交易的"穿透式"风险管理体系。建立供求和价格变动的监测预警制度,制定市场供应和价格应急预案,探索信息化监测的新路径,对于价格的异常波动做到及早发现,提升监测质量和预警效率。动态评估存续的碳金融交易,定期对市场出现的各类情况开展评估,分析价格形成的原因和影响因素,制定出对碳金融管理有针对性的风险管理措施。推进金融监管,规范交易秩序,提高金融产品质量,加强对产品设计、市场参与者的监管和有效引导,降低交易风险。

(三)碳金融市场参与主体能力不断提升

随着国际碳金融相关产品和服务需求增大,碳金融市场参与者能力也将面临新的检验。国际组织将综合考虑各区域低碳发展路径与成效,引导各区域调整与评估合理的减排目标。国际交易机构将学习金融市场发展,不断优化交易机制,深入解决"碳+金融"的问题障碍。国际中介机构将加强在技术认证、项目报批等服务上的专业水平,发挥重要的金融中介作用。积极探索创新碳金融中介服务,如跨国、跨区域碳交易担保增信服务、碳基金托管业务、减排项目咨询服务等,为碳金融市场的发展提供助力。

我国碳金融市场将强化主管部门执法监督,规范交易行为和服务质量,加大对问题核查机构的处罚力度,通过规范现货市场为碳金融市场提供法律保障。鼓励第三方服务机构积极发展碳资产管理、碳资产核查和碳资产交易经纪等相关业务,建立科学的方法学体系,完善技术支撑。统一监测标准和要求,并与政府统计部门、能源部门的数据平台实现对接,提高信息收集效率和公开透明度。鼓励企业建立碳资信体系,增强入市交易的意愿,加快推进围绕企业进行碳市场的管理、能力培训和建设提供专门服务。加强重点行业人员的市场参与能力,提供政策优惠引导,增强碳市场及相关业务的宣传力度。控排企业与碳金融市场主管部门协同并进,深化合作,加强能力建设,共同构建有效、规范的市场。

图书在版编目(CIP)数据

气候投融资理论与实务/李志青,李瑾主编. —上海:复旦大学出版社,2023.3
(绿色金融系列)
ISBN 978-7-309-16307-0

Ⅰ.①气… Ⅱ.①李… ②李… Ⅲ.①气候变化-治理-投融资体制-研究-中国 Ⅳ.①P467
②F832.48

中国版本图书馆 CIP 数据核字(2022)第 125205 号

气候投融资理论与实务
QIHOU TOURONGZI LILUN YU SHIWU
李志青 李 瑾 主编
责任编辑/于 佳

复旦大学出版社有限公司出版发行
上海市国权路 579 号 邮编:200433
网址:fupnet@ fudanpress.com http://www.fudanpress.com
门市零售:86-21-65102580 团体订购:86-21-65104505
出版部电话:86-21-65642845
杭州日报报业集团盛元印务有限公司

开本 787×1092 1/16 印张 13 字数 292 千
2023 年 3 月第 1 版
2023 年 3 月第 1 版第 1 次印刷

ISBN 978-7-309-16307-0/P·18
定价:49.00 元